[明]鄺璠 編

便民圖纂

文物出版社

圖書在版編目（CIP）數據

便民圖纂 / (明) 鄺璠編. -- 北京 : 文物出版社, 2018. 6（2022.1重印）
ISBN 978-7-5010-5466-4

Ⅰ. ①便… Ⅱ. ①鄺… Ⅲ. ①農學－中國－明代 Ⅳ. ①S-092.48

中國版本圖書館CIP數據核字(2017)第285300號

奎文萃珍

便民圖纂 ［明］鄺璠 編

策　　劃：鄧占平　尚論聰
裝幀設計：劉敬偉
責任編輯：李縉雲　劉永海
責任印製：陳　傑

出版發行：文物出版社
社　　址：北京市東城區東直門内北小街2號樓
網　　址：http://www.wenwu.com
經　　銷：新華書店
印　　刷：藝堂印刷（天津）有限公司
開　　本：710×1000毫米　1/16
印　　張：26.25
版　　次：2018年6月第1版
印　　次：2022年1月第2次印刷
書　　號：ISBN 978-7-5010-5466-4
定　　價：105.00圓

序

此書係明鄺璠輯。嘉靖二十三年（一五四四）藍印本。半葉十行，行二十四字。白口，四周雙邊。

《便民圖纂》編者，學界衆説紛紜，部分學人認爲係明代吴縣知縣鄺璠所輯。鄺璠（一四五八～一五二二），明代著名農學家，字廷瑞，號阿陵，河北任丘人。自小聰慧過人，求學於莆陽陳乘善，熟讀古今典籍。明弘治六年（一四九三）中進士，翌年任吴縣知縣，弘治十二年（一四九九）任徽州同知，正德六年（一五一一）任瑞州知府，嘉靖元年（一五二二）以擒賊功，追贈爲江西布政使司右參政。鄺璠爲官清廉，政績突出。《國朝獻徵録》中收費宏撰寫的《瑞州府知府贈左參政鄺公璠表》，對鄺璠生平有較爲全面的記載。

《便民圖纂》爲『通書』類農書，内容取材於明代《便民纂》，圖則採納了《耕織圖》，約成書於明弘治年間。主要記述吴地農業生産、食品、醫藥、日常生活以及風俗民情等，凡十六卷，卷一爲農務之圖，卷二爲女紅之圖，卷三以下則分十一類，分别是耕獲類（麻屬附）、桑蠶類、樹藝類（二卷）、雜占類、月占類、祈禳類、涓吉類、起居類、調攝類（二卷）、牧養類、製造類（二卷），内容龐雜，實用性强。全書圖文并茂，通俗易懂。前二卷爲繪圖，卷一繪水稻從種植到收割十五幅，卷二繪下蠶、採桑、紡織、製衣十六幅，版畫筆法細膩，栩栩如生，圖上配文一改《耕織圖》五言古體詩爲江浙民間流行的七言竹枝詞，朗朗上口，便於推廣。編者在卷一前對『農務之圖』『女紅之圖』的改變做了説明：『宋樓璹舊製《耕織圖》，大抵與吴俗少異，其爲詩又非愚夫愚婦之所易曉。因更易數事，繫以吴歌，其事既易知，其言亦易入。用勤於民則從厥攸好，容有所感，發而興起焉者，謂民性如水，順而導之則可有功，爲吾民者顧知上意向而克之於自效也歟。』因此，是書除了自身富有農業知識，極具實用價值之外，尚保存已亡佚的南宋《耕織圖》部分圖貌，爲現今所能見到《耕織圖》大概之最早資料。

此書於明代刊過六次以上，初刊爲明弘治年間，國内已不見。目前存有明嘉靖丁亥（一五二七）雲南吕經刻本、嘉靖甲辰（一五四四）潯州刻本、嘉靖壬子（一五五二）貴州刻本、萬曆二十一年（一五九三）刻本。通行最多者則嘉靖甲辰本和萬曆二十一年刻本，前者十六卷，後者是永清刻十五卷本，比前者少一卷，是將農務、女紅二圖并作一卷，除此之外内容上無差别。有清一代，因出現了影響巨大的《御制耕織圖》，《便民圖纂》便不再得到出版。《四庫全書總目提要》著録有安徽巡撫採進本，即明嘉靖壬子年貴州本。

此本爲嘉靖甲辰（一五四四）藍印本，十六卷。前有嘉靖甲辰秋八月賜進士通議大夫吏部右侍郎致仕泰和石江歐陽繹（字崇道，號石江）序，曰『余得諸吴下明農以來，屢試之其非虚語哉。侍御少岳陳君維一按廣右，振揚風紀，官治肅給。行部以六條察吏，至潯，有治跡，進其守王子貞吉，授是編刻焉。』透露陳維一委託王貞吉刊刻此書。摹刻『石江書屋』『崇道』『會云亭印』等印。又有雲南左布政使北地九川吕經（一四七五～一五四四，字道夫，號九川）序，曰『原本出三厓歐陽氏，若託始則任丘鄺廷瑞氏選刻於吴者。』認爲此書初刊者乃鄺璠。末存雲南右布政使湖南梅嚴黄昭道（一四六七～一五四一，字文顯，號梅嚴）跋，謂『予九經吕方伯先生蓋鋭意於便民者。嘉靖丁亥八月，先生赴瓜期值憲使歐陽三厓於曲靖行署，偶以是書出之，觀若意與之會者，先生愛之深，遂欲傳之廣而亟付之梓焉。亦可謂用心於密者矣。』重申歐陽繹對此書的深愛與急於推廣之情。廣西潯州府知府屬吏泰和王貞吉於嘉靖甲辰冬十月后跋中言『右便民圖纂二十卷，少岳陳公按潯，命刻之潯也。』此書原或爲二十卷，評價『圖纂之編，揭圖繫詞，分門指事，皆日用之不可缺者，其爲民利又不但醫卜耳。』明確『公之屬刻於貞吉也。』

是本鈐有『海鹽張元濟經收』朱文方印、『涵芬樓』朱文長方印、『涵芬樓藏』白文方印，原爲上海涵芬樓舊藏，《涵芬樓燼餘書録》中有著録。現藏國家圖書館。

薩仁高娃

二〇一七年十二月十四日

新校便民圖纂序

夫有生必假物以為用故雖細民必有所資百工制物五材並用而聖人寔作之雖有巧慧不能臆創雖有彊敏不能自食是故業有世守其人無貴賤皆足為師藝有顓門其言無精粗皆足為經兩之伍之[illegible]其事而同功然當其無用三家之市猶自給焉一物適屈而須者方急適都大邑病矣況知有所弗逮力有所弗豫一人之身而取辦于倥偬僻陋之際矣以濟哉仁人知民用之不可已也平其政矣猶曲為之慮將無

弛若具送若時而徒從事者邪將無觸凶蹈禁
恣者皆欲昵邪說而戕其生者邪將無不若物性
以隨其樹事畜事者邪之誠不藝乃其說具在
會粹而提其要使夫人得比類而求庶其少濟
乎此固仁人之心哉今民間傳農圃醫卜書來
有若便民圖纂識本末輕重言備而指要也農
務女紅有圖有詞以形其具以作其氣有耕穫
蠶織以盡其事衣食之源固宜重哉繼之樹藝
則園圃毓草木之義亦民用之不能闕焉者曰
禨占曰月占其畏天敬以豫人事然而非僭矣

祈禳祈且禳也消害以吉行也其諸趨避之
常情然而非褻矣起居于格言自養也于忌
自衛也于調攝輔以醫藥也言牧養者五十
有七言製造者百有七若疑於煩碎然大者
乃繫耕稼其瑣瑣又非民生所能去者是書
余得諸吳下明農以來屢試之其非虛語哉
侍御少岳陳君維一按廣右振揚風紀官治肅
給行部以六條察吏至潯有治迹進其守王子
貞吉授是編刻焉惟
國家勸課農桑有

詔陰陽若醫有學職爲民故而有司或未視之况廣
西遠中國俗尚弋獵鮮事耕織疾病不知醫藥
貧於禱祀夫於巫覡者其常也盜賊又下[illegible]
少缶蓋傷之是役也以二十今典以通民志自淺
近驗方者以達於廣大悠久嗚呼仁哉
嘉靖甲辰秋八月乙未
賜進士通議大夫吏部右侍郎致仕泰和石江歐陽
鐸序

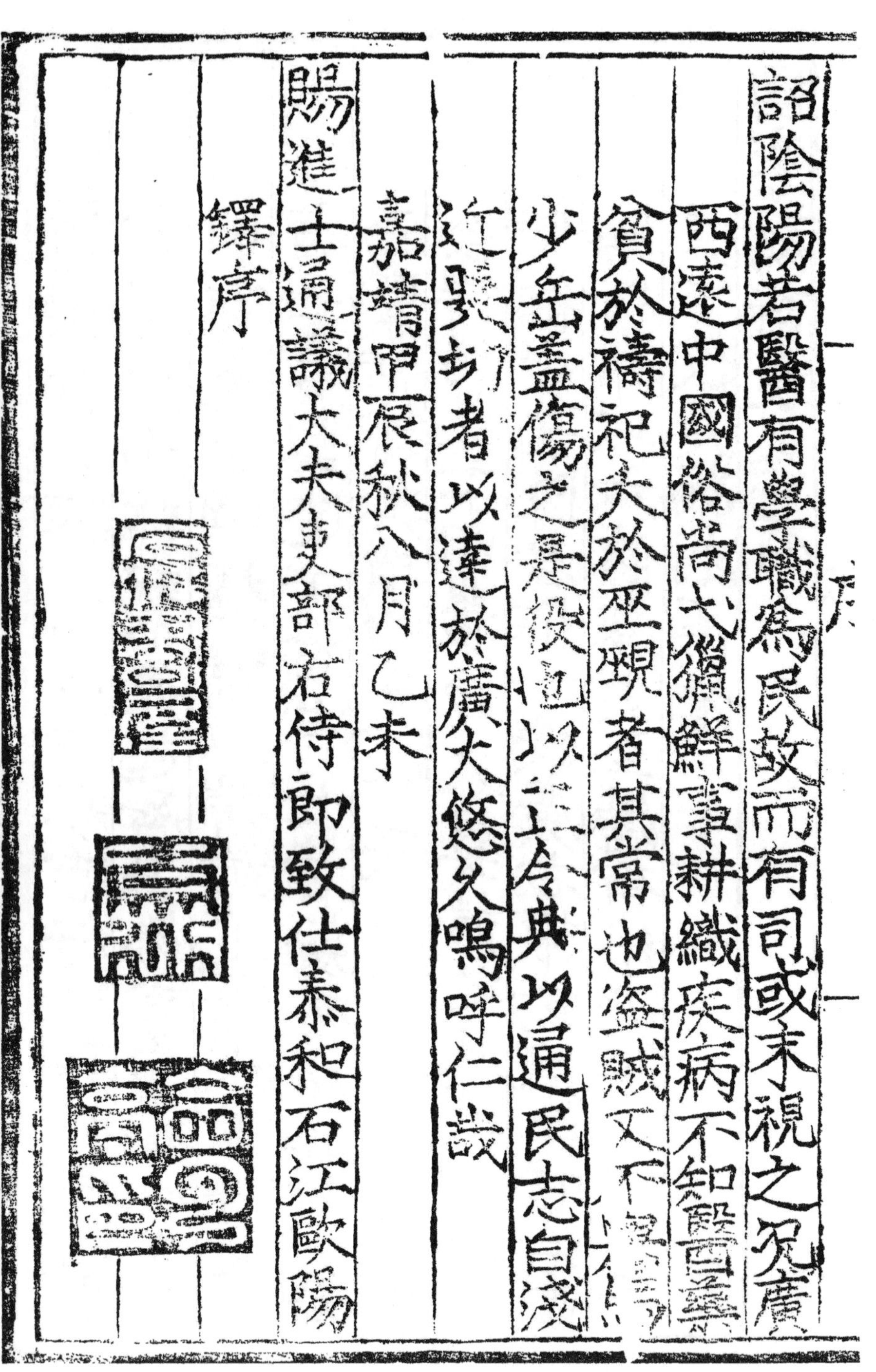

便民圖纂叙

嘉靖丁亥冬、翻刊便民圖纂成或曰今

明詔禁刻書若此者無乃遘禁乎經曰大哉

王言非尋常所可測也或曰何與夫書之於民猶植

之於簪

綸音云爾得非以不急與無益之言加災於木而病

民者紛紛乎便民圖纂果因而可止耶則夫見

刖廢屨因噎廢食者亦何怪是書也兄我有生

皆不可無如衣食資於耕種蠶桑彼則標揭於

首天下外此以務衣食者誰邪曰雜占曰祈涓

及起居調攝以至牧養製造之類民生一日不能已者皆精擇而彪分昭列焉故它書可缺此書似不可缺況滇國之於此書尤不可缺是豈可一例禁邪蓋

上之懲病民之弊正所以為利民之圖耳豈苟拘而為之者哉經所以將順而千冒為之匠用公役梓用往年試録及曆日板可者或聞之亦悦遂布諸民原本出三匡歐陽氏若託始則任丘酈廷瑞氏選刻於吳者

雲南左布政使北地一九川呂經書

便民圖纂目錄

收稻　辜礱　舂米
藏米　種大麥　種小麥
收麥　藏麥　種蕎麥
種大豆　種黑豆　種菉豆
種豌豆　種蠶豆　種紅豆
種赤豆　種白扁豆　種芝麻
種黃麻　種絡麻　種苧麻
種綿花　種紅花　種靛
種藺草　種燈草　種杞柳

卷第四

桑蠶類

菱　雞頭　荸薺

茨菰　西瓜　牡丹

芍藥　木犀　海棠

山茶　梔子　瑞香

百合　罌粟　芙蓉

菊　蜀葵　黃葵金鳳

雞冠　萱草　水仙

薔薇　菖蒲　橄

荼　棕櫚　冬青

槐　楊柳　松杉檜栢

卷第六

樹藝類下

芥菜 烏菘菜 夏菘菜
菠菜 甜菜 白菜
莧菜 豆芽菜 生菜
苦藚 萵苣 萵笋
冬瓜 王瓜 甜瓜
香瓜 醬瓜 生瓜
絲瓜 葫蘆 瓠
茭白 胡荽 葱
韭 蒜 刀豆
茄 天茄 甘露子

卷第八

月占類

卷第九

祈禳類

正月凡十四條　二月凡六條　三月凡十一條

四月凡五條　五月凡二十二條　六月凡三條

七月凡六條　八月凡三條　九月凡四條

十月凡四條　十一月凡三條　十二月凡十七條

卷第十

消吉類

入學　赴舉　上官到任

冠笄　結姻送禮　嫁娶納婿同

斬草破土　安塟　祈禱

祭祀　祈福　求嗣

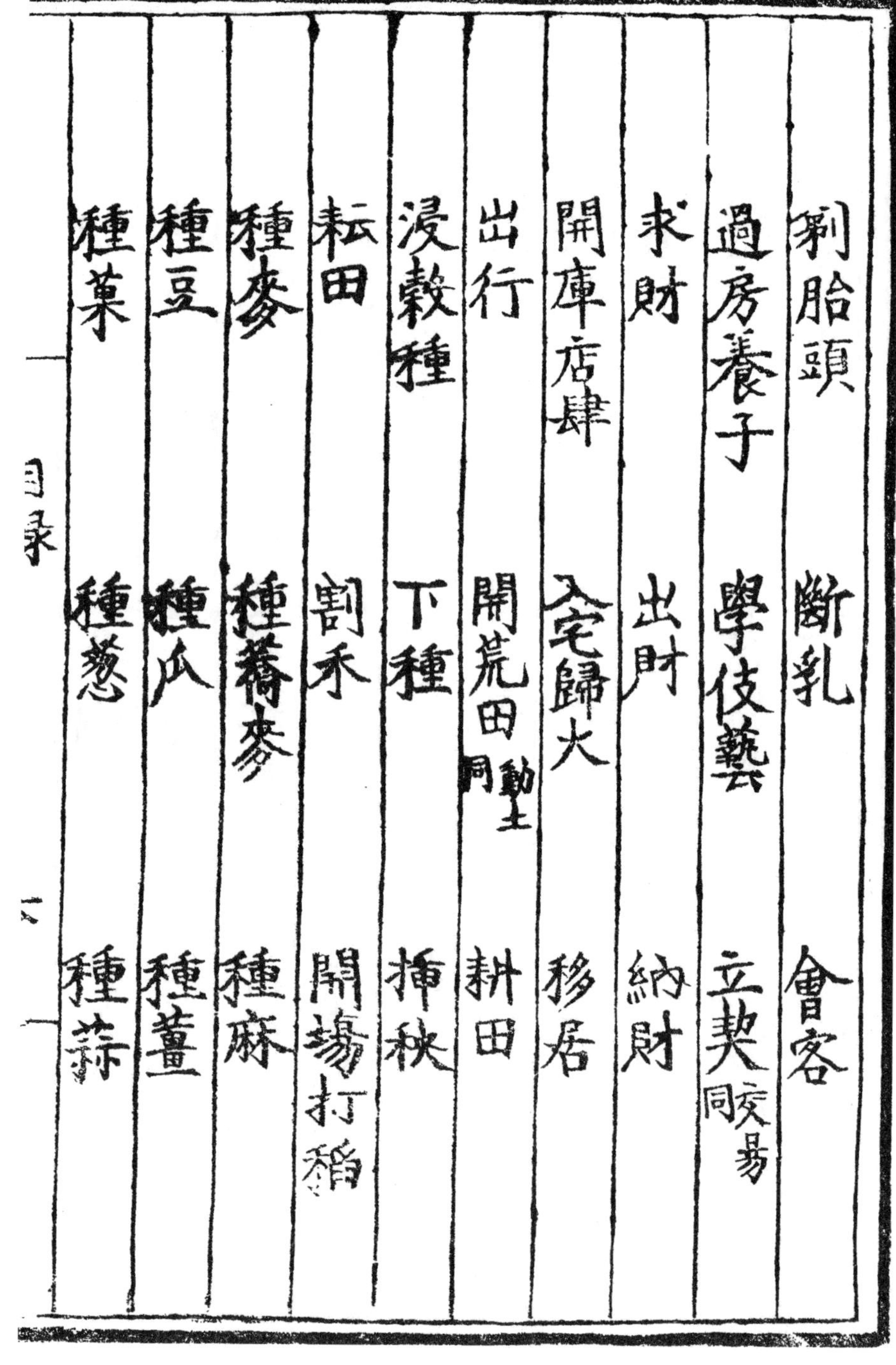

種芋　種果樹　栽木

移接花木　種作無蟲　浴蠶

出蠶　安蠶架箔　作繅絲竈

經絡安機同　開倉　五穀入倉

起工動土　造地基　起工破木

定磉扇架同　竪造　上梁

拆屋　蓋屋　泥屋

偷修　修造門　塞門塞路築堤塞水同

開路　造橋梁起造宅舍同　造倉庫

修倉庫　造厨　作竈

作厠 修厕同　穿井 修井同　開池

開溝渠　作陂塘　築墻

造酒醋　造麯　造醬

醃藏瓜菜　醃臘下飯　修製藥餌

求醫服藥 針灸同　造桔槔　造器皿 染顏色同

造床 造枕擡同　安床帳　裁衣合帳

造船破木　成造宂航　新船下水 出行同

安碓磑 安磨棖油榨同　結網　捕魚

畋獵　作牛欄　作馬坊

作豬圈　作羊棧　作雞鵝鴨棲窩

卷第十一

起居類

卷第十二
調攝類上

牧養類

治馬錯水　治馬患眼　治馬頰骨脹
治馬喉腫　治馬舌硬　治馬膈痛
治馬傷脾　治馬心熱　治馬肺毒
治馬肝壅　治馬卒熱肚脹　治馬腎搐
治馬流沫　治馬氣喘　治馬啌喘毛焦
治馬尿血　治馬結尿　治馬結糞
治馬傷蹄　治馬發黃　治馬急起卧
治馬疥癆　治馬狹脊破　治馬中結
常啖馬藥　養羊法　棧羊法
治羊夾蹄　治羊疥癩　治羊中水

卷第十五

製造類上

卷第十六

製造類下

造雨衣　治壓衣　去墨汙衣

去油汙衣　洗黃泥汙衣　洗鮮蚩蓄汙衣

洗青黛汙衣　洗血汙衣　洗皂衣

洗白衣　洗絲衣　洗蔦蕉

洗竹布　洗毛衣　洗蓄草布

漂苧布　洗羅絹衣　治漆汙衣

治糞汙衣　練絹帛　漿衣

熏衣除虱　去蠅矢汙　絡絲不亂

收氊物不蛀　收皮物不蛀　收翠花
洗玳瑁魚鮀　洗真珠　洗象牙等物
煮骨作牙　染木作花梨木色　刷紫斑竹
硬錫　點鐵為鋼　磨鏡藥
補瓷碗　補缸　綴假山
穿井　去磚縫草　治炭不爆
留宿火　造衣香　作香餅
煅爐灰　長明燈　點書燈
收書　收畫　背畫不瓦
造墨　修壞畫　收筆

洗筆　修破硯　洗硯
造印色　調朱點書　逡巡碑
去差寫字　造油紙　燒輕粉
乾蜜法　祛寒法　護足法
梭脚方　挹汗香　除頭風
治壁風　辟蟻　辟蠅
辟蚊蟲諸蟲　治菜生蟲　解魘魅
逐鬼魅法　祛狐狸法

便民圖纂目録終

便民圖纂卷第一

題農務女紅之圖

宋樓璹舊製耕織圖大抵與吳俗少異其爲詩又非愚夫愚婦之所易曉因更易數事系以吳歌其事既易知其言亦易入用勸於民則從厥攸好容有所感發而興起焉者人謂民性如水順而導之則可有功爲吾民者顧知上意嚮而克於自效也歟

浸種
竹枝詞
三月清明
浸種天去
年包裹到

今年日浸
夜收常看
管只等芽
長撒下田

耕田

竹枝詞

翻耕須是

力勤勞纔

聽雞啼便

出郊耙得
了時還要
耖工程限
定在明朝

耖田
竹枝詞
耙過還須
耖一番田
中泥塊要

匀攤攤得
匀時秧好
揷攤弗匀
時揷也難

布種
竹枝詞
初發秧芽
未長成撒
來田裏要

均平還愁
鳥雀飛來
喫盡將
灰蓋一層

下壅
竹枝詞
稻禾全靠
糞澆根豆
餅河泥下

得句要利
送酒着本
做多收還
是柰多人

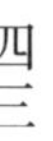

插蒔
竹枝詞
芒種纔交
插蒔完何
須勞動勸
卷之一

農官今年
覺似常年
早落得全
家盡喜歡

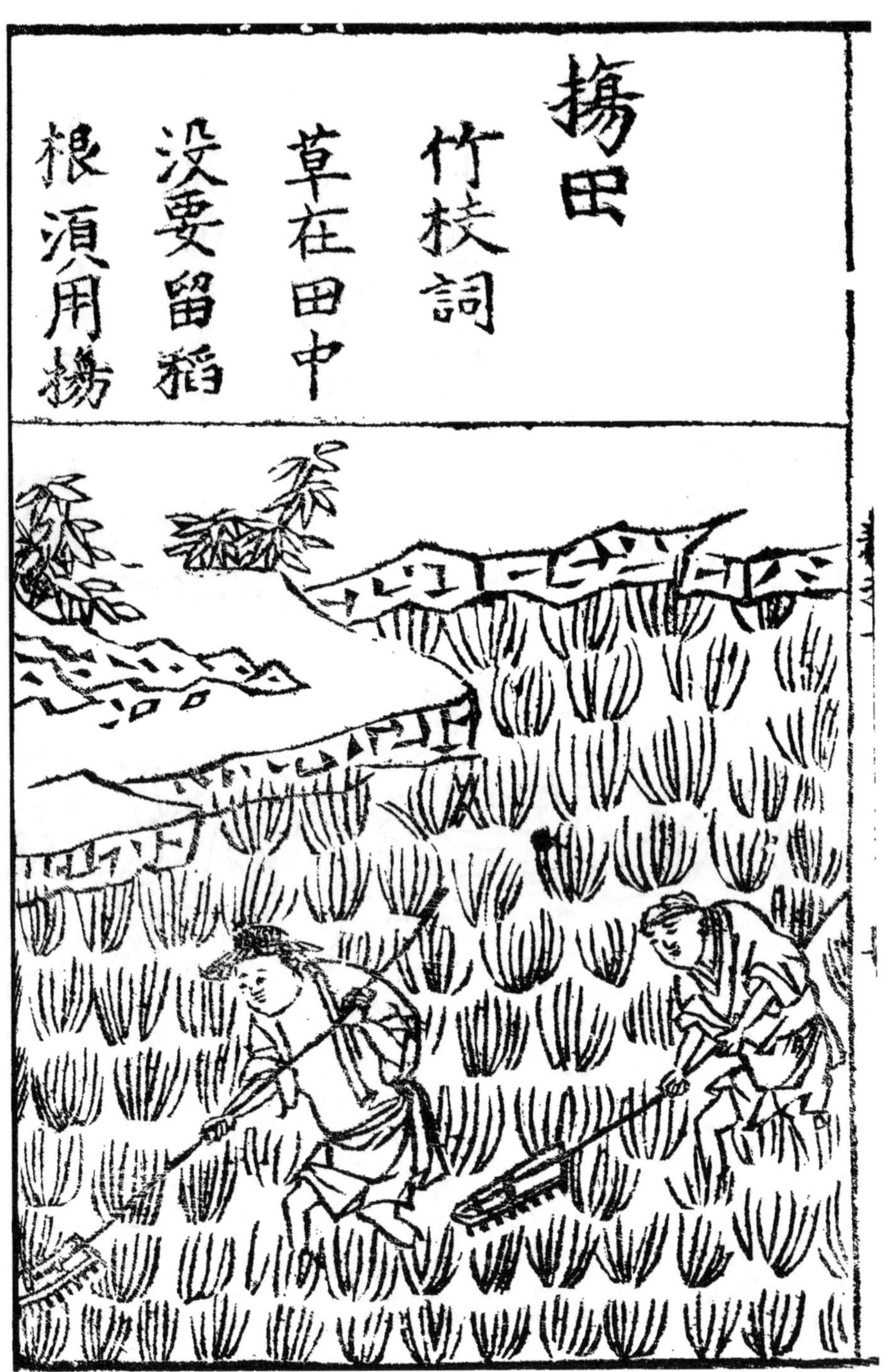

搒田

竹枝詞

草在田中
没要留稻
根須用搒

扒搜揚過
兩遭耘又
到農夫氣
力最難偷

耘田
竹枝詞
搗過秧來
又要耘秧
邊宿草莫

留根治田
便似治民
法惡菌䓒
除香菌存

車戽
竹枝詞
脚痛腰酸
曉夜忙田
頭車戽響

浪浪高田
東進低田
此只顧高
低不做着。

收割
竹枝詞
無雨無風
斫稻天斫
歸場上便

裏揚芒頭
秕穀齊揚
去粒粒珎
珠看斗量

牽礱
竹枝詞
大小人家
盡有收盤
工做來弗

心寬收成
須趁晴明
好柴也乾
時米也乾

打稻

竹枝詞

連枷拍拍稻鋪場打落將來風

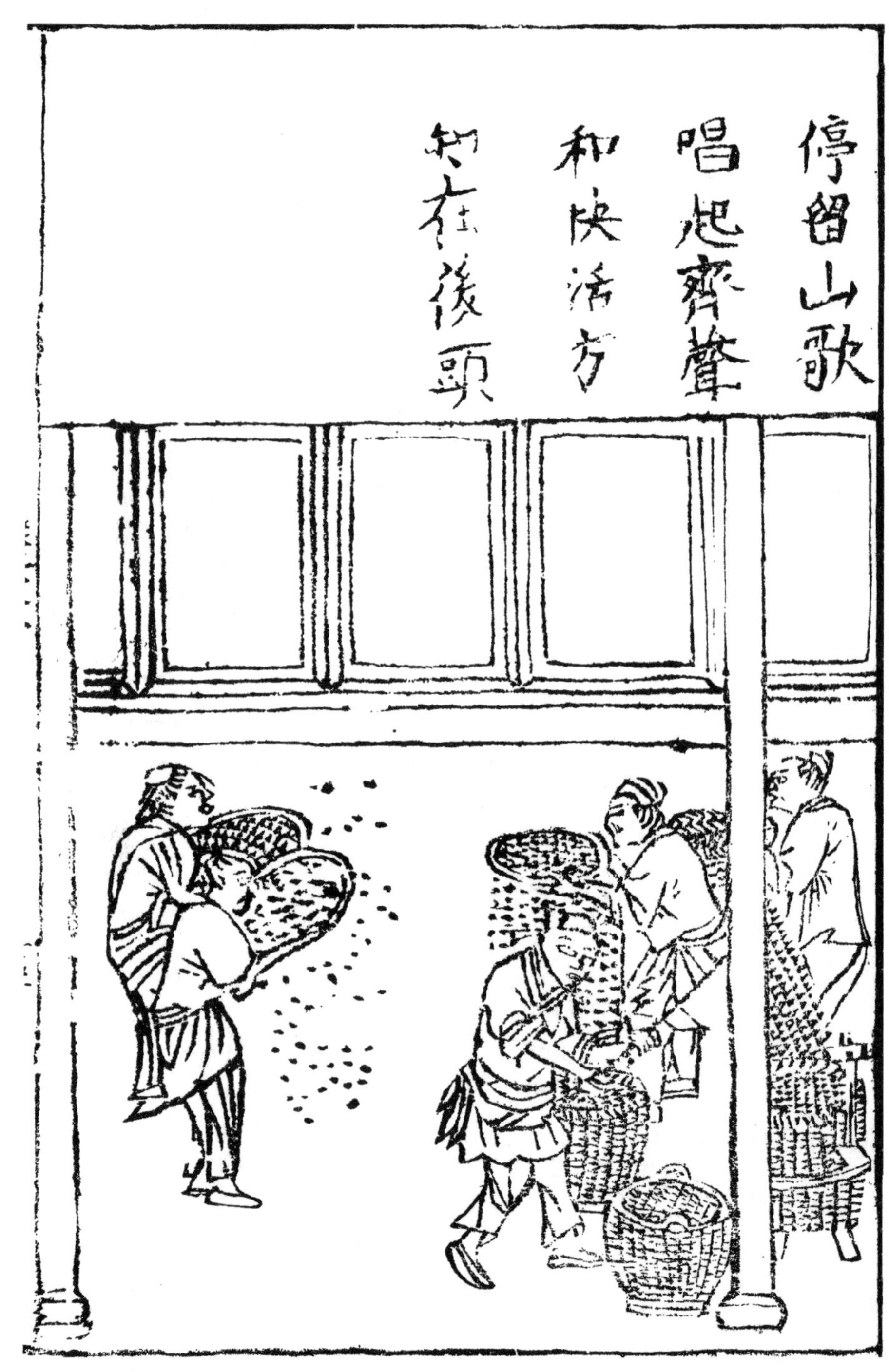
停留山歌
唱起齊聲
和快活方
知在後頭

舂碓
竹枝詞
太熟之年
處處同田
家米臼帰

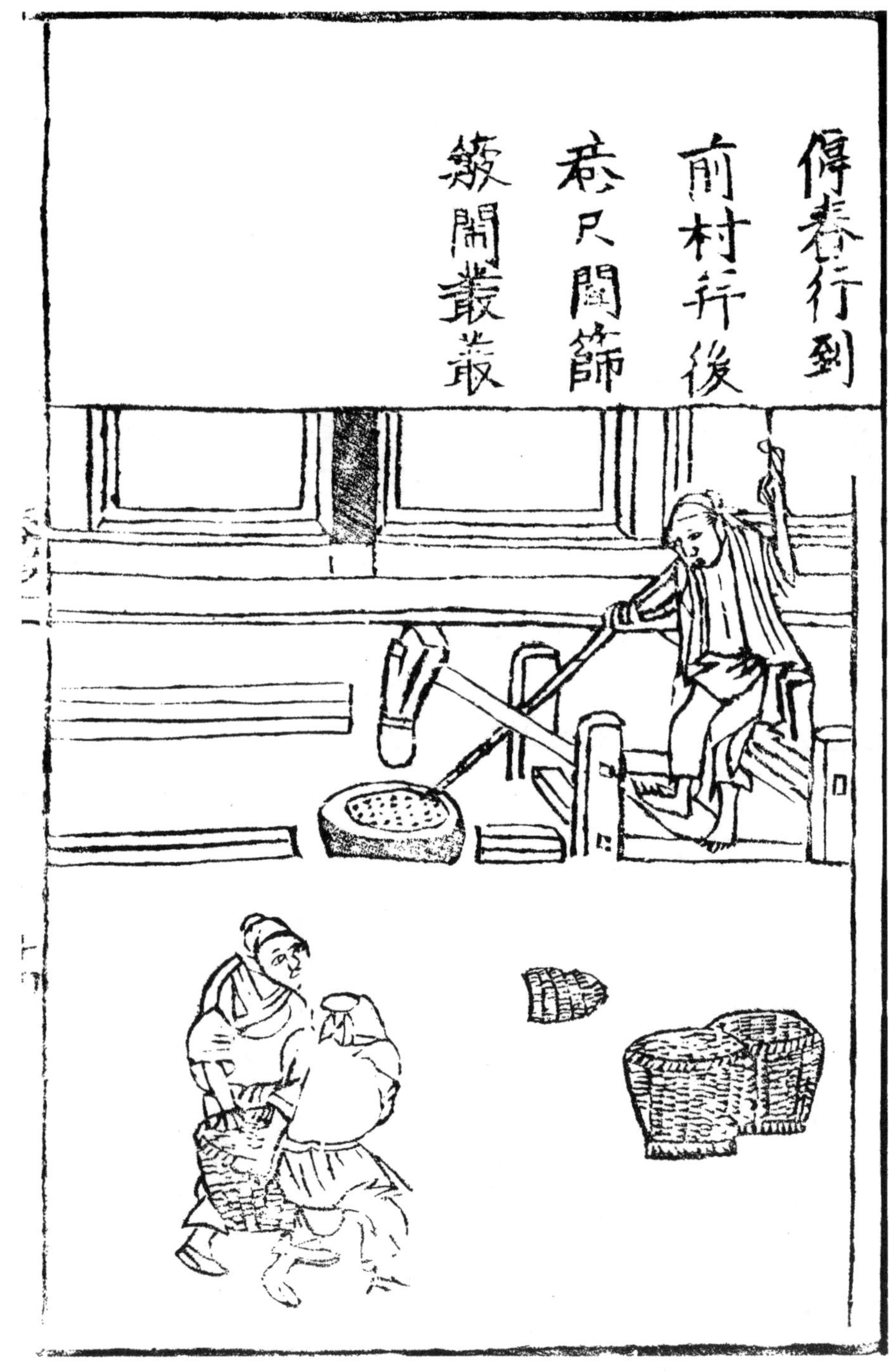
得舂行到
前村舁後
舂只聞篩
簸閙叢叢

上倉
竹枝詞
秋成先要
納官糧好
米將來送

是科大家
喫得醺醺
醉老龜盤
邊拍仃狀

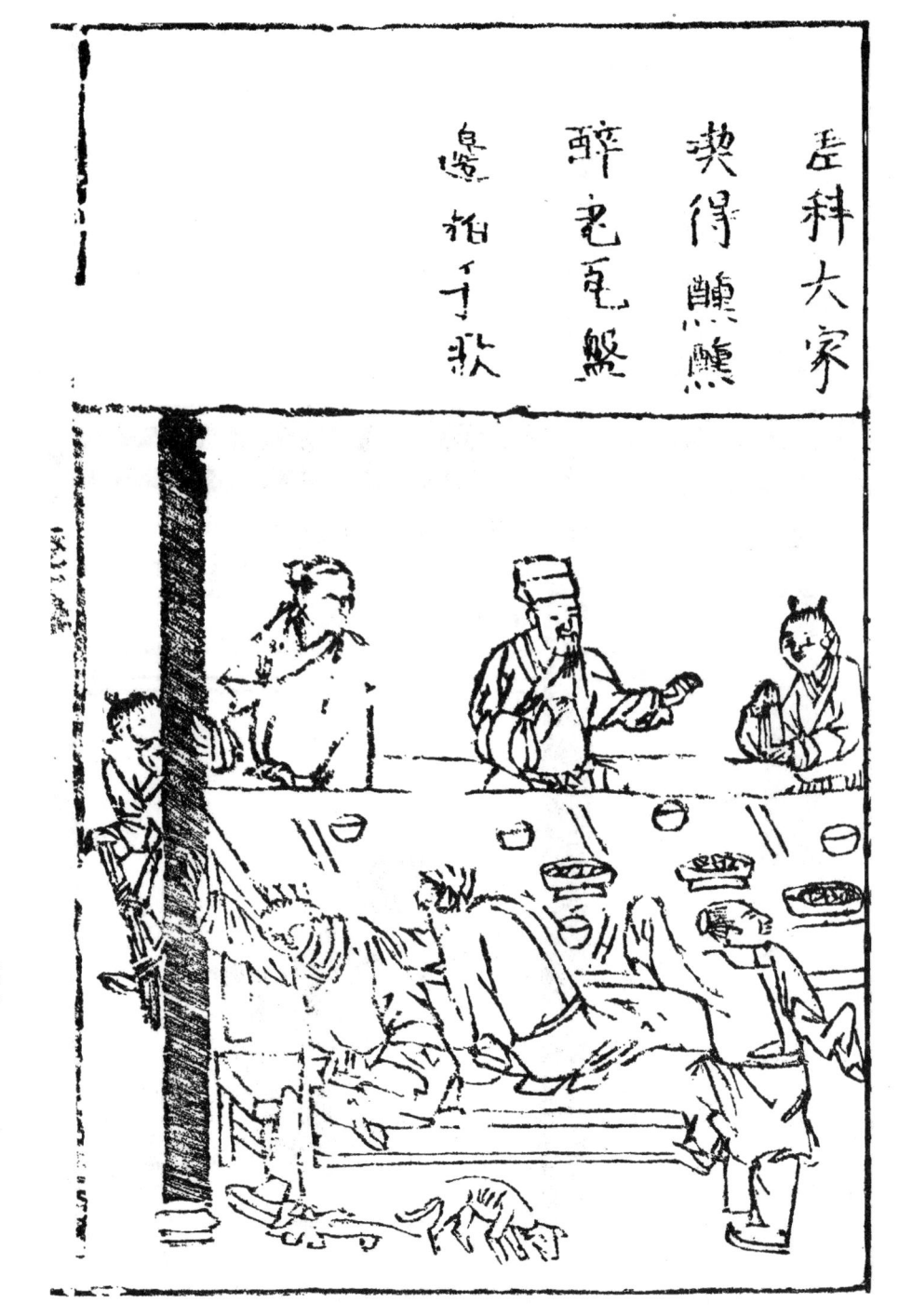

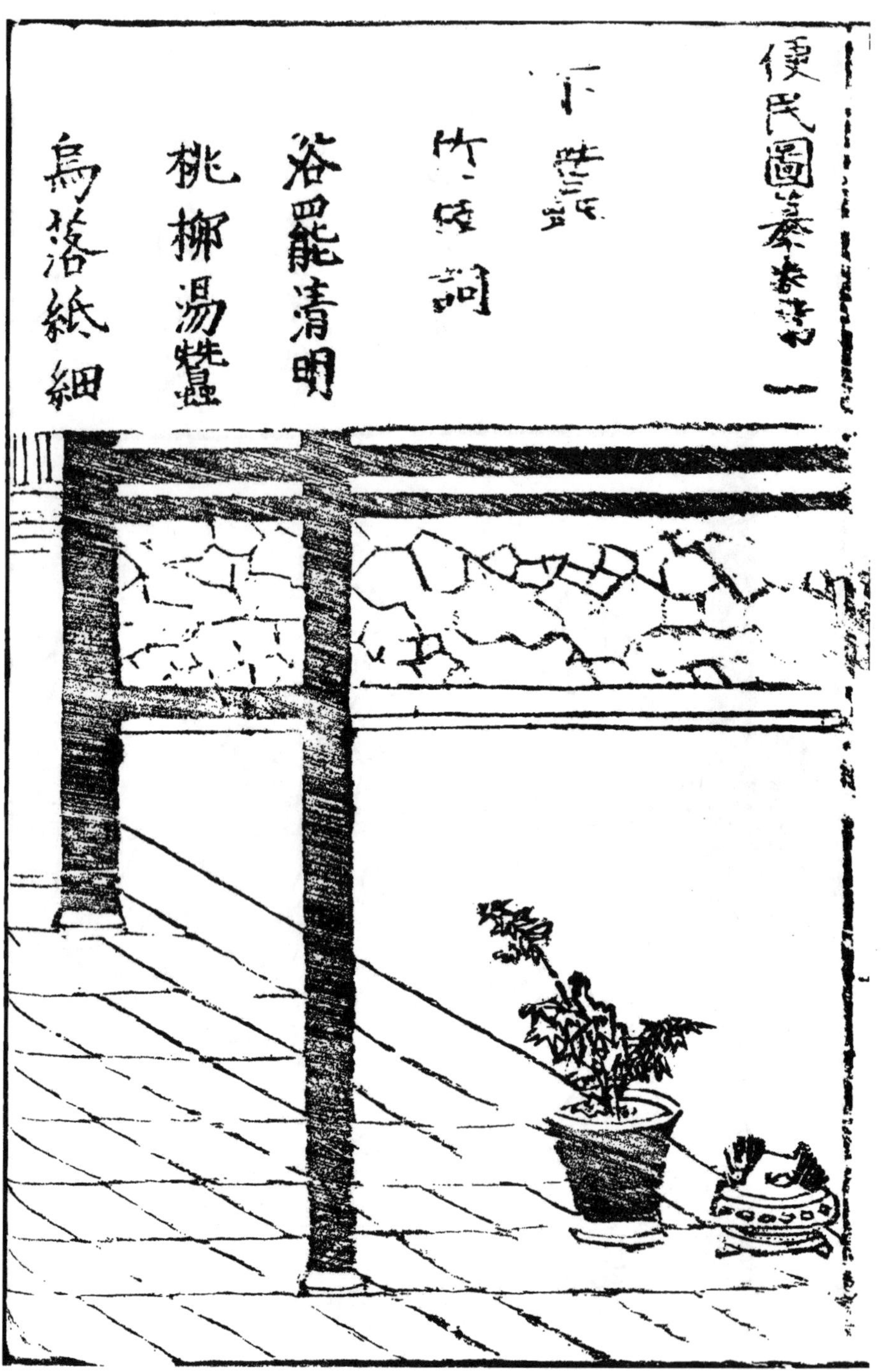
便民圖纂卷第一
下蠶
竹枝詞
浴罷清明
桃柳湯蠶
烏落紙細

上倉銷過
倉由方是
了別無私
債掛心勝

田家樂
竹枝詞
今歲收成
分外多更
兼官府役

芊芊阿家
把秤秤多
少殼數今
年養幾筐

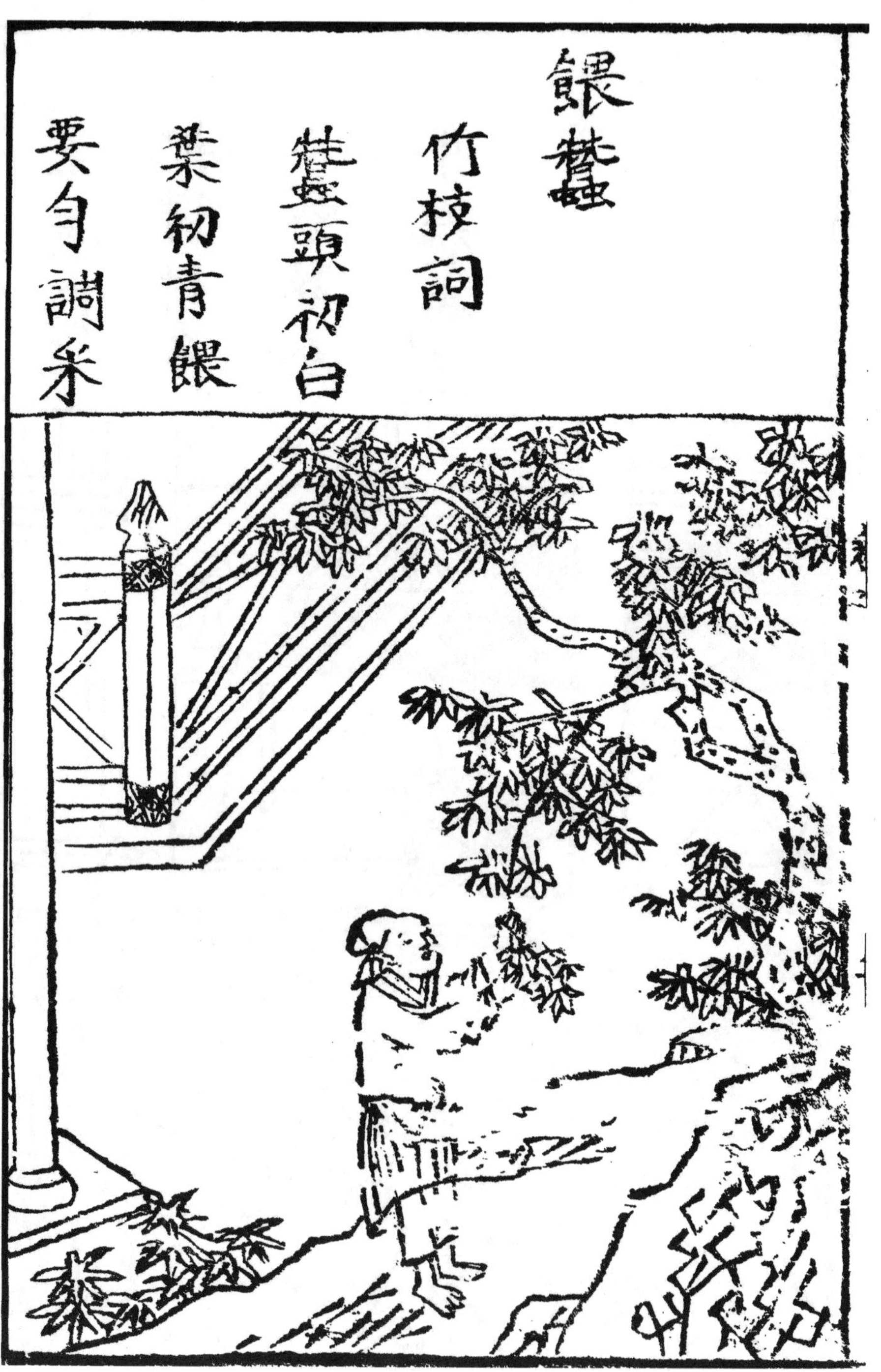
餵蠶
竹枝詞
蠶頭初白
葉初青餵
要勻調釆

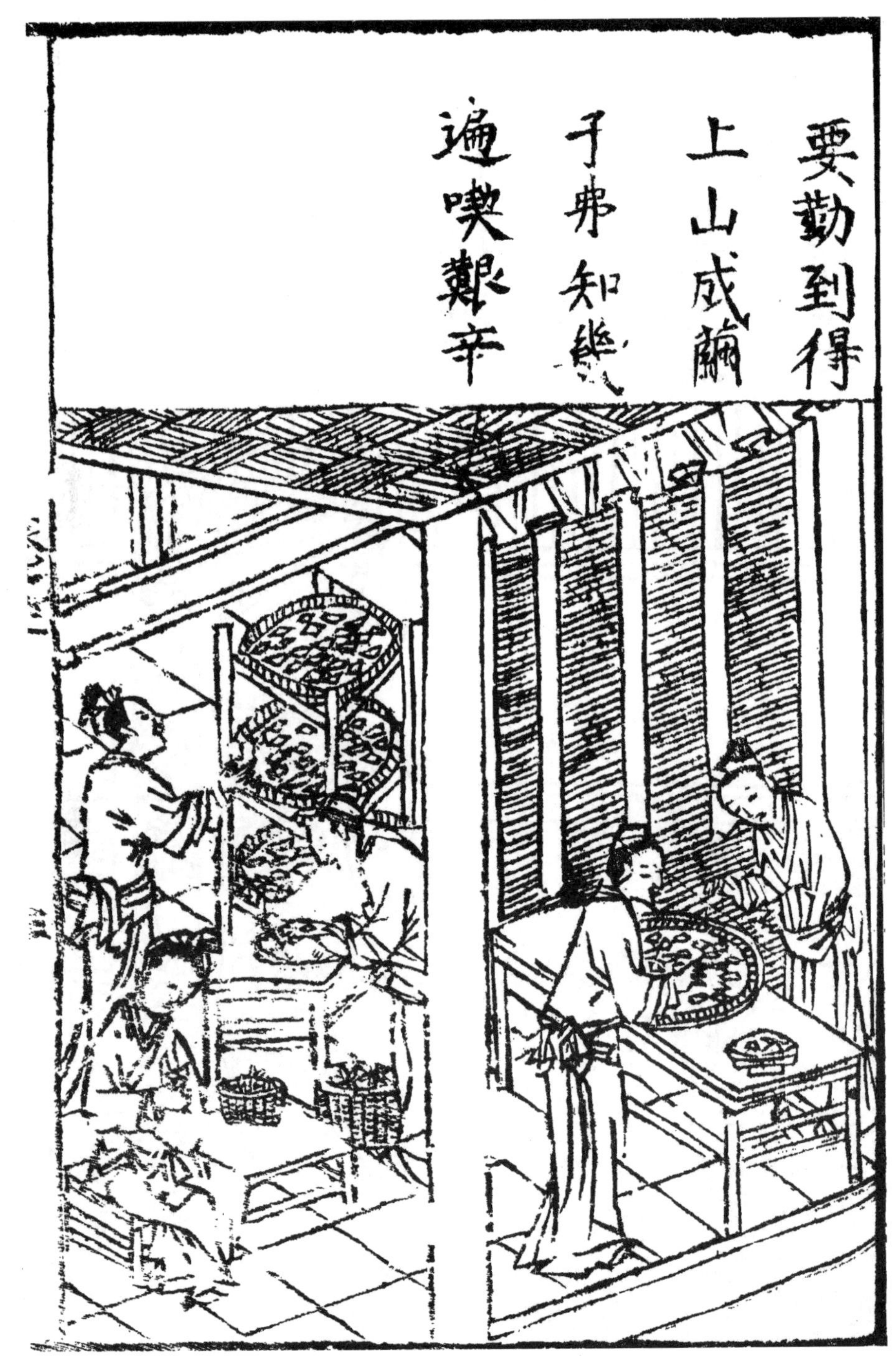
要勤到得
上山成繭
予弗知幾
遍喫艱辛

蠶眠
竹枝詞
一遭眠了〻
兩遭眠蠶
過三眠遭

數金食力
旺時頻上
葉却除隔
宿換新鮮

采桑
竹枝詞
男子園中
去采桑。
因女子餵

蠶忙蠶要
餵時桑要
采事頭分
管兩相當

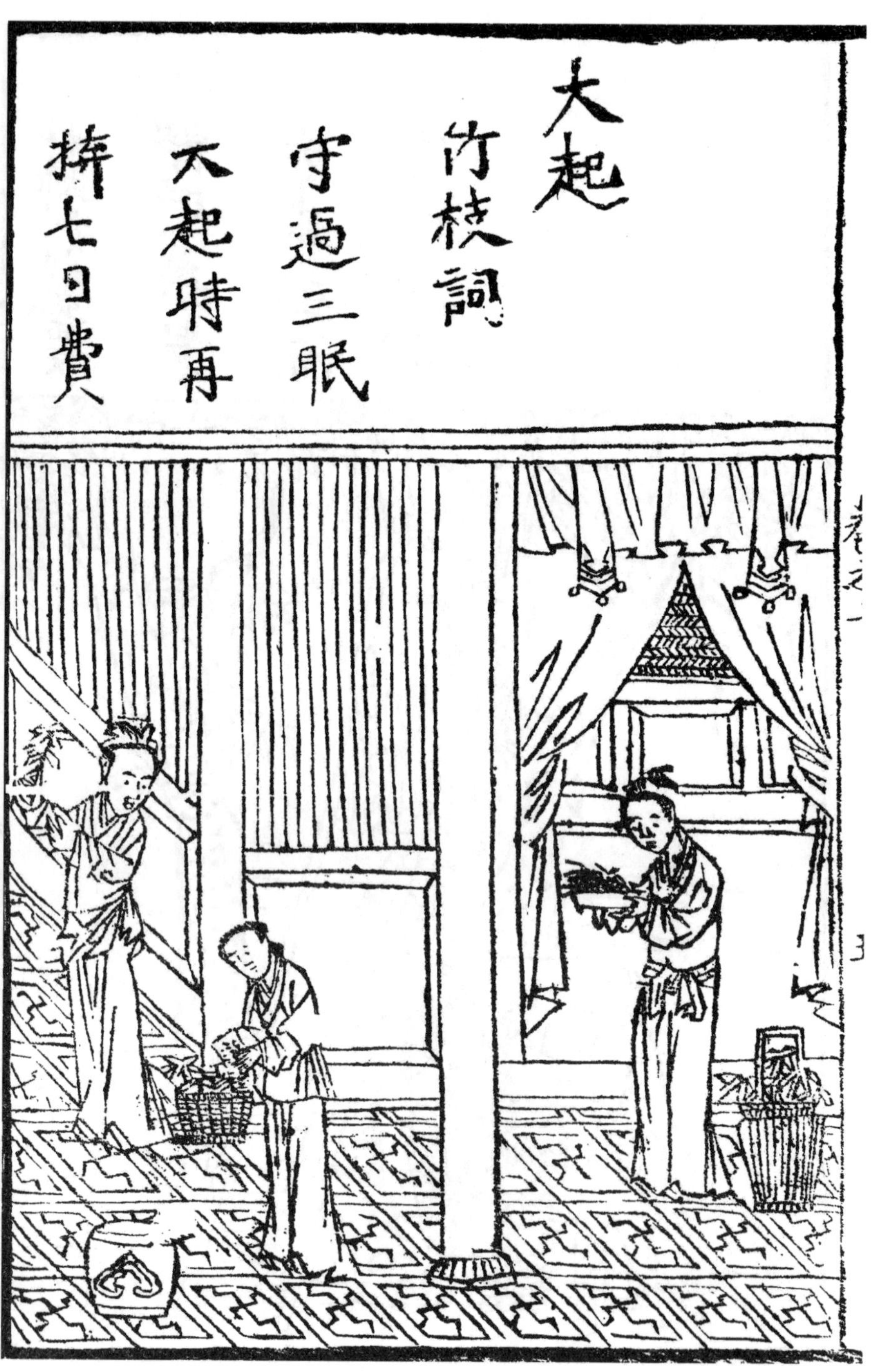
大起
竹枝詞
守過三眠
大起時再
捹七日費

心機老蠶
正要連遭
餵半刻光
陰難受饑

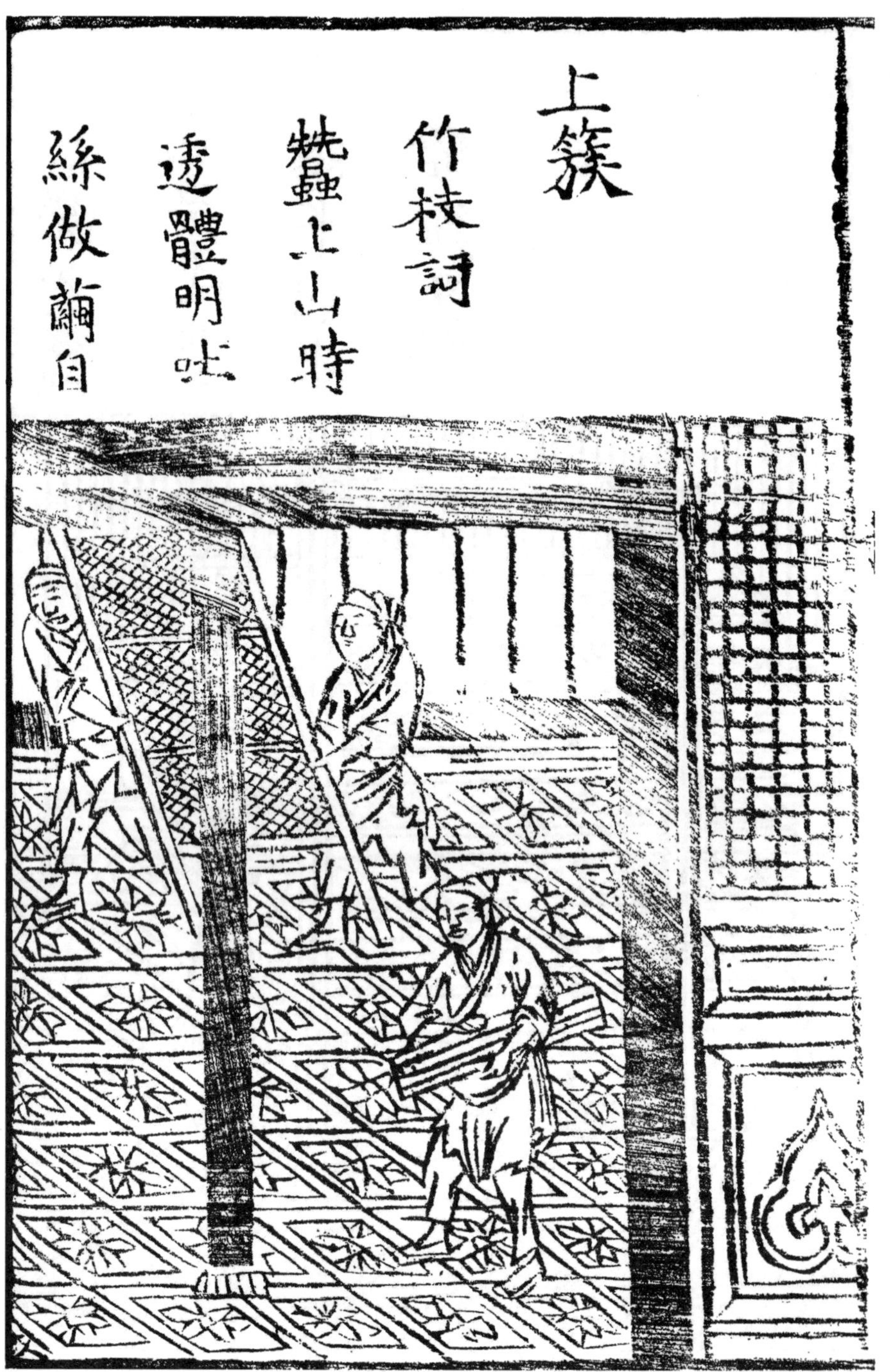
上簇
竹枝詞
蠶蟲上山時
透體明吐
絲做繭自

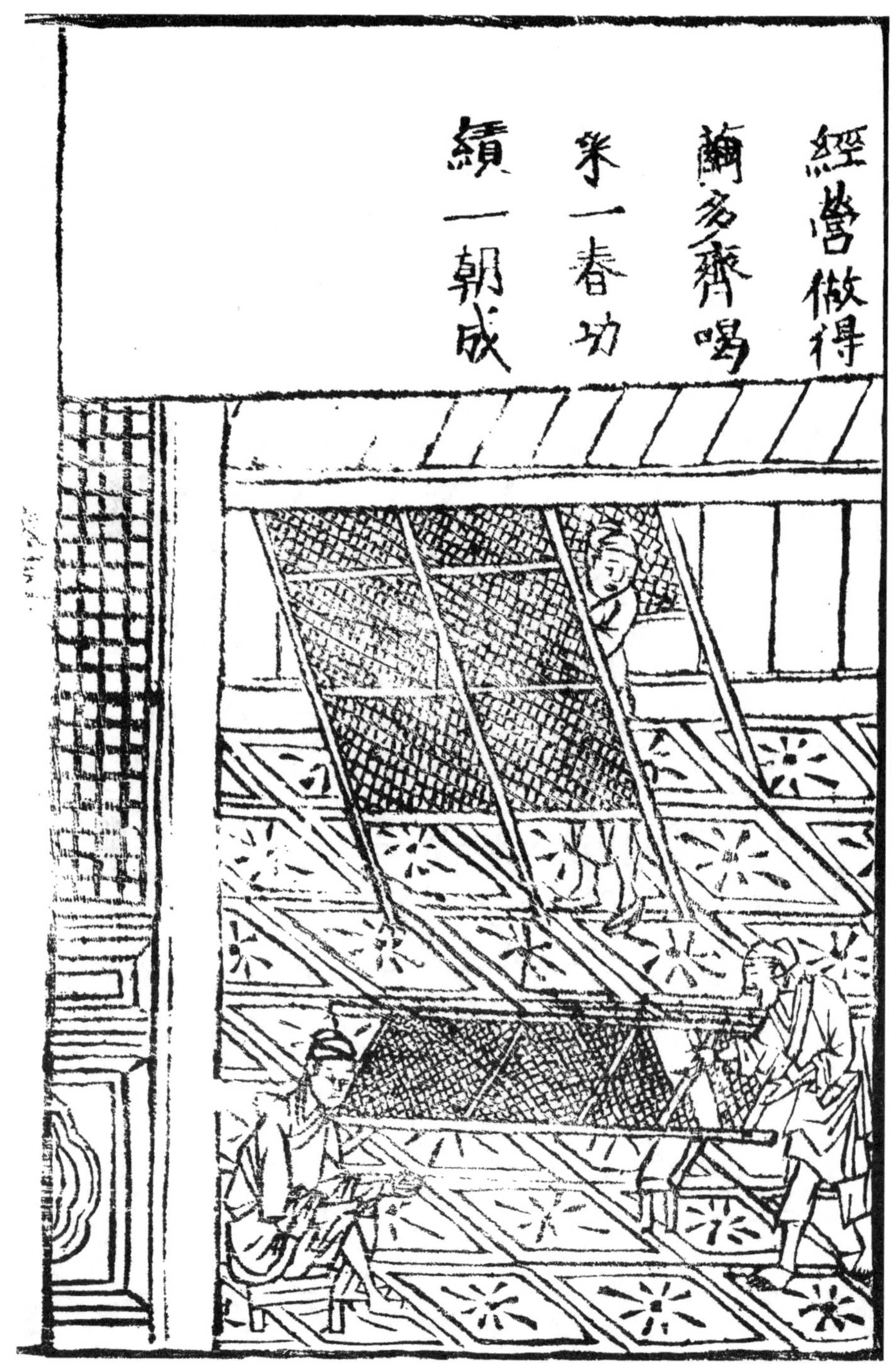
經營做得
繭多齊喝
綵一春功
績一朝成

炙箔
竹枝詞
蠶性從来
最怕寒筐
筐煨靠火

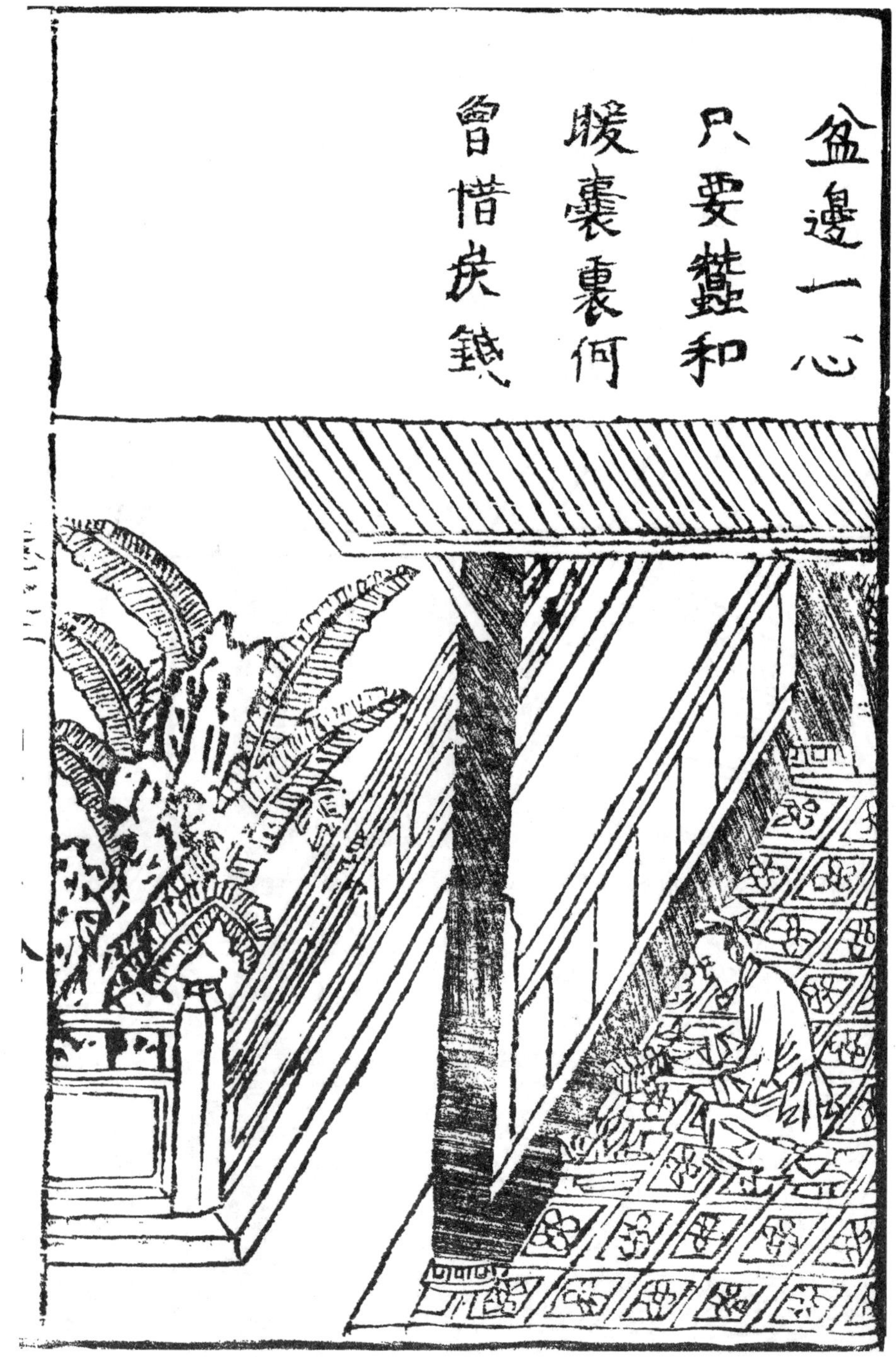
盆邊一心
只要豔和
腰囊裏何
曾惜炭錢

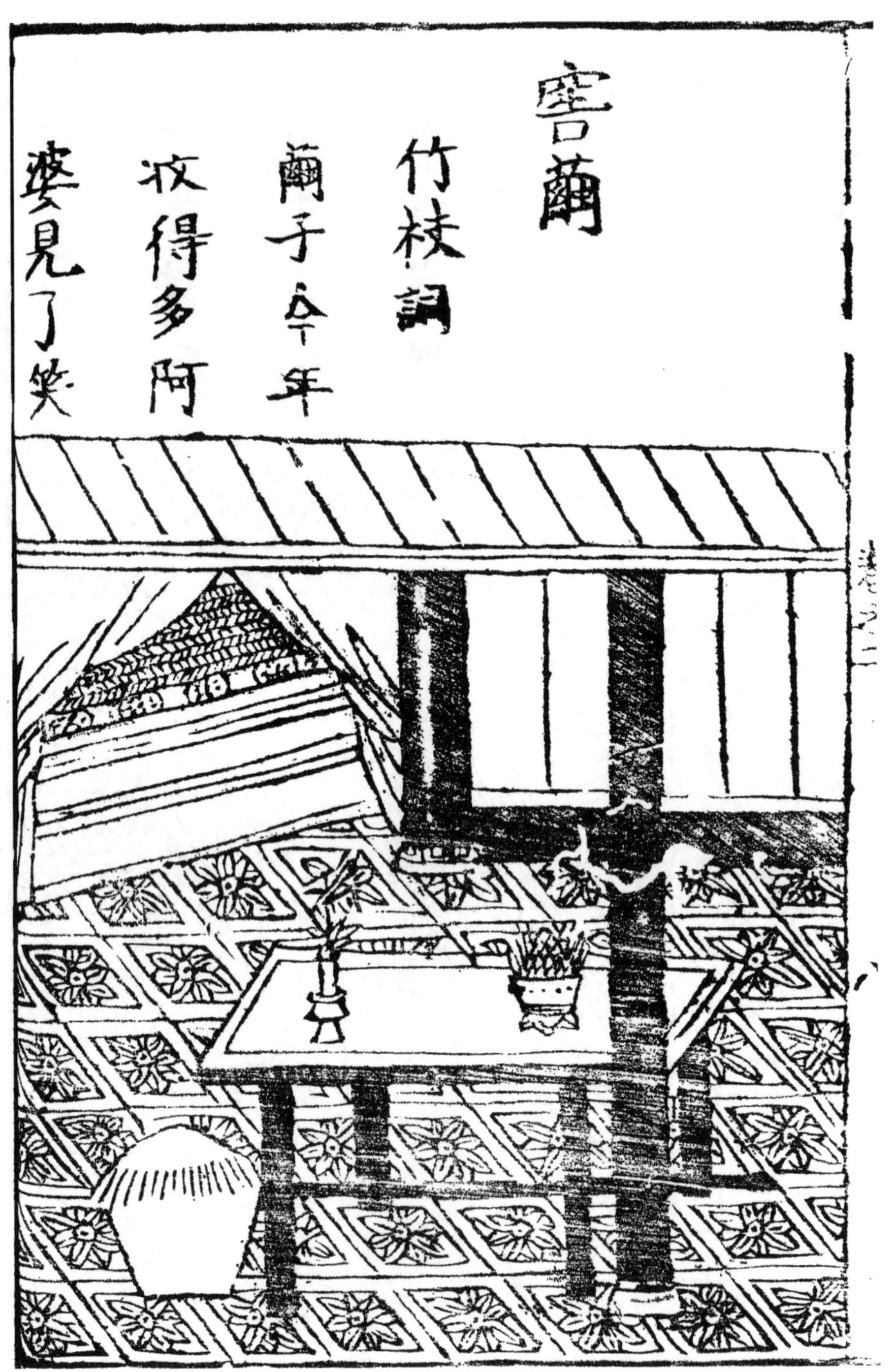
窖繭
竹枝詞
繭子今年
收得多阿
婆見了笑

呵呵入來
甕裹泥封
好只怕風
吹便出蛾

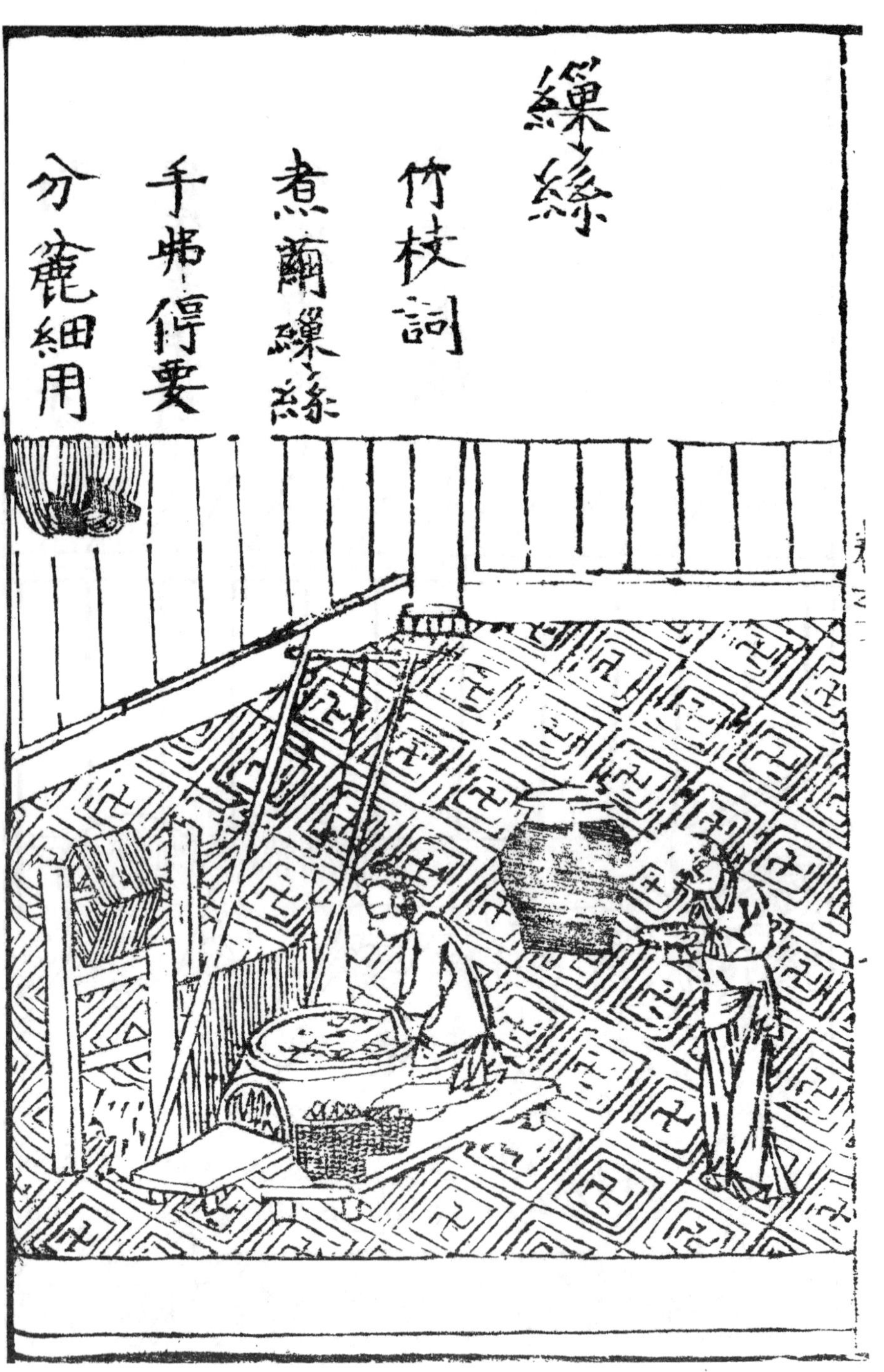

繅絲
竹枝詞
煮繭繅絲
手弗停要
分麄細用

心情上路
細絲增價
買麄絲賣
得價錢輕

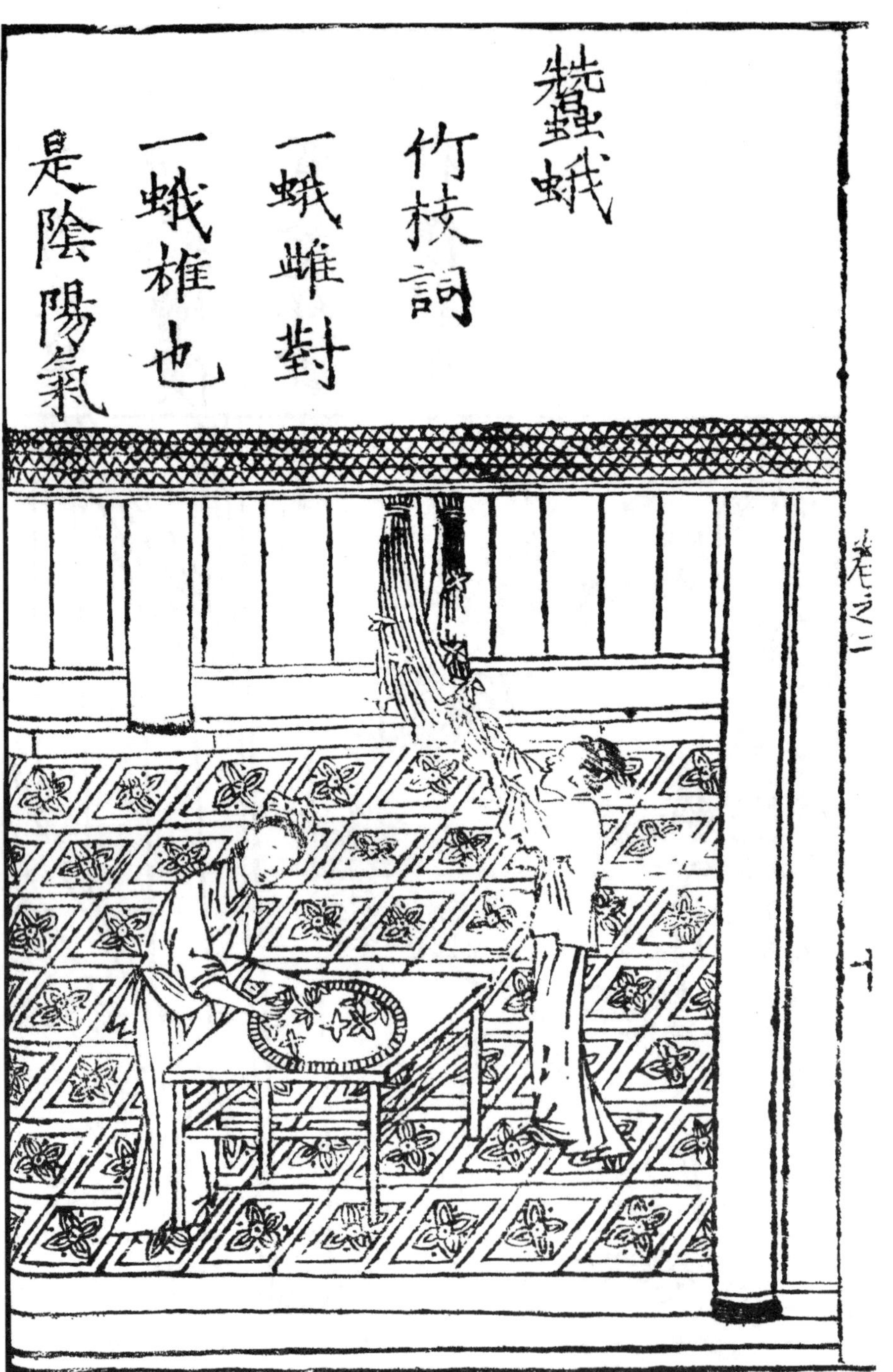
蠶蛾
竹枝詞
一蛾雌對
一蛾雄也
是陰陽氣

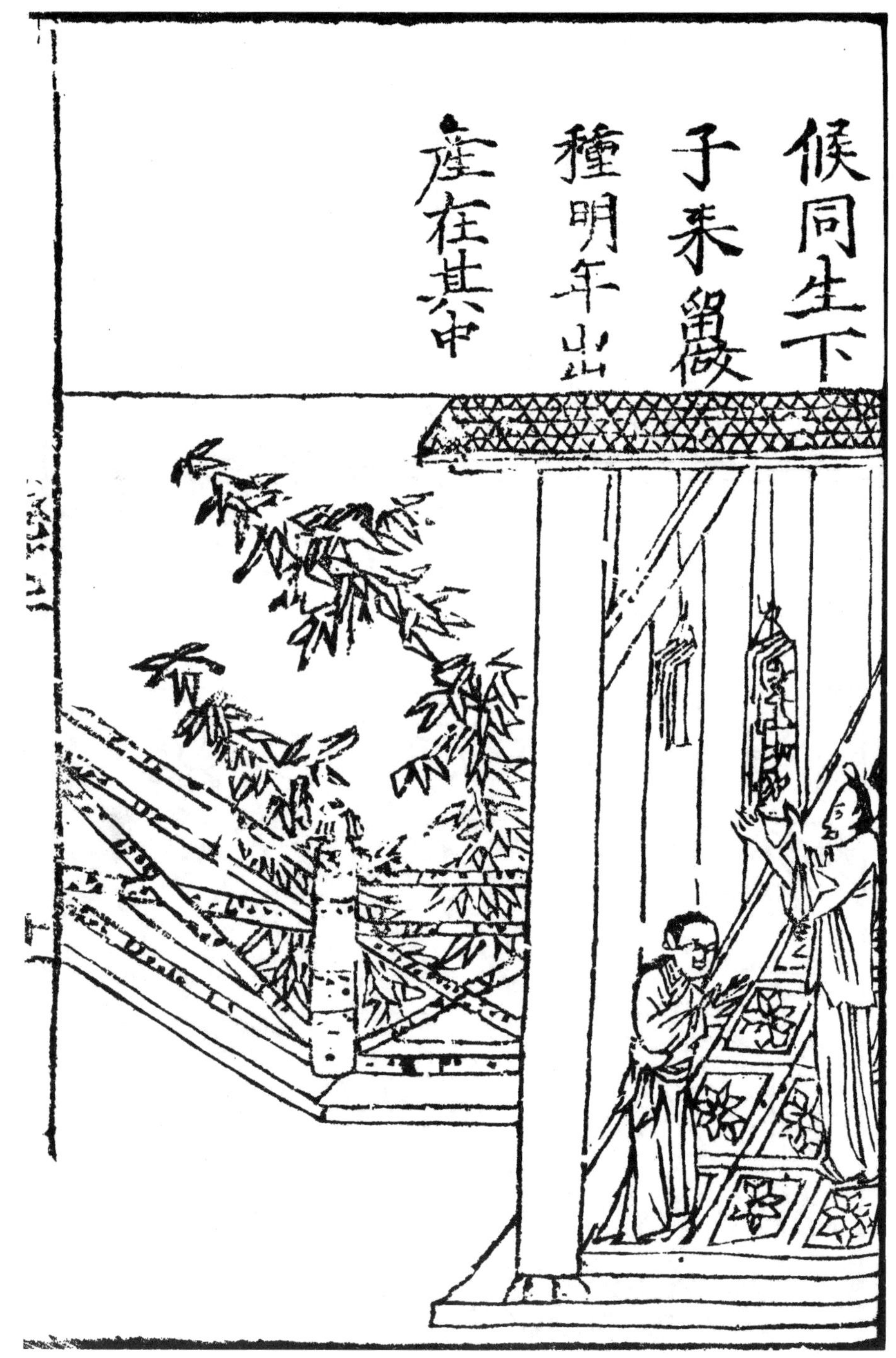
候同生下
子來留做
種明年出
產在其中

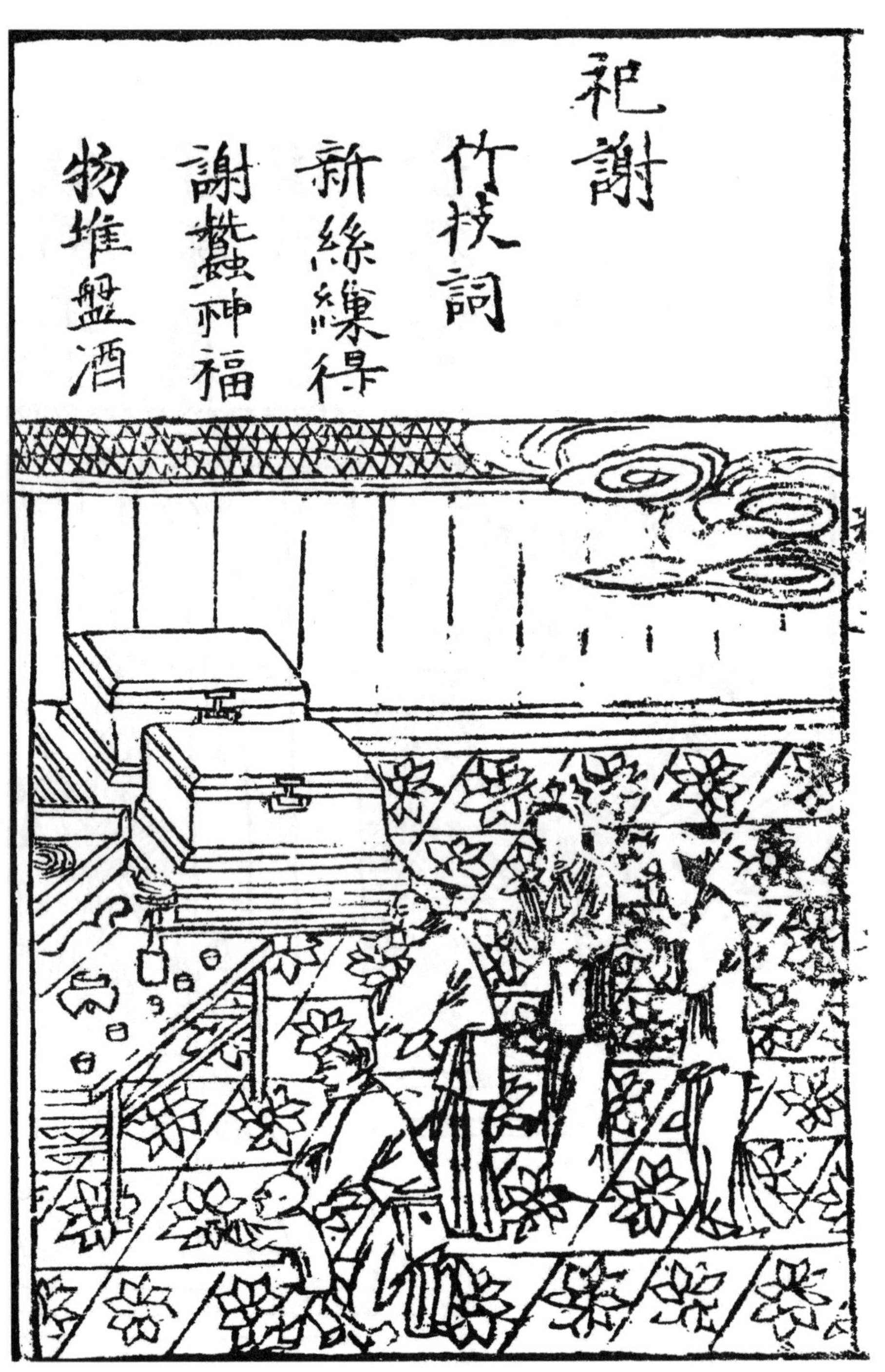
祀謝
竹枝詞
新絲繅得
謝蠶神福
物堆盤酒

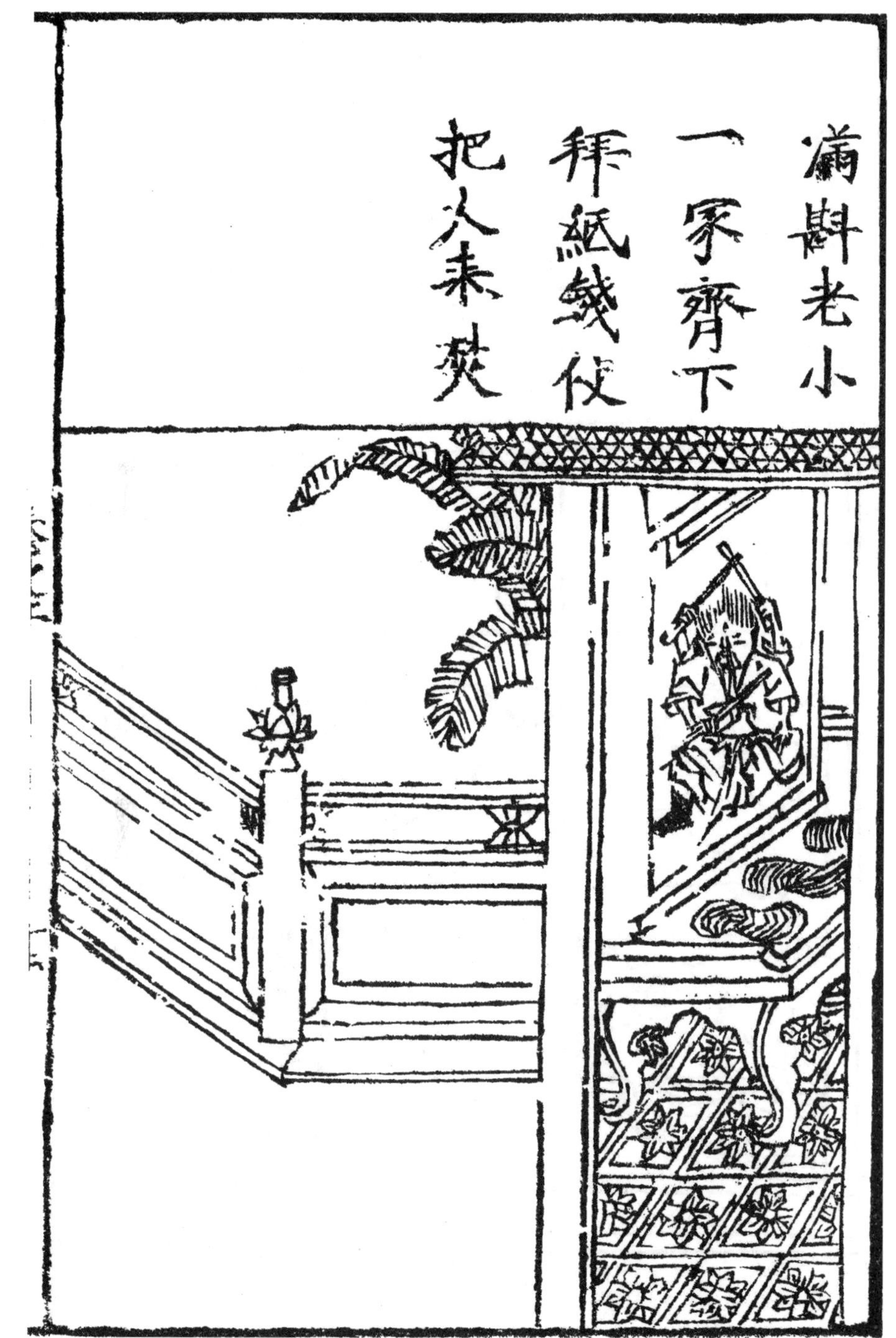
满斗老小
一家齐下
拜纸钱仗
把人来焚

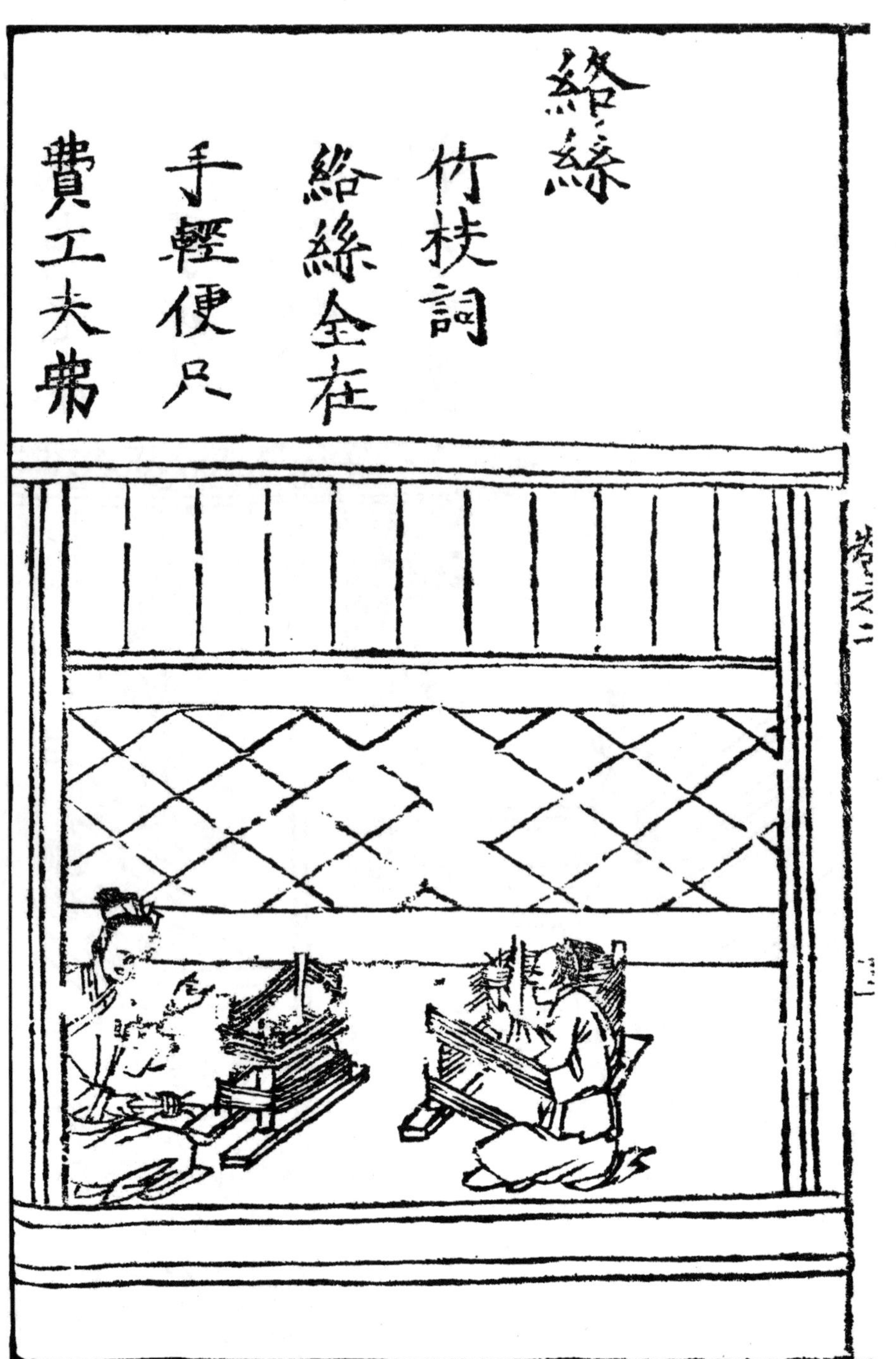
絡絲
竹枝詞
絡絲全在
手輕便只
費工夫弗
卷之二
三

背錢麄細
高低齊有
用斷頭須
要接連牽

經緯

竹枝詞

經頭成捆
緯成堆織
作翻嫌無

了時只爲
太平年世
好弗曾二
月賣新絲

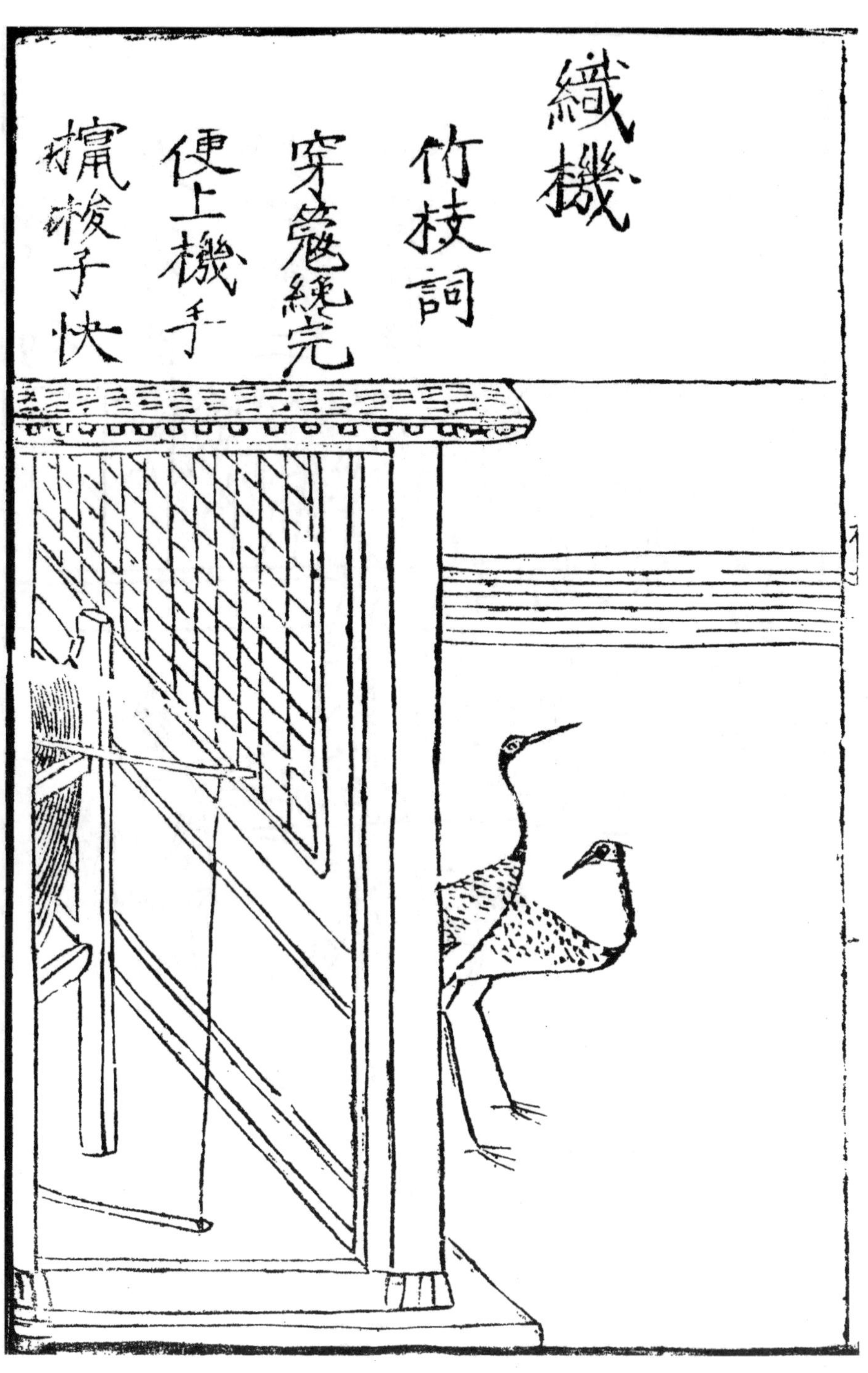
織機
竹枝詞
穿簆纔完
便上機手
攛梭子快

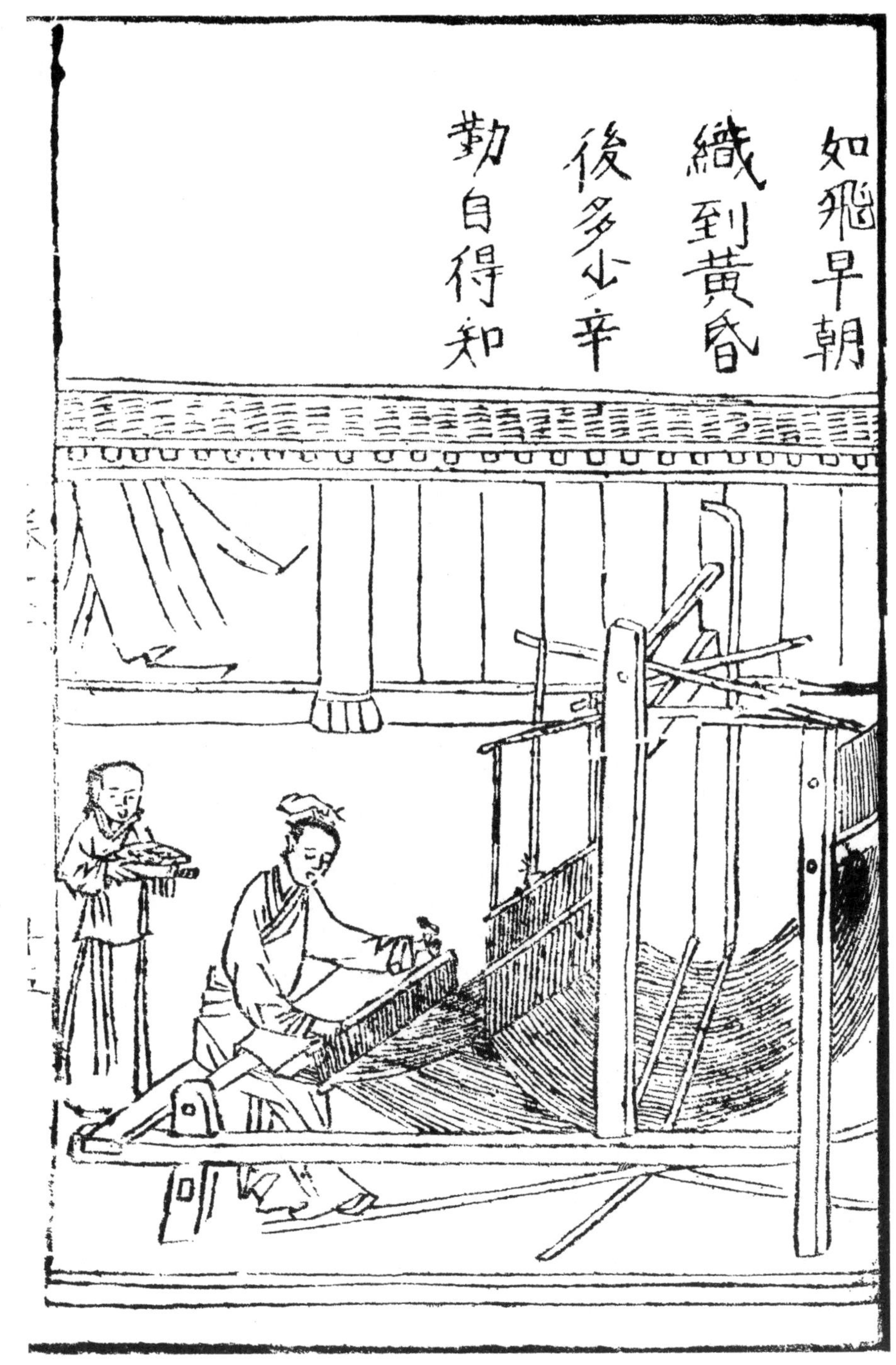
如飛早朝
織到黄昏
後多辛
勤自得知

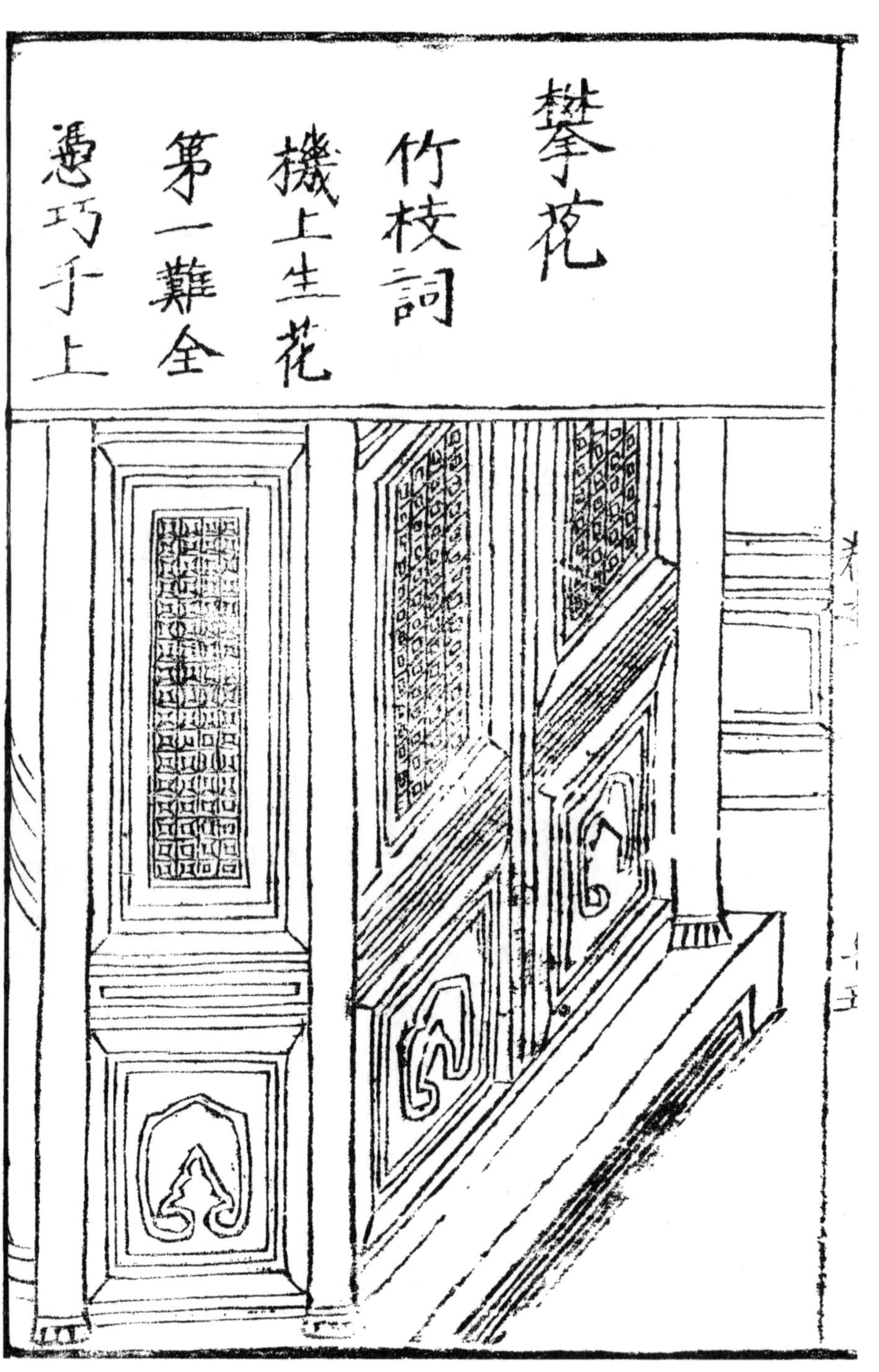
攀花
竹枝詞
機上生花
第一難全
憑巧手上

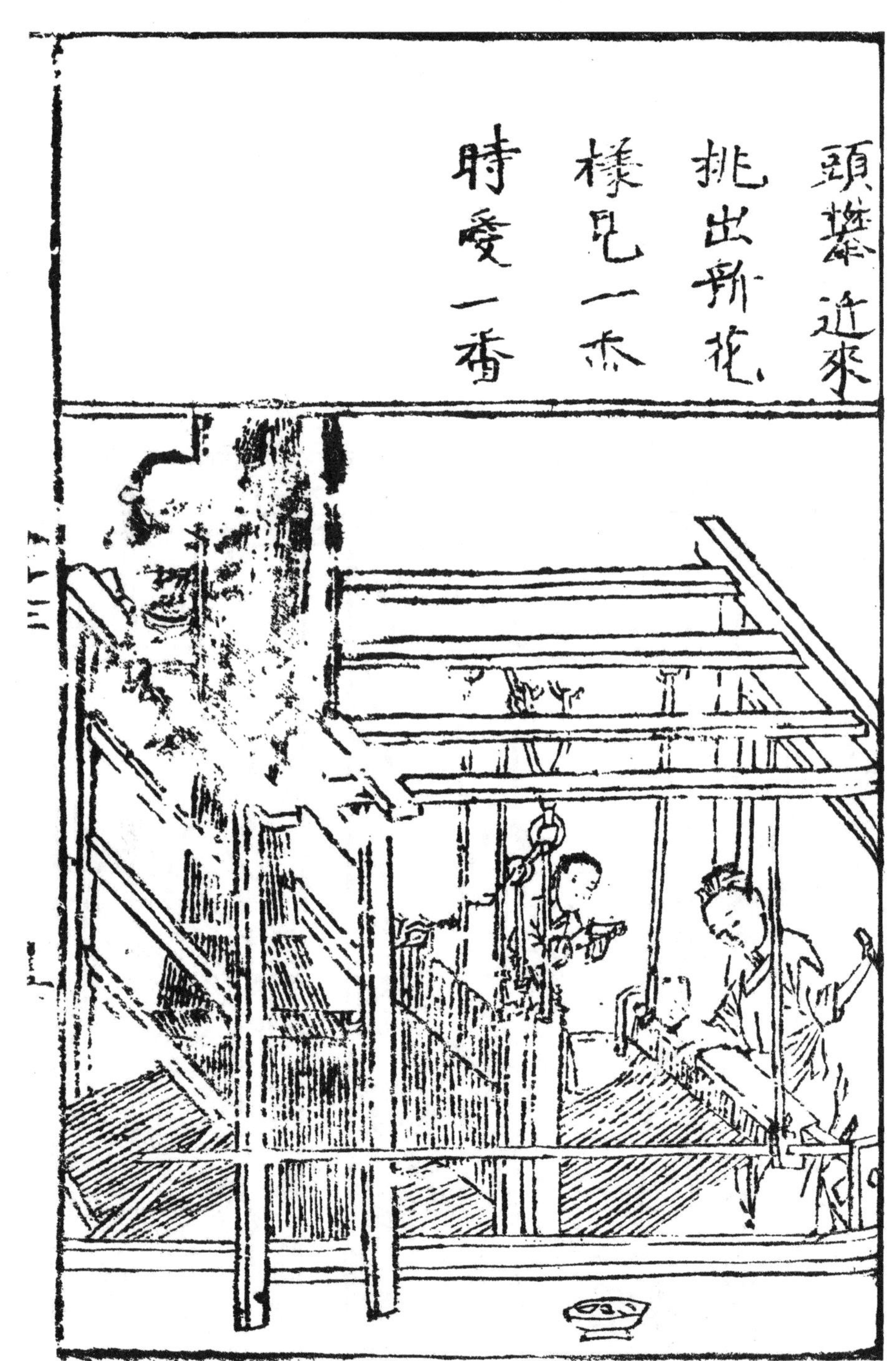
頭綮近來
挑出新花
樣兒一赤
時愛一番

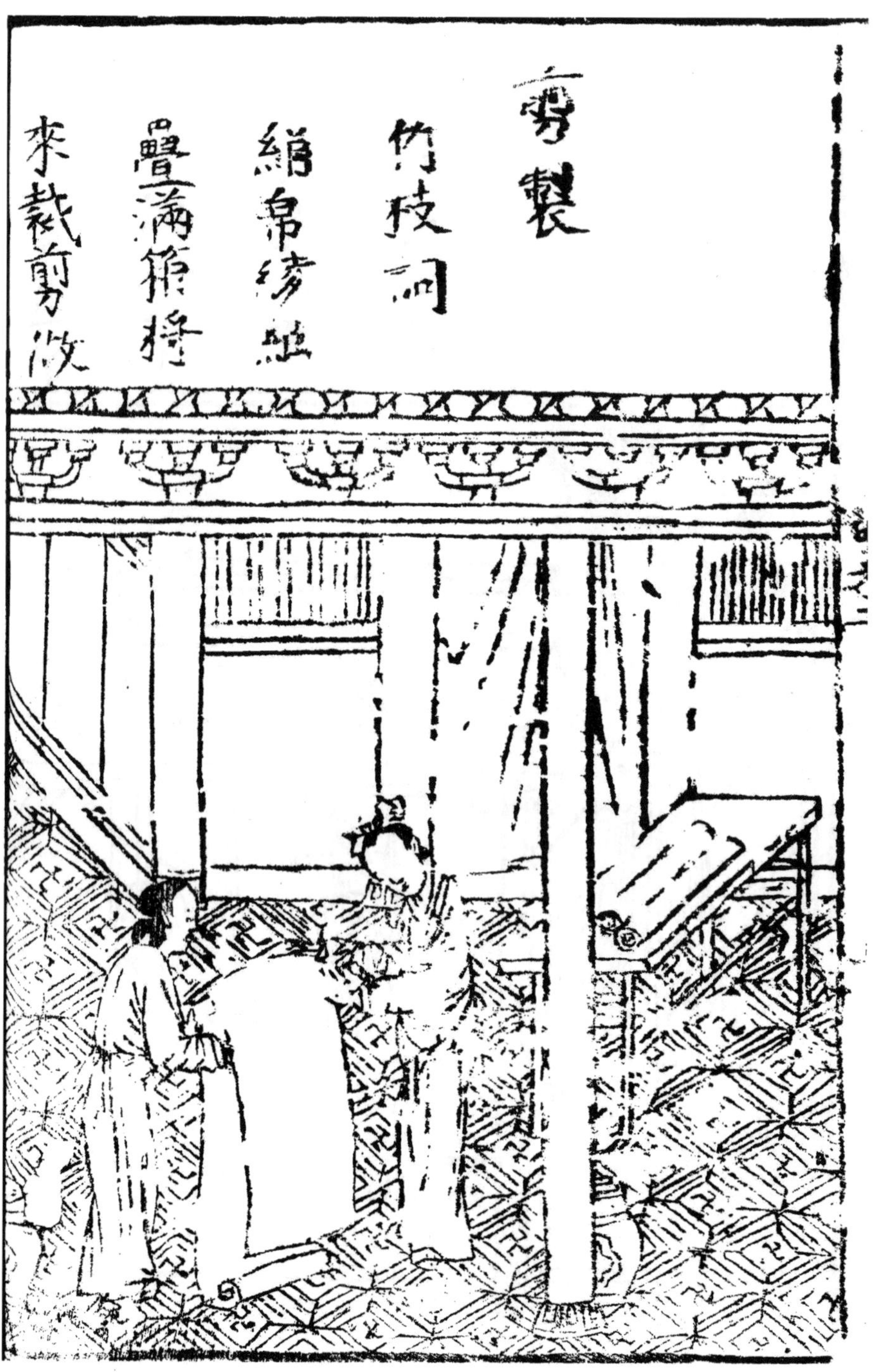

裁製
竹枝詞
綃帛綾紬
疊滿箱橙
來裁剪做

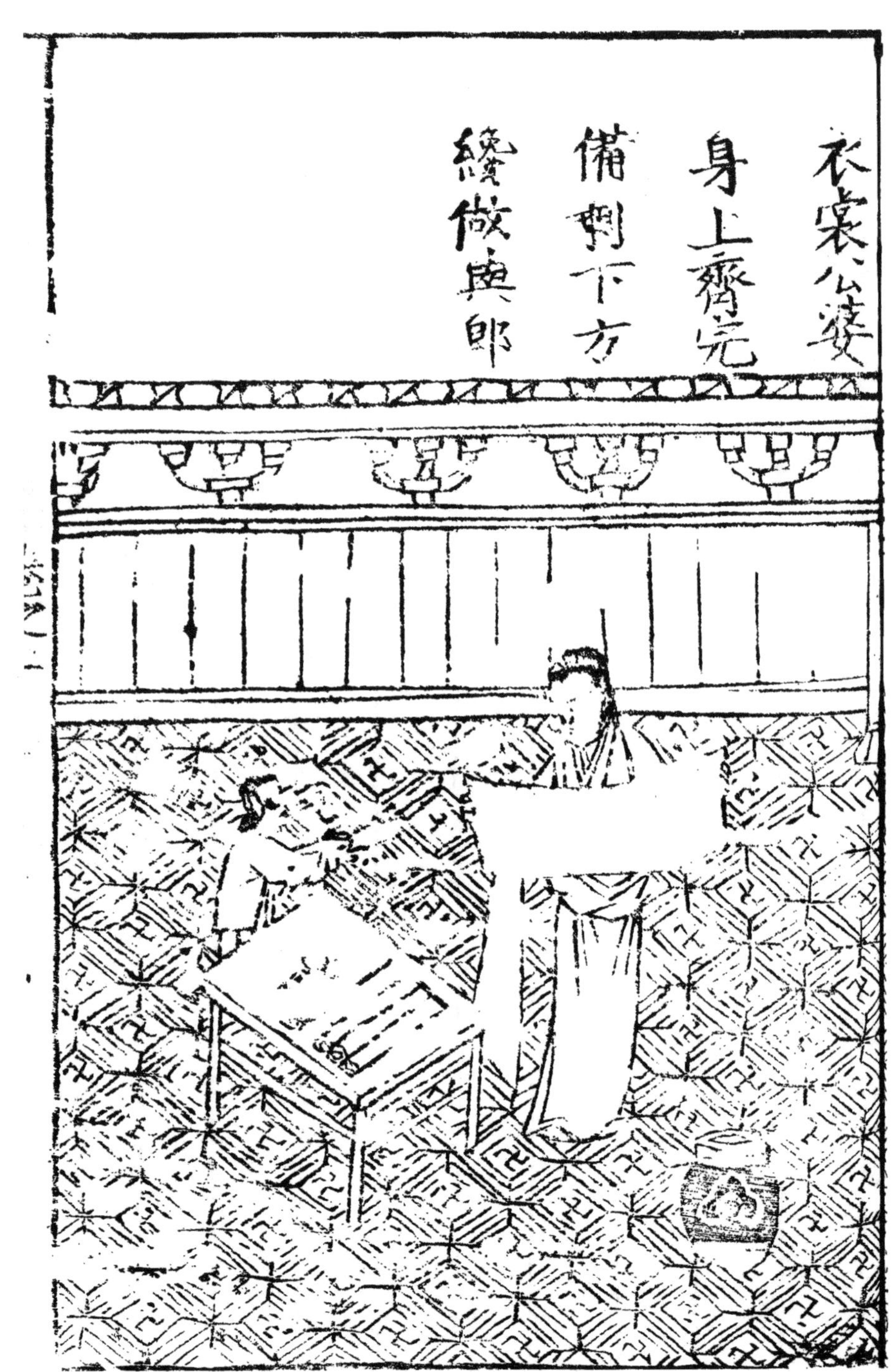
衣裳公婆
身上齊完
備剪下方
纔做與郎

便民圖纂表第二

便民圖纂卷之第三

耕獲類蠶桑附

開墾荒田法 凡開墾荒田須燒去野草犂過先種芝麻一年使草木之根敗爛後種五穀則無荒草之害蓋芝麻之於草木若錫之於五金性相制也務農者不可不知

耕田法 春耕宜遲秋耕宜早宜遲者以春凍漸觧地氣始通雖堅硬強土亦可犂鋤宜早者欲乘天氣未寒且陽和之氣猶在地中故也

治秧田 須殘年開墾待冰凍過則土酥來春易平且不生草平後必晒乾入水澄清方可撒種則種不陷土中易出

壅田 或河泥或麻豆餅或灰糞各隨其地土所宜

收稻種 稻有粳糯常歲別收選好穗純色者晒乾揀去莠稗篩簸淨用稻草包裹每包三斗五升或三斗高懸屋梁以防鼠耗每畝計穀一斗然種必多留以備缺用

浸稻種 早稻清明前晚稻穀雨前將種包投河水內晝浸夜收其芽易出若未出用草盦之芽長二三分許拆開抖鬆撒田內撒時必晴明則苗易豎亦須看潮候二三日後撒稻草灰於上則易生根

插秧 插秧在芒種前後低田宜早以防水澇高田宜遲以防冷既拔秧就水洗根去泥有稗草即揀出每作一小束稀[illegible][illegible]

熟水田內約五六莖爲一叢六科爲一行科行宜直以利耘

擔又宜淺插則易發

耨秧 俟稻初發時用擔杷於稞行中擔去稗草則易耘耬鬆稻根則易旺

耘稻 擔稻後將灰糞或麻豆餅屑撒入田內用水耘去草淨近秋放水將田泥塗光謂之穚稻待土迸裂車水浸之謂之還水穀成熟方可去水

收稻 寒露前後收早稻霜降前後收晚稻

登場 稻登場用稻床打下穀晒乾颺淨以土築礱礱下簸去糠秕篩穀令淨待舂

舂米 殘年內舂白者謂之冬舂其米圓淨若來春舂則米穀發芽甚是虧折

藏米 將稻草去穀紮囤收貯白米仍用稻草蓋之以收氣水路實則不蛀且易熱若板倉藏米必用草薦襯板則無米氣着

藏穤米勿令發熱

種大麥 早稻收割畢將田鋤成行壠令四畔溝洫通水下種以灰糞蓋之諺云無灰不種麥須灰糞均調爲上

種小麥 須揀去雀麥草子簸去秕粒在九十月種種法與大麥同若太遲恐寒鴉至啄食之則稀出少收

收麥 麥黃八熟時趁天晴着緊收割盡五月衆忙無如蠶麥諺

云收麥如救火若遲慢恐值雨灾傷

藏麥 三伏日晒極乾帶熱收先以稻草灰鋪缸底復以灰蓋之

下缺

種蕎麥 立秋前後漫撒種即以灰糞蓋之稠密則結實多稀則結實少若種遲恐花經霜不結

種大豆 鋤成行壟春穴下種早者二月種四月可食名曰梅豆餘皆三四月種地不宜肥有草則削去

種黑豆 三四月間種其豆可作醬及馬料

種菉豆 宜四月

種豌豆 諸豆中惟此耐陳且多收早熟近城郭處摘豆角賣亦可

賣在八月間種

種蠶豆 八月初種地尤不可肥

種紅豆 種有紅白穀雨後種六月收子收來便種再生八月又收子一年兩熟

種赤豆 三月種六月旋摘遲者四月種亦可以上種法俱與大豆同

種白扁豆 一名沿籬豆清明日下種以灰覆之不宜土覆芽長分栽搭棚引上

種芝麻宜 肥地種三月為上時毎畝用子二升上半月種則莢多白者油多四五月亦可種

種黄麻 古云十耕蘿蔔九耕麻地宜肥熟須殘年開墾俟東過則土酥來春鋤成行壠正月半前後下種種子取斑黑者為上撒後又[illegible]密則細踈則麄布葉後以水糞澆灌澆時須陰天恐葉焦死亦不可立行壠上恐踏實不長七月間收子麻布包之懸掛則易出

種絡麻 地宜肥濕早者四月種遲者六月亦可繁密處芟去則長

種苧麻 正月移根分栽五月斫為頭苧待長七月斫為二苧又長九月斫為三苧其根常留以灰糞壅之

種綿花 穀雨前後先將種子用水浸片時漉出以灰拌勻候

芽生於糞地上每一尺作一穴種五七粒待苗出時蚤看全去

止留旺者二三科頻鋤時常掐去苗尖勿令長太高　高則

不結子至八月間收花

種紅花 八月中鋤成行攏春穴下種或灰或雞糞蓋之澆灌不

宜濃糞次年花開侵晨採摘微擣去黃汁用青蒿蓋一宿捻

成薄餅曬乾收用勿近濕墻壁去處

種藍 正月中以布袋盛子浸之芽出撒地上用灰糞覆蓋待放

葉澆水糞長二寸許分栽成行仍用水糞澆活至五六月烈

日內將糞水潑葉上約五六次候葉厚方割割離土二寸許

將梗葉浸水缸內一晝夜漉淨每缸內用礦灰色清者灰八

兩濃者九兩以禾杁打轉澄滑去水是謂頭㪚其在地舊根旁須去草淨澆灌一如前法待其盛亦如前法收割浸打謂之二㪚又候長亦復如前澆灌斫則齊根漫打法亦同前謂之三㪚其濾出粗麻田亦可

種[illegible] 小暑後斫起晒乾以備織蔴留老根在田壅培發苗至九月間鋤起擘去老根將苗去稍分栽如插稻法用河泥與糞壅培壅清明穀雨時復用糞或豆餅壅之即耘草立梅後不可壅若灰糞壅之則生蟲退色

種[illegible] 種法與蔴草同最宜肥田瘦則草細五月斫起晒乾以尖刀釘板攪上劃開其心可點燈又為燭心其皮可製衣雨蓑

種杞柳 二月間先将田用糞壅灌水耕平以柳鬚斷作三寸
許每人一握隨田廣狹併力一日齊種頻以濃糞澆之有草
即用小刀剜出田勿令乾八月斫起刷去皮晒乾為器根
旁敗葉掃淨則不蛀至臘月間將重皮小條徐徐斫去長者亦
可為器舊根常留

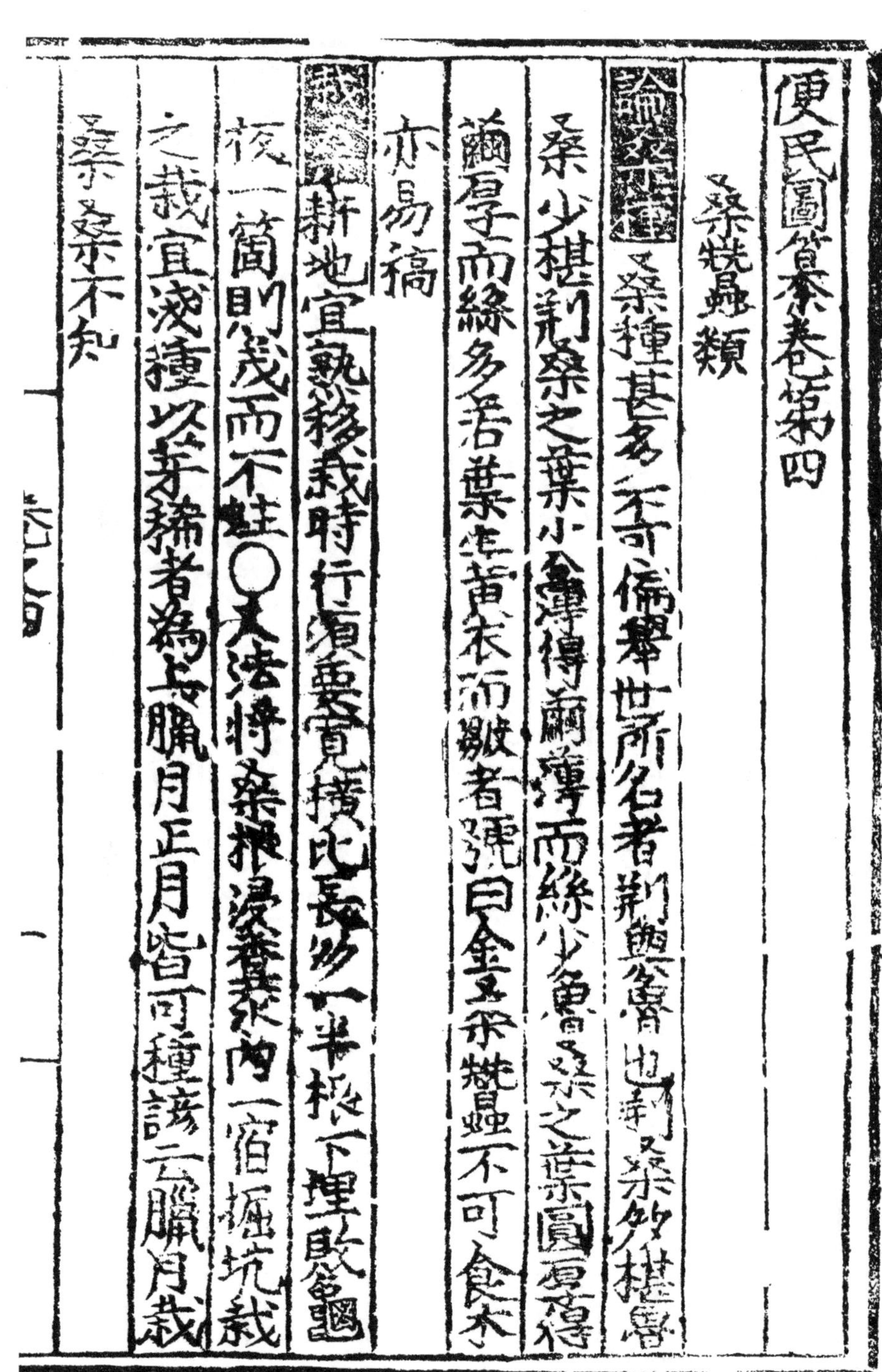

便民圖纂卷之第四

桑蠶類

【論桑種】桑種甚多，不可偏舉。世所名者，荊與魯也。荊桑多椹，魯桑少椹。荊桑之葉小而薄，得繭薄而絲少；魯桑之葉圓厚，得繭厚而絲多。若葉生黃衣而皺者，號曰金桑，蠶不可食，木亦易槁。

【栽桑】耕地宜熟，移栽時，行須要寬，擺比長多一半，根下埋敗龜板一箇，則茂而不蛀。○又法：將桑椹浸糞水內一宿，掘坑栽之，栽宜淺，種以芽稀者為上。臘月正月皆可種。諺云：臘月栽桑桑不知。

修桑 削去枯枝及低小亂枝條根旁掘開用蠶矢培壅臘月正月皆宜若不脩理則葉生遲而薄

壓桑 正二月中以長條攀下用別地燥土壓之則易生根次年鑿斷移栽或云撒子種桑不若壓條而分根莖

接桑 荊桑根固而心實能久遠魯桑根不固而心不實不能久遠荊桑以魯條接之則久遠而又盛茂然接換之妙惟在時之和融手之審密封繫之固擁包之厚使不至疎淺而寒凝也春分前十日為上時前後五日為中時取其條眼觀青為時尤好此不以地方遠近皆可準也

斫桑 宜五月斫不可留觜角比及夏至開掘根下用糞或蠶

沙墻壅此時不斫則枝條來春不旺

摘桑 蠶初出時葉小如錢宜輕手採摘勿傷枝條至葉大亦然

若樹高聳者用梯扶上採之採盡當脩斫墻養

論蠶性 蠶之性子在連宜極寒成蟻宜極暖停眠起宜溫大眠後宜涼臨老宜漸暖入簇則宜極暖

收蠶種 開簇時揀苫草上硬繭尖細緊小者是雄圓慢厚大者是雌另摘出於通風涼房內淨箔上單排日數既足其蛾自出者有拳翅禿眉焦脚焦尾熏黄赤肚無尾黑紋黑身黑頭先出末後生者悉皆揀去止留完全肥好同時出者卯時取對至未時拆開用厚紙為連候蛾生子足則移下連若生

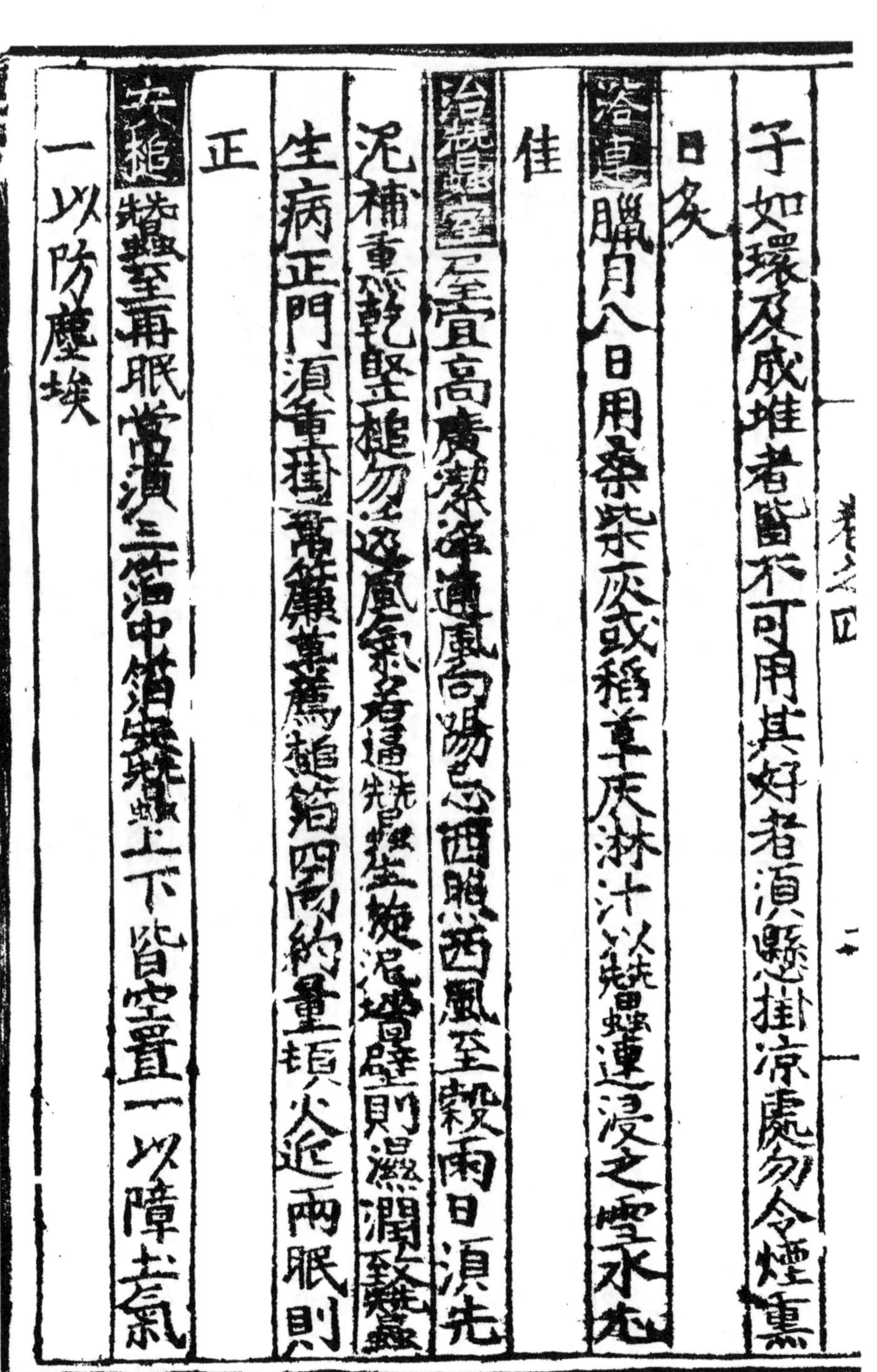

子如環及成堆者皆不可用其好者須懸掛涼處勿令煙熏日炙

浴連 臘月八日用桑柴灰或稻草灰淋汁以先蚕連浸之雪水尤佳

治蚕室 蚕室宜高廣潔淨通風向陽忌西照西風至穀雨日須先泥補重泥乾堅槌勿透風氣若通先於墻壁上旋泥墻壁則濕潤發蒸生病正門須垂掛草薦簾幕薦槌箔四周約量預火匼兩眠則正

安槌 蚕室再眠當須三箔中箔安蚕上下皆空置一以障土氣一以防塵埃

下蟻 救兩前後熏暖蠶連將連暖護候蟻出齊切細葉摻淨

紙上以蠶連覆之則蟻聞香自下有不下者輕輕振下不得以

鵞翎掃撥

用葉 蠶不可食之葉有三一承帶雨露葉既濕又寒食則變褐色

生水瀉歸老則浸破絲囊不可抽繅制葉之法去女葉實積

於席覆之少時內絲蒸熟留其得所於苦攤之濕隨氣化

葉亦不宜即可飼之二為風日所焉乾者生腹結三退臭者郎

生諸疾斯二者皆不可制桑葉之可也

擘黑 一云分蟻下蟻蟻之三日已午時間擘如小棊子大布於箔

中可撒飼葉晴則各開東窗及當日背風處漸漸添葉隨色

加減食至純黃則不飼是謂頭眠

齋蠶 育蠶而闌牢者以甘草水灑葉次以米粉摻之候乾與食可度一日夜謂之齋蠶

論涼煖 蟻生將兩眠蠶室宜煖蠶母須著單衣可知涼煖自身覺寒蠶亦寒便添熟火覺熱蠶亦熱約量去火一眠後天氣晴明於巳午時捲起窗薦以通風日至大眠後天氣炎熱却要屋內清涼臨時斟酌寒煖

論飼養 蠶必晝夜飼頓數多則易老少則遲老初飼蟻宜旋切細葉食盡即飼不拘頓數頭眠起晝夜可飼六頓次日漸加停眠起散葉宜薄晝夜可飼四頓次日漸加大眠起散葉又

宜薄晝夜可飼三頓次日加至七八頓若眠齊住食起齊投
食眠起不齊而飼之者亦不齊又多損失如飼㕘葉薄處
再摻倘陰雨天寒只又飼葉先用乾桑柴或去葉稈草一把
點火繞箔照過熇去寒濕之氣然後飼之則不生病停眠至
大眠若見黃光便擡起住食候起齊慢飼葉宜薄摻蠶白
光多是困餓宜細飼飼之猛則多傷如蠶青光正是蠶得食
力急須勤飼

擡　蠶住食即分擡去其蠶沙否則先眠之蠶久在燠底濕
熱熏蒸必為風蠶擡時又宜布開若受熱蒸熱必病損多作薄
繭又蠶眠初起若煙熏即為黑死食冷露葉成白殭食

舊乾熱蠶則腹結頭大尾尖倉卒開門暗值賊風必多紅殭
每擡後箔上蠶宜稀布稠則強者得食弱者不得食必遶箔
遊走然布蠶須手輕不得從高擲下如高擲　遞相擊撞四
多不旺簇內懶老翁亦蠋是也自殭者收之上　可備藥用

簇蠶　蠶老時簿布薪於箔上散蠶訖又簿以薪覆之布蠶
宜稀密則熱熱則繭難成絲亦難繰

擇繭　宜併手忙擇涼處薄攤蛾自遲出免使抽繰相逼宜絲宜
綿者各安置一處

繰絲　用小釜燃乾柴候水熱旋旋下繭火宜慢繭宜少多則
煮過少絲然繰絲之訣惟在細圓勻緊使無褊慢節核麤惡

不勻

晚蠶 自蟻至老俱宜凉吳中謂之冷蠶蛾欲在蠶出屋熏後須一日早辰一擡其餘並與養春蠶同然遲老多病費葉少絲不惟晚却今年蠶又且損却來年桑大抵不宜多養其效亦可爲藥用

十體 務本新書云寒熱飢飽稀密眠起緊慢

三光 蠶經云白光向食青光厚飼皮皺爲飢黃光以漸住食

八宜 韓氏直說云方眠時宜暗眠起後宜明蠶小并向眠時宜暖宜暗蠶大并起時宜明宜凉向食時宜有風宜加葉緊飼新起時怕風宜簿葉慢飼蠶之所宜不可不知

三稀 蠶經云下蟻上箔入簇

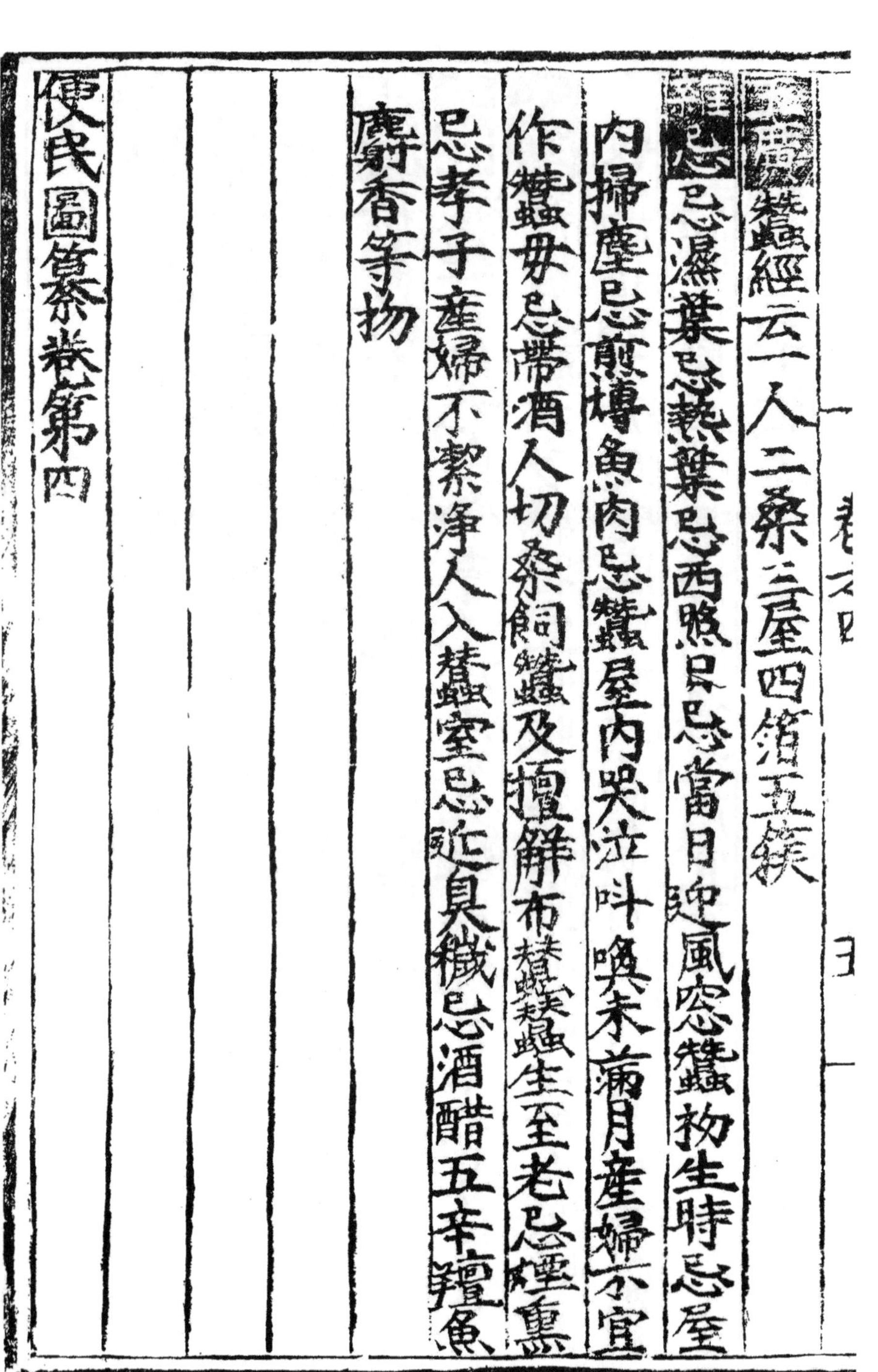

【屬】蠶經云一人二桑三屋四箔五簇

【蠶忌】忌濕葉忌熱葉忌西照只忌當日迎風忌蠶初生時忌屋内掃塵忌煎煿魚肉忌蠶屋内哭泣叫喚未滿月產婦不宜作蠶母忌帶酒人切桑飼蠶及擅解布蠶蛾蠶生至老忌煙熏忌孝子產婦不潔淨人入蠶室忌近臭穢忌酒醋五辛羶魚麝香等物

便民圖纂卷第四

便民圖纂卷第五

樹藝類上

種諸果花木修治 斫伐 附

梅 春間取核埋糞地待長二三尺許移栽其樹接桃則實脆若移大樹則去其枝梢大其根盤沃以溝泥無不活者

桃 於暖處爲坑春間以核埋之蒂子向上尖頭向下長二三尺許和土移種其樹接杏最大接李紅甘

杏 春間埋核於土中待長四尺許移栽

李 取根上發起小條移栽別地待長又移栽成行栽宜稀不宜肥地肥則無實其性耐久雖枝枯子亦不細此樹接桃則生

桃李以上俱臘月移

楊梅 六月間取糞池中浸過核收盦二月鋤地種之待長尺許次年三月移栽三四年後取别樹生子枝條接之復栽於地其根多番宿土臘月開溝於根旁高處離四五尺許以灰糞壅之不宜著根每遇雨肥水滲下則結子肥大

橘 正月間取移撒地上冬月須搭棚以蔽霜雪至春和撤去待長二三尺許二月移栽澆忌猪糞既生橘摘後又澆有蟲則鑿開蛀處以鐵線鉤取然橘之種不一惟匾橘蜜橘味佳湘橘耐久

[illegible] 春間下種待長三尺許移栽或將根上發起小科栽之亦可

俟幹如酒鍾大於來春發芽時取別樹生梨嫩條如指大者
截作七八寸長名曰梨貼將原幹削開兩邊插入梨貼以稻
草緊縛不可動月餘自發芽長大就生梨梨生用箬包裹恐
象鼻蟲傷損在洞庭山用此法
■將根上發起小條臘月移栽其接法與梨同摘實後有蛀
處與修治橘樹同三月開花結子若八月復開花結子名曰

林檎

■臘月或春初將種埋濕土中待長六尺餘移栽二三月間取
別樹生子大者接之
■將根上春間發起小條移栽俟幹如酒鍾大三月終以生子

樹貼接之則結子繁而大○又法選種好者於二月間種之
候芽生高則移栽三步一株至花開以杖擊樹振去則結實
多端午日用斧於樹上斑駁敲打則實肥大

柹 酉陽雜俎云柹有七絕一壽二多陰三無鳥巢四無蟲五霜
葉可愛六嘉賓七落葉肥大冬間下種待長移栽肥地接及
三次則全無核接桃枝則成金桃

金橘 三月將枳棘接之至八月移栽肥地灌以糞水

銀杏 種有雌雄雄者三稜雌者二稜春初種於肥地候長成小
樹來春和土移栽以生子樹枝接之則實茂

枇杷 一名盧橘其色寒暑無變負雪開花春間結子至夏成熟

以核種之即出待長移栽三月宜接

【櫻桃】三四月間折樹枝有根鬚者栽於土中以糞澆之即活

【石榴】三月間將嫩枝條插肥土中用水頻沃則自生根

【葡萄】二三月間截取藤枝插肥地待蔓長引上架根邊以煮肉汁或糞水澆之待結子架上剪去繁葉則子得承雨露肥大冬月將藤収起用草包護以防凍損○又法宜栽棗樹邊春間鑽棗樹作一竅引葡萄枝從竅中過候葡萄枝長塞滿竅即斫去葡萄根托棗以生其實如棗

【藕】二月間取藕泥小鵝栽池塘淺水中不宜深水待茂盛深亦不妨或糞或豆餅壅之則盛

菱 重陽後收老菱角用籃盛浸河水內待二三月發芽隨水深淺長約三四尺許用竹一根削作火通口樣箝住老菱插入水底若澆糞用大竹打通節注之

雞頭 名芡實秋間熟時收取老子以蒲包包之浸水中三月間撒淺水內待葉浮水面移栽深水每科離五尺許先以麻餅或豆餅拌勻河泥種時以蘆插記根處十餘日後每科用河泥三四碗壅之

荸薺 正月留種種取大而正者待芽生埋泥缸內二三月間復移水田中至茂盛於小暑前分種每科離尺五許冬至前後起之耘擣與種稻同豆餅或糞皆可壅

荼蘼臘月間折取嫩并揷於水田來年四五月如揷秧法種之每科離尺四五許田最宜肥

西瓜清明時於肥地掘坑納瓜子四粒待芽出移栽栽宜稀澆宜頻蔓短時作綿兜每朝取螢恐其食蔓待茂盛則不用餘蔓花掐去則瓜肥大

牡丹其種不一千葉者蜀人號為京花謂洛陽種也單葉者為川花一名山丹宜秋分前後十日或秋分日移勿斷其根上之鬚栽後用糞頻澆勿令脚踏枝上葉如針孔乃蟲所藏處花工謂之氣瘡以大針點硫黄末於内則蟲死或云以百部草塞之接時須二三月間如接花樹法

芍藥 臘月移栽用糞澆二三次

木犀 四月間將樹枝攀著地以土壓之至五月自生根一年後

鑿斷八月移栽

海棠 其種不一鐵梗者色如臙脂垂絲者色淺花譜云海棠[illegible]

色無香唐人以爲花中神仙春間攀其枝著地土壓之自生

根二年鑿斷二月移栽

山茶 春間或臘月皆可移栽以單葉者接千葉其花盛其樹久

梔子 一名薝蔔十月選成熟者取子淘淨曬乾至來春三月[illegible]

畦種之覆以灰土如種茄法次年三月移栽第四年開花結

實

蘭蕙 其花數種惟紫花葉青而厚者最香惡濕畏日用小便或洗衣灰水澆之可殺蚯蚓用梳頭垢膩壅其根則葉綠梅雨時折其枝插土中自生根臘月春初皆可移

百合 春二月取根大者擘開以瓣種畦中如種蒜法雞糞壅之則盛

罌粟 九月九日及中秋夜種之花必大子必滿

芙蓉 十月間斫舊枝條盦稻草灰內二月初截作尺許長插土中自生根待花開分栽近水尤盛

菊 其種不一清明前分種去老根先將清水澆活次用燖雞鵞毛浸水澆之糞水亦可夏初時防菊虎蟲傷嫩枝如被傷處

即稍去二三分許則不蛀立梅後其蛀自無稍去小枝茲則

花大菴薗可接各色

蜀葵 二月間漫撒種候花開盡帶青收其稭勿令枯槁水中浸

二三月取皮作繩用

黄葵金鳳 二月以子置手中高撒則生枝幹亦高

雞冠 坐種則矮立種則與人齊手種則花成穗用箕簸翁子種

則成片可觀清明時宜種

萱草 即宜男一名合歡花春間芽生移栽栽宜稀一年自稠密

矣春剪其苗若枸杞食至夏則不堪食

水仙 將時用小便浸一二宿曬乾懸於當火處種之無不發者

須肥地瘦則無花不可缺水故名水仙五月初浸九月初栽

訣云六月不在土七月不在房栽向東籬下開花分外香

薔薇 三月八月折取二三寸長者插土中旁須築實插時亦可

傷損其皮恐不生根

萱草 梅雨時種石土則盛而細用土則發花

椒 候椒熟揀六者陰乾收子下要手捻包裹地內或當時或來

年二月初種濕潤肥地覆以破薦上復用泥宜頻潤之既生

芽去薦做棚遮株分開次年可移用丸膏麻餅糞灰澆針種

之三年後換嫩條方結實若種生菜或以髮纏樹根則辟蠅

茶 二月間種每坑下子數粒待長後栽離三四尺許常以糞水

澆灌三年可摘

椶櫚 二月間撒種長尺許移栽成行至四尺餘始可剝每年四季剝之半年一剝亦可

冬青 臘月下種來春發芽次年三月移栽長七尺許可放蠟蟲

槐 收熟槐子晒乾夏至前以水浸生芽和麻子撒當年即與麻齊刈麻留槐別豎竿以繩攔定來年復種其上三年正月移種則亭亭條直可愛

楊柳 順插爲柳倒插爲楊正二月間取弱枝如臂大者長尺半澆下頭二三寸埋之令沒常用水澆必數條俱生留一茂者別豎一木為依主以繩攔之一年中即高丈餘其旁生枝葉即

掐去令直聳掐去正心則四散下垂婀娜可愛

榆 類有數種葉皆相似皮與理則異臘月取莢蕪大而輪直者盡去其枝稍用箬包裹連根埋之茂盛可以障陰

松杉檜栢 俱三月下種次年三月分栽

竹 五六月時舊竿已成竹新根未行之時可移齊民要術謂五月十三為竹醉日可用馬糞和麰泥栽之忌以西風忌腳踏只用槌打則次年便出笋然種須向陽諺云種竹無時雨過便移多留宿土記取南枝若得死猫埋其下其竹尤盛諺云東家種竹西家種地此為引笋之法若有花輒槁死結實如稗謂之竹米一竿如此滿林皆然治之之法於初米時擇

一竿稍大者截去近根三尺許通其節以糞實之則止

騸諸果樹 正月間樹芽未生於根旁寬深掘開尋纂心釘地根鑿去謂之騸樹留四邊亂根勿動仍用土覆蓋築實則結子肥大勝插接者

脩諸果樹 正月間削去低邪小亂者勿令分樹氣力則結子自肥大

嫁果樹 凡果樹茂而不結實者於元日五更以斧斑駁雜斫則子繁而不落十二月晦日夜同香嫁李樹以石頭安樹丫中

治果木蠹蟲 正月間削杉木作釘塞其穴則蟲立死

辟五果蟲 元日雞鳴時以火把遍照五果及桑樹上下則無蟲

如年時有桑欠生蟲照之亦免

止鴉鵲食果 果熟時不可先摘如被人盜喫一枚則飛禽便來食之故宜看護

採果實法 凡果實初熟時以兩手採摘則年年結實

催花法 用馬糞浸水澆之當三四日開者次日盡開

養花法 牡丹芍藥插瓶中先燒枝斷處鎔蠟封之水浸可數日不萎

接花法 牡丹一接便活者逐歲有花若初接不活削去再接只當年有花於芍藥根上接則易發二三年牡丹自生本根則旋割去芍藥根成真牡丹矣○黃白二菊各披去一边皮用

府皮紮合其花開半黃半白〇若楝樹接梅則花如墨

辟麝香觸花 凡花最忌麝香瓜尤忌之騰栽蒜薤之類則不損〇又法於上風頭以艾和雄黃末焚即如初

斫竹伐木 七月氣全堅韌宜辰日庚午日血忌日癸卯日佳諺云翁孫不相見子母不相離謂隔年竹可伐臘月斫者最妙六月六日亦得〇凡斫松木五更初斫倒便削去皮庶無白蟻

便民圖纂卷之第五

便民圖纂卷第六

樹藝類下

種諸色蔬菜

薑 宜耕熟肥地，三月種之，以蠶沙或腐草灰糞覆蓋，每隴闊三尺，便於澆水，待芽發後，又揠去老薑，上作矮棚蔽日，八月收取。九十月宜掘深窖，以糠秕合埋煖處，免致凍損，以為來年之種。

芋 其種揀圓長尖白者，就屋南簷下掘坑，以礱糠鋪底，將種放下，稻草蓋之，至三月間取出，埋肥地，待苗發三四葉，於五月間，擇近水肥地移栽，其科行與種稻同，或用河泥，或用灰糞

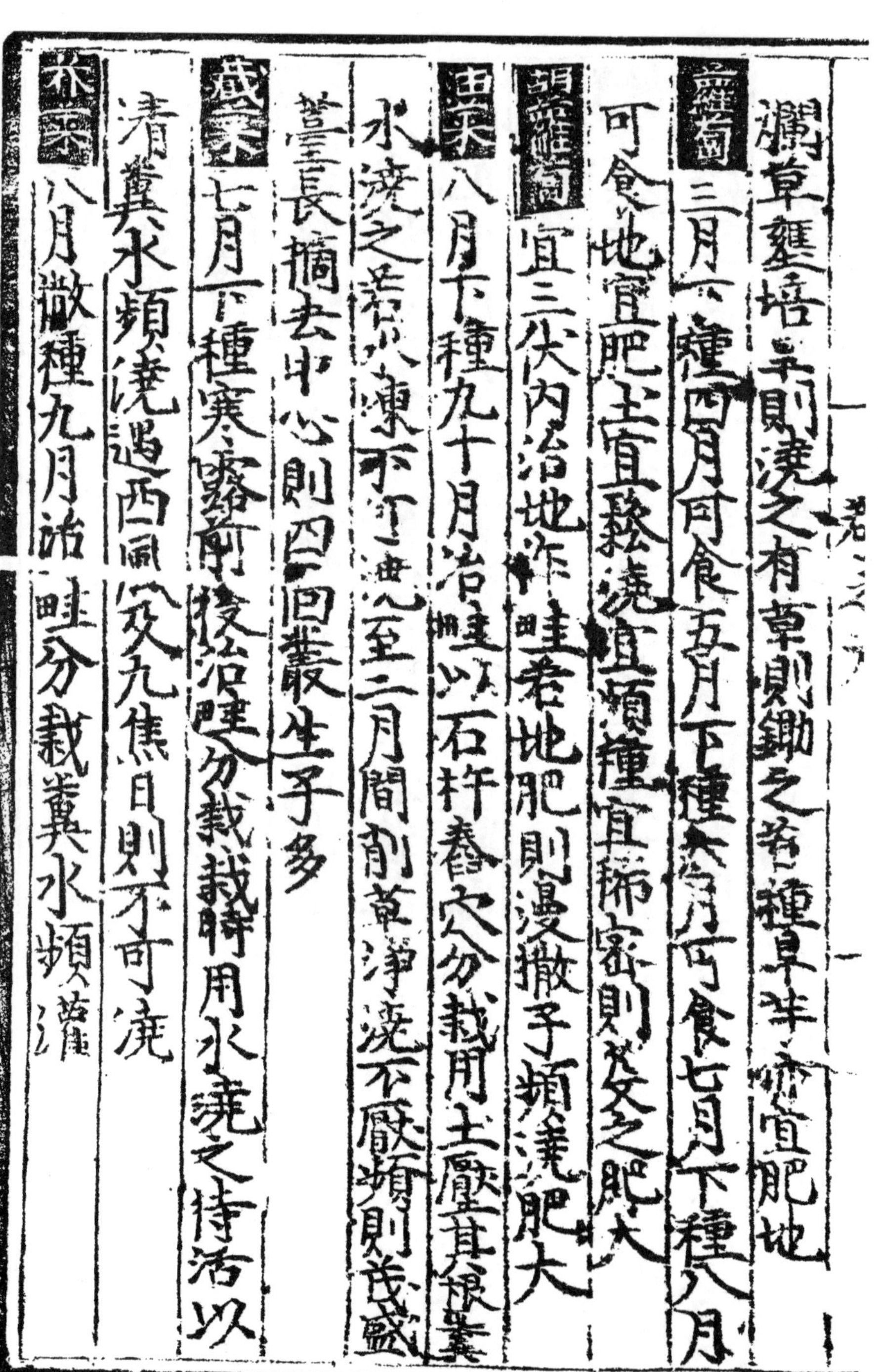
糞草壅培旱則澆之有草則鋤之若種旱芋亦宜肥地

蘿蔔 三月下種四月可食五月下種六月可食七月下種八月可食地宜肥土宜鬆澆宜頻種宜稀密則芟之肥大

胡蘿蔔 宜三伏內治地作畦若地肥則漫撒子頻澆肥大

甜菜 八月下種九十月治畦以石杵舂穴分栽用土壓其根糞水澆之若水凍不可澆至二月間削草淨澆不厭頻則茂盛薹長摘去中心則四回叢生子多

菠菜 七月下種寒露前後治畦分栽栽時用水澆之待活以清糞水頻澆遇西風及九焦日則不可澆

芥菜 八月撒種九月治畦分栽糞水頻澆

【烏松菜】八月下種九月下旬治畦分栽

【夏菘菜】五月上旬撒子糞水頻澆密則芟之

【波菜】七八月間以水浸子殼軟撈出控乾就地以灰拌撒肥地澆以糞水芽出惟用水澆待長仍用糞水澆之則盛

【甜菜】即莙薘八月下種十月治畦分栽頻用糞水澆之

【白菜】八月下子九月治畦分栽糞水頻澆

【莧菜】二月間下種三月下旬移栽於茄畦之旁同澆灌之則茂

【豆芽菜】揀菉豆水浸二宿候漲以新水淘控乾用蘆席灑濕襯地摻豆於上以濕草薦覆之其芽自長

【芥菜】八月漫撒種待長治畦分栽糞水澆灌

[illegible] 種法同上

萵苣 種法亦同上

萵笋 八月下種待長移栽以糞頻壅則肥大

冬瓜 先將濕稻草灰拌和細泥鋪地上鋤成行隴二月下種每粒離一寸許以濕灰篩蓋河水灑之又用糞蓋乾則澆水待芽頂灰於日中將灰揭下搓碎壅於根旁以清糞澆之三月下旬治畦鋤穴每穴栽四科離四尺許澆灌糞水須農

王瓜 二月初撒種長寸許鋤穴分栽一穴栽一科每日早以清糞水澆之旱則早晚皆澆待蔓長用竹引上

甜瓜 種法與冬瓜同但分栽離三尺許

【香瓜】種法同上或於西瓜畦中夾種亦可

【醬瓜】種法與甜瓜同

【生瓜】種法亦與甜瓜同

【絲瓜】嫩小者可食老則成絲可洗鍋碗油膩種法與下同

【葫蘆】二月間下種苗出移栽以糞水澆灌待苗長搭棚引上

【瓠】種法同上

【藕】宜水邊深栽逐年移動則心不黑多用河泥壅根則色白

【菱】先行于得開四月五月七月晦日晚宜種種宜濕地以灰糞覆之水淺則易長

【韭】種不拘時先去冗鬚須微晒晾行密排種之宜糞培壅

【韭】二月下旬，趁十九月分栽，十月將稻草灰蓋三寸許，又以薄土蓋之，則灰不被風吹，立春後芽生灰內，可取食。天若晴暖，二月下旬長成芽，以次割取，舊根常留，勿栽，更不須撒子矣。

【萵苣】於肥地鋤成溝隴，隔二寸栽一科，糞水澆之，八月初可種。

【冬瓜】清明時鋤地作穴，每穴下種一粒，以灰蓋之，只用水澆，待芽出則澆以糞水，蔓長搭棚引上。

【茄】二月治畦，與冬瓜同種，則漫撒，長寸許，三月移栽，栽宜稀，澆以糞水宜頻。

【天茄】清明時撒於肥地，蔓長則引上。

【莧菜】宜肥地，熟鍬取子，稀種，其葉上露珠滴地一點出一株

其根皆如連珠須耘[illegible]淨方盛

[illegible] 三月以分科種之澆用糞水至六月間割䂓待長尺四五再割一年共割二次

[illegible] 三月間撒種長二三寸於瓜茄畦邊種之

山藥 先將肥地鋤鬆作坑揀山藥上有白粒芒刺者以竹刀切作段約二寸許相挨排臥種之覆土厚五寸旱則水澆宜牛糞麻籸雜糞壅培專忌人糞生前以竹木扶架霜降後收子種亦得立冬後根邊四圍寬掘深取則不碎一名黃獨其味與山藥同以穀殼麻籸或小便草鞋包種之四畔用灰則無蟲傷

便民圖纂卷第六

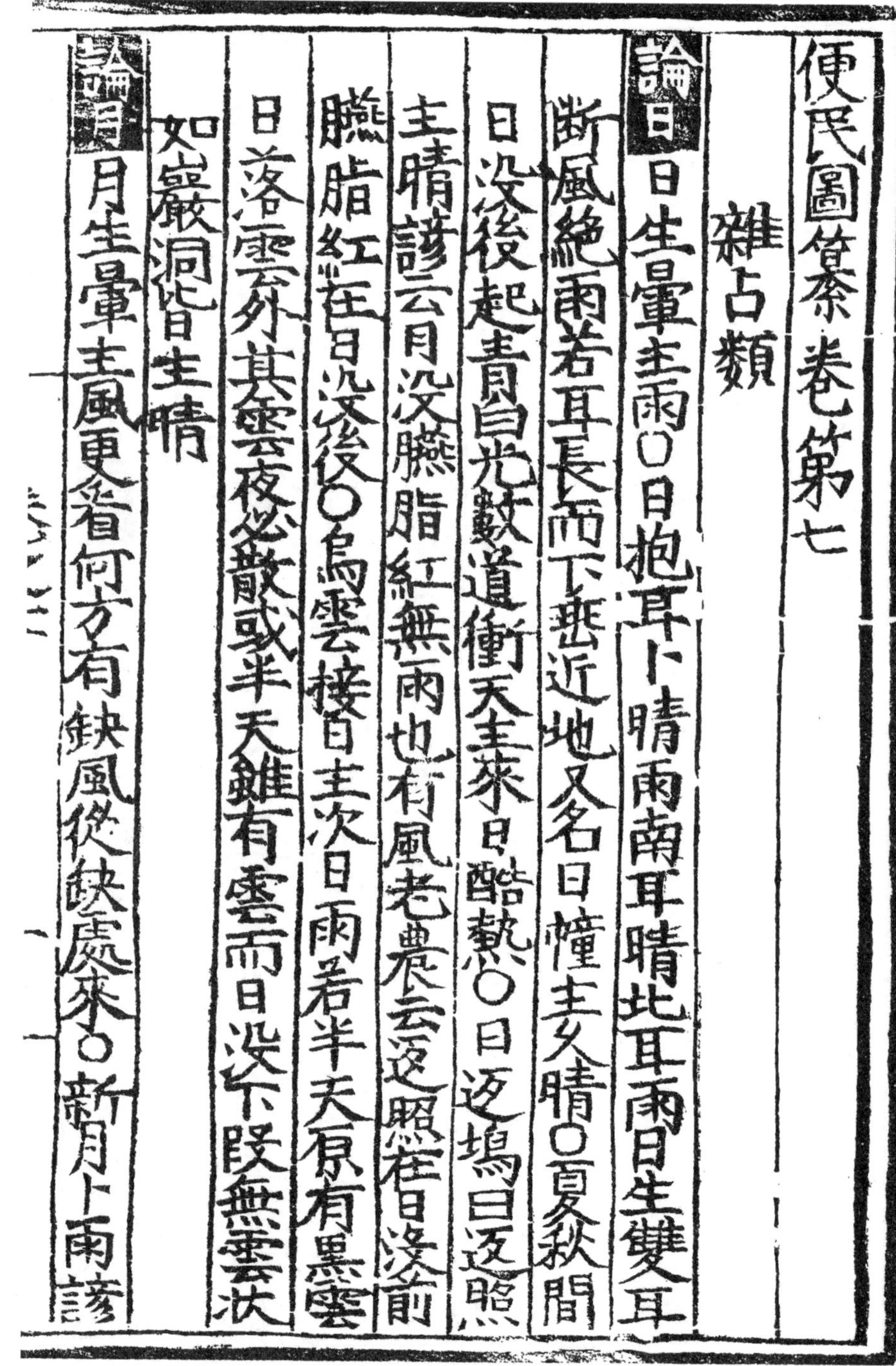

雜占類

論日

日生暈主雨○日抱耳卜晴雨南耳晴北耳雨日生雙耳斷風絶雨若耳長而下垂近地又名日幢主久晴○夏秋間日没後起青白光數道衝天主來日酷熱○日返塢日返照主晴諺云月没臙脂紅無雨也有風老農云返照在日没前臙脂紅在日没後○烏雲接日主次日雨若半天原有黑雲日落雲外其雲夜必散或半天雖有雲而日没下段無雲狀如巖洞皆主晴

論月

月生暈主風更看何方有缺風從缺處來○新月卜雨諺

云月如弯弓少雨多風月如仰瓦不求自下○新月下有黑
雲横絶主来日雨諺云初三月下有横雲初四日裏雨傾盆

論星 星光閃爍不定主有風○夏夜星密主熱○明星照爛地
來日雨不住言久雨當昏黃時忽雨住雲開見滿天星斗不
但明日有雨當夜亦不晴若半夜後雨止雲開而星月朗然
則晴無疑○諺云一箇星保夜晴此言雨後天陰但見一兩
星此夜必晴

論風 夏秋間有大風拔木揚沙謂之風潮具四方之風爲旋轉
之狀名曰颶風有此主霖雨遶大雨如見斷虹之状者名曰颶
毋航海之人甚惡畏焉○凡風單日起單日止雙日起雙日

止○凡風自西南轉西北則愈急大率夜及五更時起西風亦然諺云日晚風和明日愈多大抵風自日內起者必善自夜起者必毒日內息者亦和夜半後息者必大凍此言隆冬○風急雨落諺云東風急備蓑笠又云風急雲起愈急必雨○牛筋風主雨以東北屬丑故云諺曰東北風雨太公○凡風春南夏北並主雨○冬天南風三日主雪

論雨 諺云雨打五更日中必晴○晏雨不晴○雨著水面有浮泡主卒未晴○凡久雨至午少止謂之遣晝在正午遣或可晴午前遣則午後雨不可勝言○凡雨最怕天亮以久雨正當昏黑忽自明亮則是雨候也○凡雨驟易晴諺云快雨快

晴老子云驟雨不終日○雨間雪難得晴諺云夾雨夾雪無休無歇

論雲

雲行占晴雨諺云雲行東車馬通雲行西馬濺泥雲行南水漲潭雲行北好晒穀○上風雲雖開下風雲不散主雨○雲如砲車形主大風起雲起下散四野如煙霧名曰風花主有風○雲陣自西南來雨必多諺云西南陣便過落三寸雲起自東南來必無雨雲陣自西北起黑如潑墨又如眉梁陣主大風而後雨終易晴○天河中有黑雲生謂之河作堰又謂之黑猪渡河一路對起相接亘天謂之合羅陣皆主大雨立至若久陰之餘或作或止忽雲作橋則必有掛帆雨卻

又是雨脚將斷之兆○凡雲陣行疾如飛或暴雨乍傾乍止
其中必有神龍隱見○凡旱年雲陣起或自東引西或自
西而東俗謂之沿江⿰禾兆非但今日無雨必每日如之久旱之兆
也潦年每至晚時雨忽至雲稍浮北似霞非霞紅光耀日雨
必隨作當主夜夜如此謂之北江紅直至大水而後已吳人
嘗試多驗若是晚霽月必兼西北俱晴諺云西北赤好晒麥○
雲起細細如魚鱗斑片或大片如鱗一云老鯉斑皆主無雨
○陰雲天下晴諺云朝要天頂穿暮要四脚懸又云朝看東
南暮看西北空則無雨○秋天雲陰若無風則無雨○冬天
近晚忽有老鯉斑雲起名為護霜天雖漸合成濃陰亦無雨

論霧 莊子云騰水上溢為霧爾雅云地氣上天不應曰霧凡重霧三日主有風諺云三朝霧露起西風若無風必主雨又云霧露不收便是雨

論霞 諺云朝霞暮霞無水煎茶主旱○朝霞不出市暮霞走千里皆謂朝暮雨後乍晴之霞也朝霞要看顏色斷之若乾紅主晴間有褐色主雨滿天謂之霞得過若西天有浮雲稍重雨立至唐人詩云朝霞晴作雨是也

論虹 虹俗名鱟諺云東鱟晴西鱟雨○對日鱟不到晝指西鱟主何遠也若鱟便雨又主晴詩云朝隮于西崇朝其雨

論雷 諺云未雨先雷船去步歸主無雨○亦前鳴有雨○凡雷

聲響烈者雨雖大易過如在水底響者主不晴○雷初發聲微和者年內主吉猛烈者凶值甲子日尤吉○雪中有雷主百日陰雨○雷自夜起主連陰或云一夜起雷三日雨

論電 夏秋之間夜晴而見遠電俗呼熱閃在南主晴在北主雨

諺云南閃千年北閃眼前

論冰 冰後水長主來年水冰後水退主來年旱冰堅可履亦主有水

論霜 霜初下只一朝謂之孤霜主來歲歉連得兩朝以上主熟上有鋒芒者吉平者凶主春旱

論霰 霰自上下遇溫氣而摶謂之霰有霰後有雪蓋天將大

雪必先微温久而寒勝則大雪矣詩云如彼雨雪先集維霰此之謂也

論雪 凡雪日間不積受者謂之羞明是霽而不消者謂之等伴主再雪亦主來年多水

論地 地面濕潤甚者水珠流出如汗主暴雨若西北風可解散石礫水流四野鬱蒸亦皆主雨

論山 山色清爽主晴昏暗主雨若小山尋常無雲忽然雲生主大雨

論水 夏初水底生苔主有暴水諺云水底起青苔卒風暴雨來

○水際生靛青主風雨諺云水面生青靛天公又作變○水

邊經行聞水有香氣主雨水驟至極驗○河內浸成包高墩[illegible]
既沉復浮主有水

論草木 茅蕩內春初雨過菌生俗呼雷驚菌多主旱無主潦
草拳久雨菌生其上朝生晴暮生雨○芙草一名蕪菝鄉人剝其小白嘗之以卜水旱味甘主水味鹹主旱○麥花晝放主水○扁豆鳳仙五月開花野薔薇立夏前開花雞冠花夏至前開並主水○凡竹筍透林者多主有水○梧桐花初生時色赤主旱色白主水

論鳥獸 諺云鵓鴣浴風鵲浴雨八哥兒洗浴斷風雨○鳩鳴有還聲者為呼婦主晴無還聲者為逐婦主雨○鵲巢低主水高主旱

○鵲噪早報晴名曰乾噪○江燕成郡而來主風雨○燕巢
不乾淨主田內草多○鸛鳴仰則晴俯則雨○鶴叫朝主晴
暮主雨○赤老鴉含水叫雨則未晴晴亦主雨○鴉鳥叫早
主雨多人辛苦叫晏主晴多人安逸○鬼車鳥夜聽其聲自
北而南謂之出巢主雨自南而北謂之歸巢主晴○夏秋間
雨陣將至忽有白鷺飛過謂之截雨雨竟不來○吃鷀叫主
晴俗謂賣蓑衣鳥○家雞上宿遲主陰雨○母雞負雞謂之
雞佗兒主雨○冬天雀群飛翅聲重必有雨雪○獺窟近水
主旱登岸主水甚驗○鼠咬麥苗主不見收咬稻苗亦然○倒
在根下主蟲下米貴銜在洞口主囤頭米貴○圩塍上見野

鼠爬泥主有水水必到所爬處方止○鐵鼠白日內銜尾放
行而出主雨○狗爬地及眠灰堆高處並主陰雨喫青草
主晴向河邊喫水主水退○絲毛狗褪毛不盡主梅水多
○猫喫青草主雨

論龍魚

龍下便雨主晴○凡黑龍下縱雨不多白龍下雨水必
甚○龍下頻主旱諺云多龍多旱○龍陣雨每從一路下諺
云龍行熟路○魚躍離水面謂之秤水主水漲高多少則水
增多少○凡鯉鯽魚在四五月間得暴漲必散子若散不甚
水勢未止若散甚水勢必定夏至前後得黃鱨魚甚散子
時雨必止雖散不甚水終未定○車溝內魚來攻水逆上得鮎

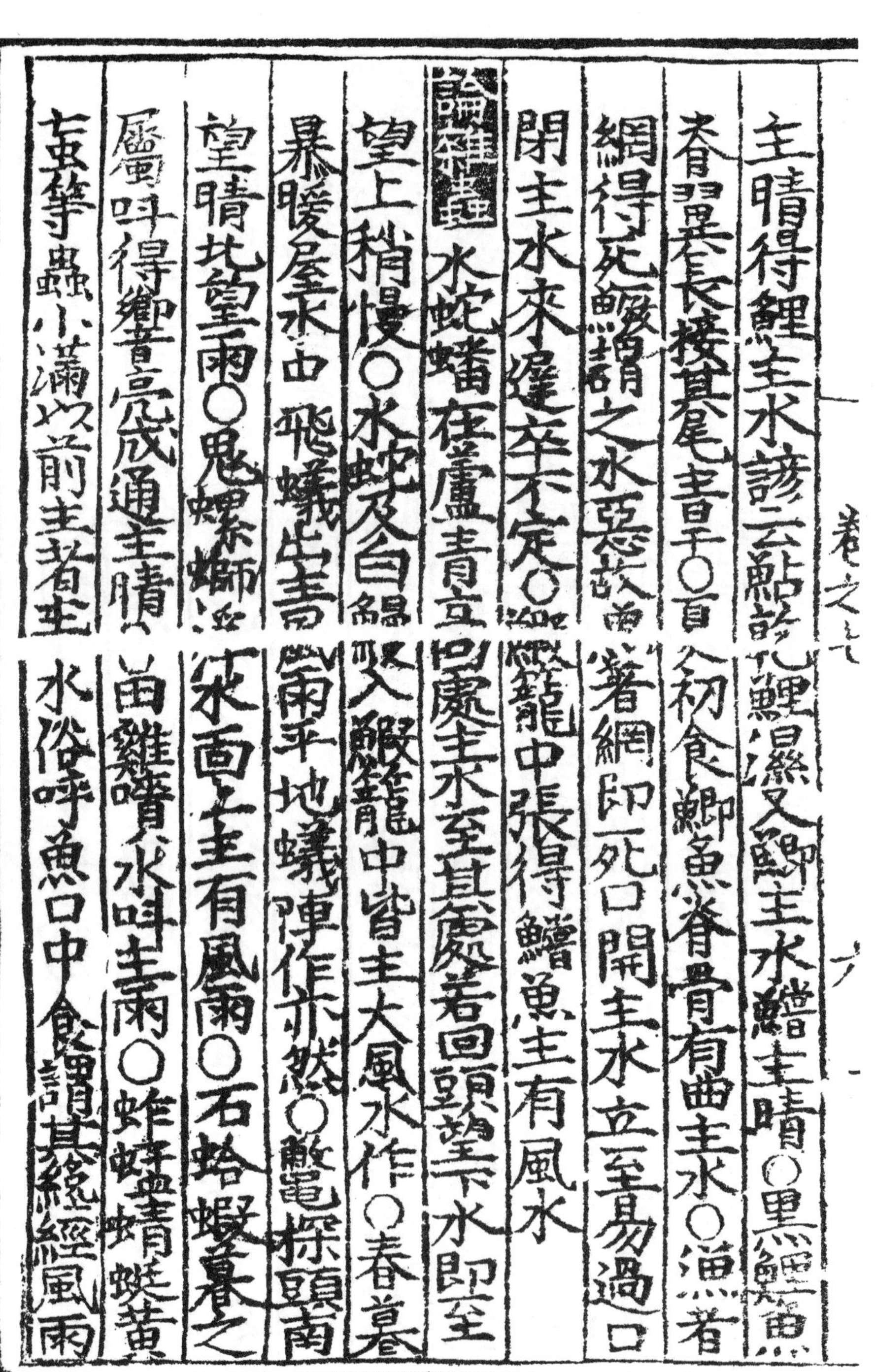

主晴得鯉魚主水諺云鮎乾鯉濕又鯽魚主水鱔主晴○黑鯉魚

春翼長接其尾者主○首初食鯽魚脊骨有曲主水○漁者

網得死鰕謂之水惡故也着網即死口開主水立至易過口

閉主水來遲卒不定○蝦籠中張得鱣魚主有風水

論雜蟲

水蛇蟠在蘆青高處主水至其處若回頭望下水即至

望上稍慢○水蛇及白鰻入鰕籠中皆主大風水作○春暮

暴暖屋木中飛蟻出主雨平地蟻陣作亦然○鼈探頭南

望晴北望雨○鬼蛬螺螄浮水面上主有風雨○石蛤蝦蟇之

屬叫得響亮成通主晴○田雞噴水叫主雨○蚱蜢青蜓黃

蜻等蟲小滿以前主着蛀水俗呼魚口中食謂其總經風雨

俱死於水故也○黃梅三時內蝦蟇來曲河雨大曲大雨小

曲小雨○蚯蚓朝出晴暮出雨

論三旬 朔日晴則五日內晴若雨謂之交月雨主久陰雨若先

連綿雨者主雨少○風吹月建方位主米貴自建方來者爲

得其正晴雨亦得其宜○二十五日謂之月交日有雨主久

陰○二十七日宜晴諺云交月無過廿七晴又云廿七廿八

岐月雨初三初四莫行船

論六甲 甲子諺云春甲子雨乘船入市夏甲子雨赤地千里秋

甲子雨禾頭生耳冬甲子雨飛雪千里蓋甲子爲干支之首

猶歲旦爲節氣之先歲旦和平則一年亨利甲子無雲則雨

月多晴古人詩云甲子無雲萬事宜○甲子有雌雄單日是雄雙日是雌若雙日值甲子雖雨不妨農家屢試果驗詩云老尚誇雌甲狂寧作散仙則知古人元有雌雄之說

壬子諺云春雨人無食夏雨牛無食秋雨魚無食冬雨鳥無食更須看甲寅日若晴謂之拗得過又云壬子是哥哥爭奈甲寅何一說壬子雖雨丁巳却晴主陰晴相半二日俱晴則六十日內少雨又云壬子癸丑甲寅晴四十五日滿天星全憑丁巳作中人累試有驗

甲申諺云甲申猶自可乙酉怕殺我吳地窪下最畏此二日雨又閩中見四時甲申日有雨必閉糴主米貴若雨後有南

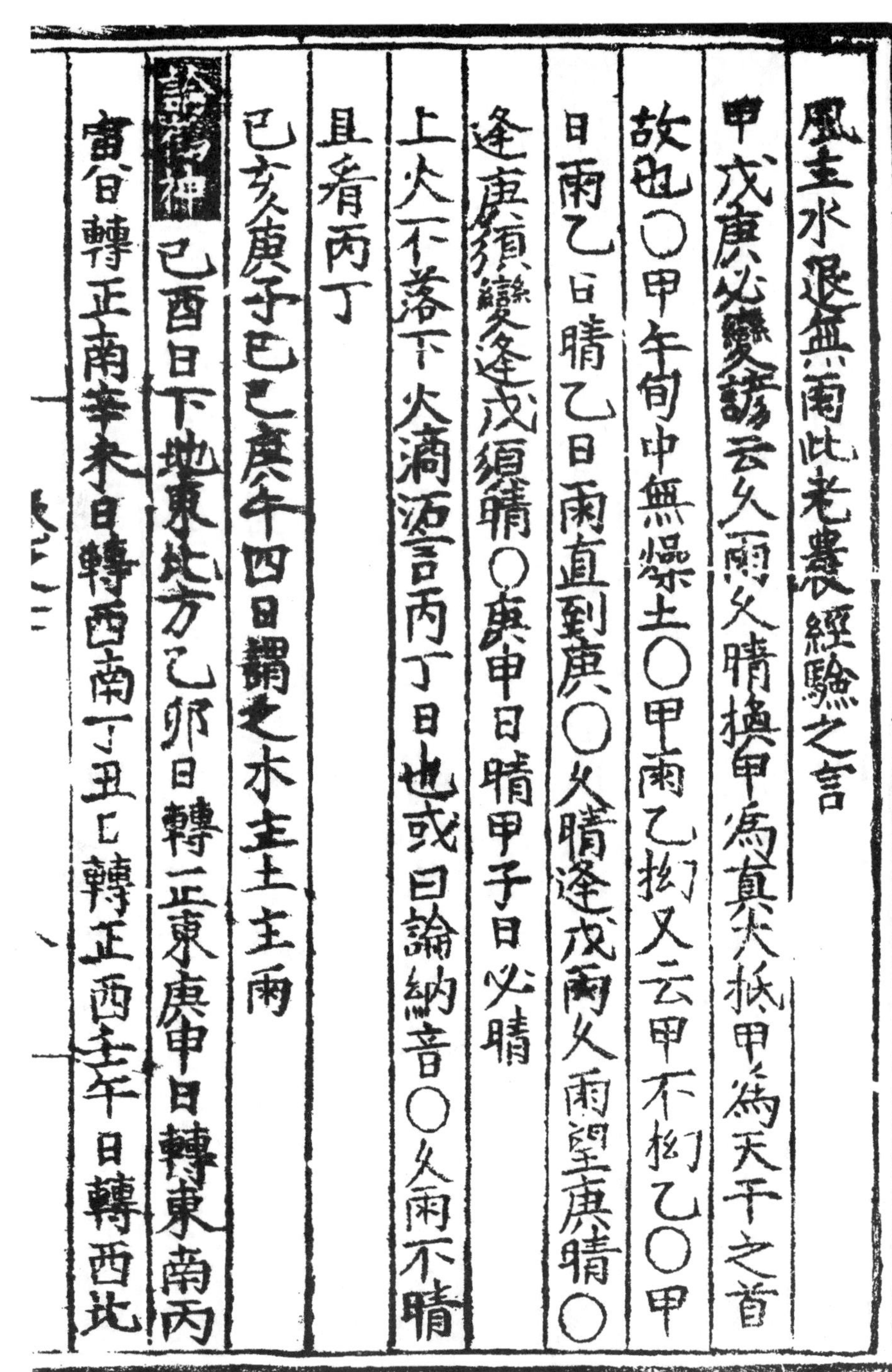

風主水退無雨此老農經驗之言

甲戊庚必變諺云久雨久晴換甲為真大抵甲為天干之首故也○甲午旬中無燥土○甲丙乙拗又云甲不拗乙○甲日丙乙日晴乙日雨直到庚○久晴逢戊雨久雨望庚晴○逢庚須變逢戊須晴○庚申日晴甲子日必晴

上火不落下火滴沰言丙丁日也或曰論納音○久雨不晴且看丙丁

己亥庚子己巳庚午四日謂之木主土主雨

諭龍神 己酉日下地東北方乙卯日轉正東庚申日轉東南丙寅日轉正南辛未日轉西南丁丑日轉正西壬午日轉西北

戊子日轉正北癸巳日上天一日在房癸巳甲午乙未丙申
丁酉在房內北戊戌己亥在房內中庚子辛丑壬寅在房內
南癸卯日在房內西甲辰乙巳丙午丁未在房內東戊申日
在房內中己酉復下週而復始括云總逢癸巳上天堂己酉
還歸東北方若上天下地之日晴主久晴雨主久雨轉方粘
輕值大旱之年則又不應諺云荒年無六親旱年無鶴神○

論喜神 訣云甲己寅卯喜乙庚壬戌強丙辛申酉上戊癸巳亥
艮丁壬午未好此是喜神方

論潮汛 候潮訣云午午未未申寅卯卯辰辰亥亥亥子子半月
從頭數○每月十三日二十七日名曰水起是爲大汛各七

日初五日二十日名曰下岸是鮘小汛亦終七日○諺云初一月半午時潮又云初五二十下岸潮天亮白遥遥又云下岸三潮登大汛○凡天道久晴雖大汛水亦不長諺云晴乾無大汛雨落無小汛

便民圖纂卷第七

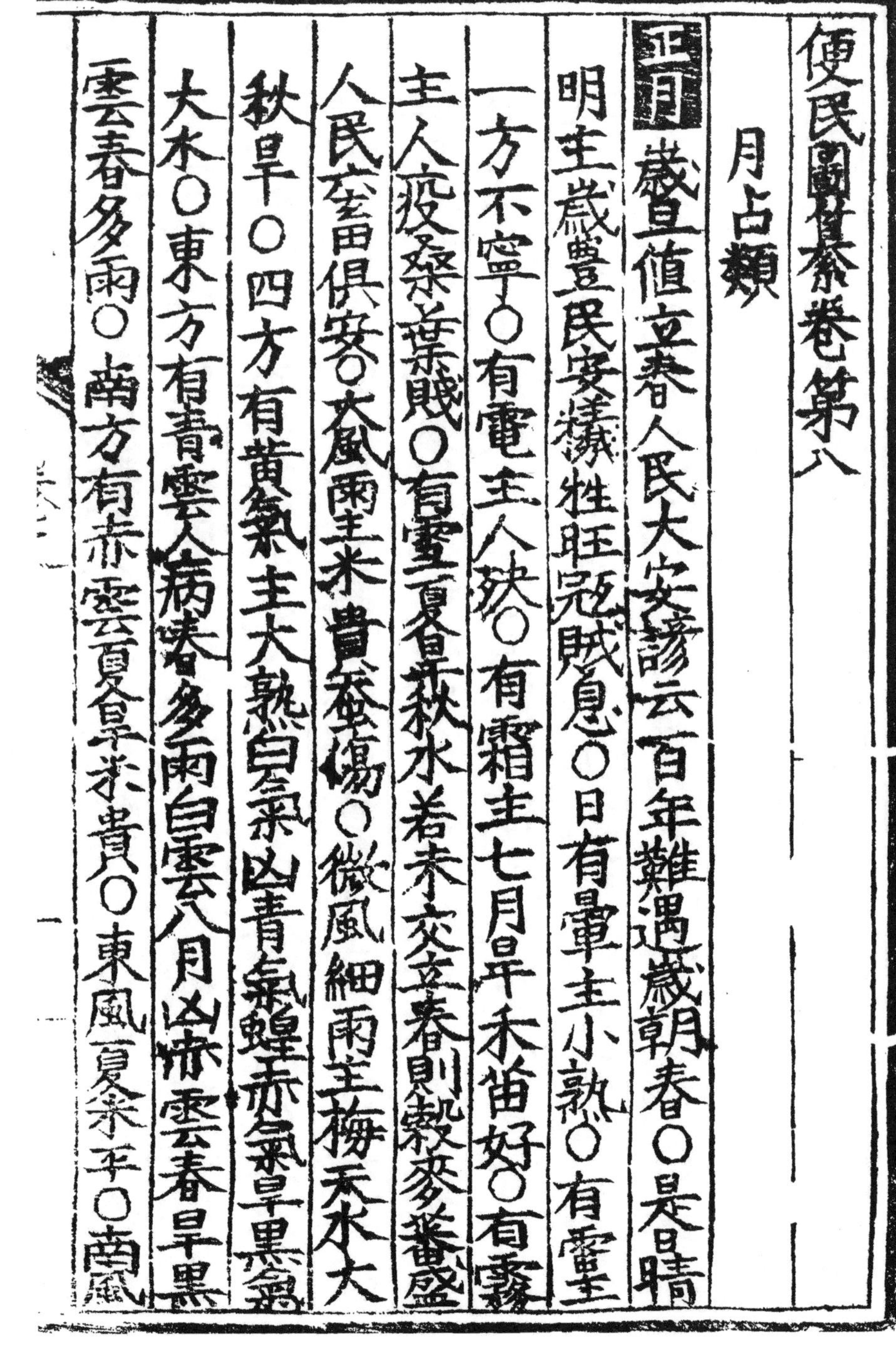

便民圖纂卷第八

月占類

正月 歲旦值立春人民大安諺云百年難遇歲朝春○是日晴明主歲豐民安蠶牲旺寇賊息○日有暈主小熟○有雲主一方不寧○有電主人殃○有霜主七月旱禾苗好○有霧主人疫桑葉賤○有雷主夏旱秋水若未交立春則穀麥蠶盛人民蠶畜俱安○大風雨主米貴蠶傷○微風細雨主梅天水大秋旱○四方有黃氣主大熟白氣凶青氣蝗赤氣旱黑氣大水○東方有青雲人病春多雨白雲八月凶赤雲春旱黑雲春多雨○南方有赤雲夏旱米貴○東風夏米平○南風

米貴主旱○西風春夏米貴桑葉貴○北風水澇○東北風
水旱調大熟○東南風禾麥小熟○西北風有水桑葉賤○
西南風春夏米貴蠶不利○値甲米平人疫○値乙米麥貴
人病○値丙四月旱○値丁絲綿貴○値戊桑麥魚塩貴○
値己米貴蠶傷多風雨○値庚田熟○値辛麻麥貴禾平○
値壬紬布豆貴米麥平○値癸禾傷人厄多雨○是日秤水
起至十二日止以卜十二月水旱每朝取水一瓦瓶秤之重
則雨多輕則雨少如初一管正月初二管二月之類○立春
日風色晴雨雷電大率與元日同○上正三即初三日東北
風主水旱調東南風晴主旱西北風主水○江日後雨水多

主蚕不收人多疫○八日爲歲旦無風晴暖主高田大熟此夜若雨元宵如之○是日午立丈竿量日影過丈竿主年内大水九尺同八尺瘟六尺七尺雨水四尺五尺風損木三尺蝗一二尺旱飢○是夜量月影立一丈竿於平地候月光纔有影卽量之據其長短移於水面就橋柱或船坊畫痕記之海水必到所記之處而止木鄉取影短爲吉○是夜看參星在月西主大水夏中一節晴在東對月口主高田半收在南大旱高田無收在北主大惡風人疫有雲掩星月主春多雨○以五子日斷歲事詩㮣云甲子豐年丙子旱戊子蝗蟲庚子散惟有壬子水滔滔只在正月上旬看○上旬内值甲乙

日雨主春雨多丙丁戊巳日雨主夏雨多庚辛日雨主秋雨多壬癸日雨主冬雨多年内但逢是日便雨○上元日晴主一春少水詩括云上元無雨多春旱○十六日謂之落燈夜晴主旱宜於水鄉最喜東南風謂之入門風低田大熟有雨主低田沒○二十日爲秋収日晴主秋成○雨水後陰多主水少高下皆吉○月内日食人疫夏旱○月食主粟貴盜賊○虹見主七月穀貴○月内有三子葉少蠶多無則葉多蠶少○有甲寅米賤○有三卯早豆有収無則少収○有三庚主大水在正月節氣内方准

二月 朔日值驚蟄主蝗春分主歲歉風雨主米貴○二日東作

興諺云土工日宜雨見鑿淨冰主旱○八日東小南風主水西北
風主旱○十二日為花朝晴則百果實夜宜晴若雨則四
十日夜雨兩久陰也諺云十二晴儘夜夜雨却不怕○驚蟄
日雷在上旬主春寒黃梅水大中旬主禾傷末旬主蟲傷禾
初發聲在艮主米賤震主歲稔巽主蝗離主旱兌主五金
長價乾主民安坎主水○春分日東風主麥賤歲豐西風主
麥貴南風主五月先水後旱北風主米貴一倍前後一日內
雷主歲稔○十五日為勸農日晴明主豐風雨主歉○春社
日晴明主蠶田大旺○月內虹見東主秋米貴西主蠶貴
多主旱月無光有災異事○乙卯甲寅日雨入地五寸未必

貴若不貴至夏秋大旱無甲子日當年大熟○有三卯宜豆無則

早種禾

三月朔日值清明主草木榮穀雨主年豐○上巳即三日陰雨主蠶賤天晴主蠶貴諺云三月初三雨桑葉生苔蘚三月初三晴桑上掛銀瓶○是日聽蛙聲卜水旱諺云上晝叫上鄉熟下晝叫下鄉熟終日叫上下鄉齊熟聲啞水小聲響水大○歲書云田家無五行水旱卜蛙聲○寒食即清明前二日吳人事尚此日墓祭謂之掃松取介子推故事其日多值風雨諺云雨打墓頭錢今年好種田○清明日喜晴惡雨諺云簷前插柳青農夫休望晴門前插柳焦農夫好作嬌午前晴早

蚕好午後晴晚蚕好○是日雷電主小麥貴夜雨主秋種多
東北風桑葉末市貴東南風中市貴末市賤西南風蚕多損
葉末市賤西北風中市貴○若清明寒食前後有水而渾主
高低田禾大熟四時雨水調○穀雨日雨主魚生諺云一點
雨一箇魚○十六日西南風主旱○月内雷多歲稔○虹見
九月米魚鹽貴○日食米貴人飢○月食絲綿米皆貴人飢
○有暴水為桃花水主多風雨○有三卯宜豆無則宜麻麥
朔日值立夏主地動小滿主凶災大風雨主大水小則小
水晴主旱老農咸謂此日最緊要此日丙主有重種田之患
○立夏日日有暈主水有風主熱是夜觀老人星明朗則一

歲大熟暗黑則一歲不登半明半滅則半熟○八日看陰晴
卜水旱諺云四月八晴炓捍高田好張釣四月八烏漉禿不
論上下一齊熟是夜有雨損小麥蓋麥花夜吐雨多則損其
花故麥粒浮秕薄收○十四日晴主歲稔得東南風尤妙諺
云有利無利只看四月十四○十六日看月上卜水旱諺云
有穀無穀且看四月十六又云月上早低田收好稻月上遲
高田剩者稀若黄昏時日月對照主夏秋旱月上遲有白色
主大水有雲主草多雲黑主有蟹○是夜月當午立一丈竿
量月影若過竿主雨水多沒田夏旱人飢長九尺主三時雨
水八尺主六月雨水七尺主低田大熟高田半收五尺主夏

旱四尺主人飢○二十日為小分龍日晴主旱雨
主水○月内寒主旱諺云黄梅寒井底乾大抵立夏後到至
前不宜熱熱則有暴水有東南風謂之鳥兒信諺云稻秀雨
澆麥秀風搖○有三卯宜麻無則麥不收○虹見主米貴
五月 朔日值芒種主六畜因災夏至主米大貴諺云初一雨落井
泉浮初二雨落井泉枯初三雨落連太湖一日晴一年豐一
日雨一年歉○五月五日晴田稻好收咸諺云端午逢乾農
夫喜歡又主絲綿賤是日值夏至主米貴諺云夏至連端午
家家賣兒女若值天陰日無光稻有蒿低若有露霧雨主有
大水若曙色分時有雨東來主人災若至七月七日有雨則

此災鮮若有大風則蝗生水泉内生蟲○芒種日宜晴是日
後逢壬為立梅前半月為梅後半月為三時立梅日有雨主
旱諺云雨打梅頭無水飲牛風土記云夏至前芒種後雨為
黃梅雨最畏半月内西南風有一日西南風主時裏三日雨
諺云梅裏西南時裏潭潭又畏雷諺云梅裏雷低田拆舍歸
大抵芒種後半月謂之禁雷天又云梅裏一聲雷時中三日
雨○冬青花關係水旱其花不落濕地諺云黃梅雨未過冬
青花未破冬青花已開黃梅便不來○夏至日在月初諺云
夏至端午前坐了種年田言雨水調也有雨謂之淋時雨主
久雨年稔怕西南風諺云急風急没慢風慢没立驗無雲主

壬伏熱日暈主有雨水○至後半月謂之三時首三日為頭
時次五日為中時又次七日為末時時雨最怕在中時前二
日來謂之中時頭必大凶若到得末時縱有雨亦善○吃井
春禽也在夏至前呼主旱○鵜鶘一名淘河湖瀕中鵞鸛之
屬其狀異常水怪也每來必主大水甚驗諺云夏至前來謂
之犁湖夏至後來謂之犁途以其觜之形狀似犁湖言水漲
途言水退也占候者勿泥一途而取之○二十日為大分龍
日占候與小分龍日同○月內日食主大旱人飢○月無光
有火灾○虹見有小水主禾麥貴○有三卯種稻為宜無則
宜種早豆

六月朔日值大暑主人疫夏至主荒小暑主山崩河水溢遇甲主飢風雨主米貴○三日有雨難稿稻諺云六月初三晴竹篠盡枯麥○小暑日雨名倒黃梅主水有東南風及成塊白雲主有半月舶䑽風退水兼旱諺云舶䑽風雲起旱魃深歡喜○初六日晴主收乾稻雨謂之湛轆耳主有秋水○三伏中宜熱諺云六月不熱五穀不結蓋適當稿稻天氣又當下壅之時晴則熱熱則苗旺涼則雨雨則田沒○伏裏西北風臘裏船不通主秋稻秕冬水堅○六月無蠅新舊相登言米價平也○夏秋之交稿稻還水最苦雨○月內日食主旱○有南風主蟲傷稻○虹見主米貴

七月 朔日值立秋及處暑者主人多疾風雨主人不安○立秋日
大雨主傷禾有雷主損晚稻西南風主禾倍收○七夕有雨
小麥麻豆賤○中元日雨俗謂之麫篷邊生白主撈稻○十六
日月上早好收稻月上遲秋雨徐言多也○月內虹見主米
貴○日月食人災牛馬貴○有三卯田禾有收無則宜晚麥
八月 朔日晴主連冬旱宜蠶畧各得雨宜麥主布絹絲綿及麻子
貴○白露日晴主稻有收雨主萬物傷損白露雨為苦雨主
瓜果不實生蟲稻禾沾之則白颯蔬菜沾之則味苦若變日白
露前後有雲不損苗若單日白露前後有雨則損苗若連陰
之雨不為害○秋分日有雨或陰主來年高低田大熟若晴

明主不熟。西方有白雲起如羣羊，為分氣至，年大稔。有黑雲相雜者，兼宜麻豆。若赤雲，主來年旱。東北風，主來年大小麥熟。風急，不利。西北風，主來年陰雨，高低田熟。風急，不利。惟西風，主來年民安歲豐。○十五日為中秋，晴主來年高田成熟，低田水傷；有雨，主來年低田成熟，高田虫收。○月內虹見，主春米貴，秋稻平。○有三卯，主低田稻麥有收，無不宜種麥。

九月 朔日值寒露，主冬寒嚴凝，霜降主歲歉。風雨主春旱夏水。東風平日不止，主米麥貴。○重陽日晴，則冬晴；雨則冬雨。故曰：重陽無雨一冬晴，及冬至元日、上元、清明，四日皆然。重陽有雨，則柴薪貴，謂之雷荒，故曰九月十一日晴，不如九日明。又

不如十三日靂○上卯日風從北來主來年三七月米貴三
倍東來同西來平平○月內有雷主穀貴○虹見主人灾○
霜不下來年三月多陰寒

十月 朔日值立冬主有灾異晴則一冬多晴雨則一冬多雨又
多陰寒值小雪有東風主春米賤西風主春米貴○立冬日
西北風主來年大熟晴主多魚雨主無魚冬前霜多主來年
早禾好冬後霜多主來年晚禾好○十六日晴主冬暖極准
○月內虹見主麻穀貴○月食主魚鹽貴○有雷主人死稻
薄收○有霧俗呼沐霧主來年大水

十一月 朔日值大雪與冬至皆主凶灾有風雨宜麥○冬至風

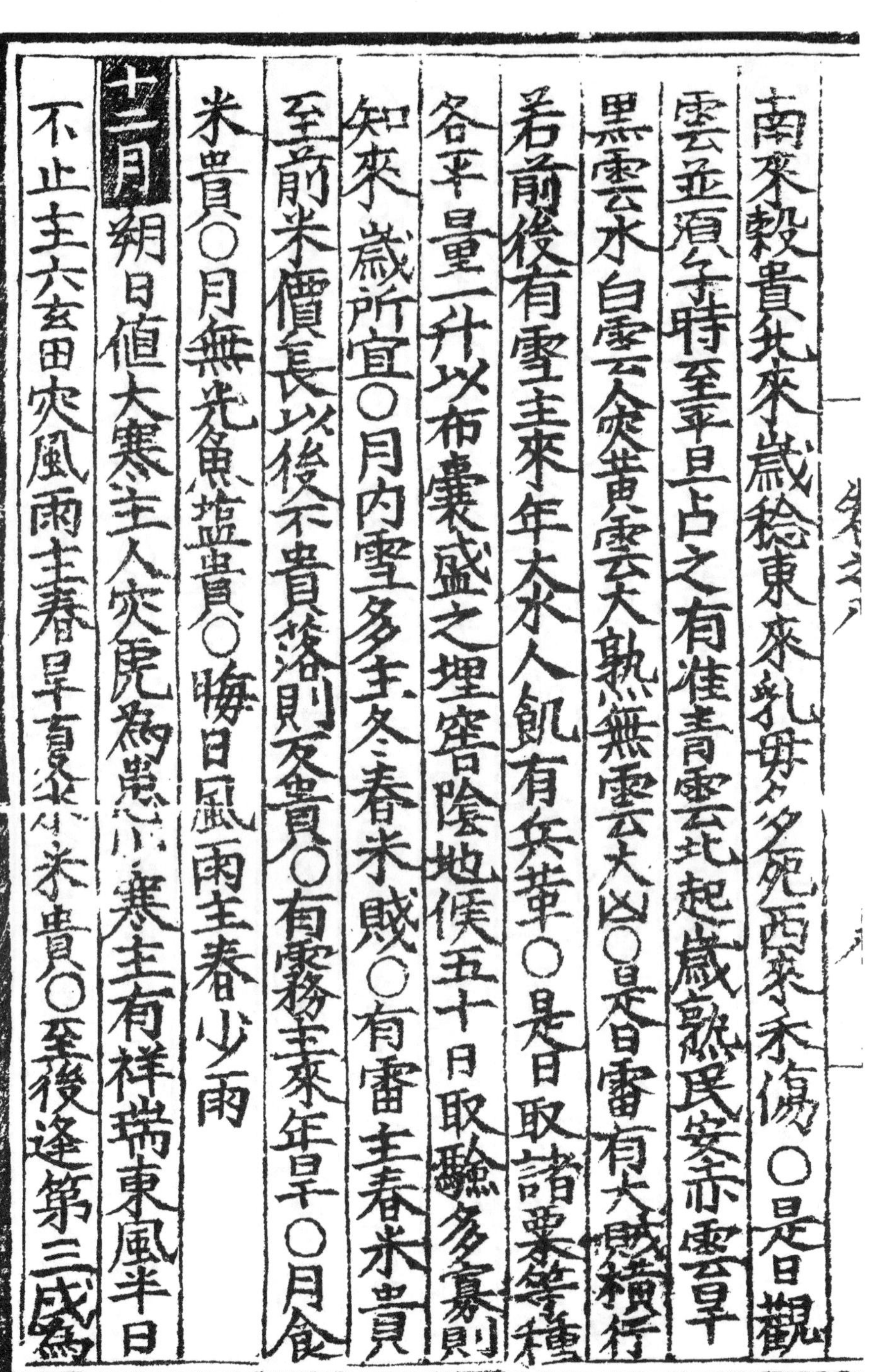

南來穀貴北來歲稔東來乳母多死西來禾傷○是日觀雲並須子時至平旦占之有進青雲北起歲熟民安赤雲旱黑雲水白雲災黃雲大熟無雲大凶○是日雷有大賊横行若前後有雪主來年大水人飢有兵革○是日取諸粟等種各平量一升以布囊盛之埋窖陰地候五十日取驗多寡則知來歲所宜○月內雪多主冬春米賤○有雷主春米貴至前米價長以後不貴落則反貴○有霧主來年旱○月食米貴○月無光魚鹽貴○晦日風雨主春少雨

十二月 朔日值大寒主人災虎為患小寒主有祥瑞東風半日不止主六畜田災風雨主春旱有水米貴○至後逢第三戌為

臘臘前後三兩番雪謂之臘前三白大宜菜麥諺云若要麥見三白主來年豐稔又主殺蝗蟲子○月內上旬有雪主來年黃梅內有洞水中旬有雪亦然○若酉日有雨主冬連春六十日陰雨若有霧主來年旱稻有傷諺云臘月有霧露無水做酒醋有雷主來年夏秋旱潦不均若雷鳴雪裏主陰雨一百日方晴○虹見主八月穀貴○立春在殘年內主冬暖○柳眼青主來年夏秋米賤○除夜五更視北斗所至占五穀美惡其星明則成熟暗則有損貪狼主黍蕎麥巨門主粟祿存主黍文曲主芝麻廉貞主麥武曲主粳糯米破軍主赤豆輔星主大豆

便民圖纂卷第八

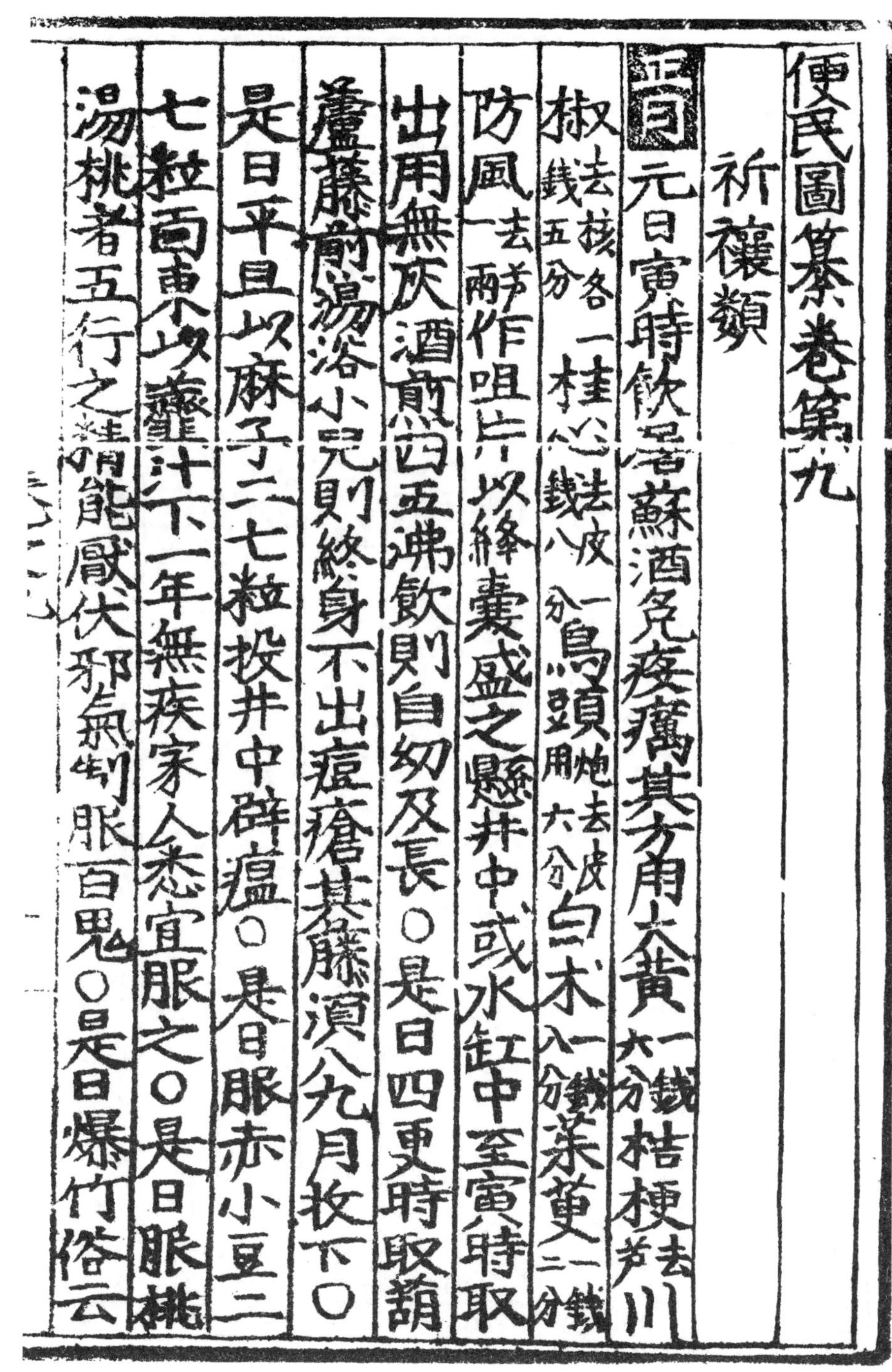

便民圖纂卷第九

祈禳類

正月 元日寅時飲屠蘇酒免疫癘其方用大黃一錢六分桔梗去芦川椒去核各一錢五分桂心去皮一錢八分烏頭炮去皮用六分白朮一錢八分茱萸一錢二分防風一兩去芦作咀片以絳囊盛之懸井中或水缸中至寅時取出用無灰酒煎四五沸飲則自幼及長○是日四更時取葫蘆藤煎湯浴小兒則終身不出痘瘡其藤須八九月收下○是日平旦以麻子二七粒投井中辟瘟○是日服赤小豆二七粒面東以虀汁下一年無疾家人悉宜服之○是日服桃湯桃者五行之精能厭伏邪氣制服百鬼○是日爆竹俗云

能辟山魈邪鬼○是日進椒柏酒椒是玉衡星精服之身輕耐老柏是仙藥進酒次第必當從小者起○是日取五香煮湯浴令人至老鬚髮黑徐諧註云道家謂青木香為五香○立春日鞭土牛庶民爭之得牛肉者宜蠶○是日食生菜不可過多取迎新之意及進漿水粥以導和氣○入春宜晚脫綿衣不然令人傷寒霍亂○上元日爆孛畫燒乾鍋以糯穀爆之占稻色旨早禾至晚禾皆爆一握比分數斷高下占人口亦然○是月每朝梳頭一二百下至夜欲卧濫熱鹽湯一盆從膝下洗至足方卧以通泄風毒脚氣勿令壅滯○是月上辰日并逐月庚寅日壬辰日及滿日塞鼠穴又三月庚

午日斬鼠尾取血塗屋梁可以辟鼠又云清明日取戊方上
土剪狗毛作泥塗房戶內孔穴則蛇鼠諸蟲永不入

三月

月初須灸兩脚三里絕骨對穴各七壯以泄毒氣至夏初
即無脚氣衝心之疾○二日取枸杞菜煮湯沐浴令人光澤
不老不病○上丑日泥蚕室則宜蚕○上卯日沐髮愈疾○
丁亥日收桃杏花陰乾為末戊子日和井水服方寸匕日三
服治婦人無子大驗○是月春分後宜佩神明散其方用蒼
朮桔梗各二兩附子一兩炮烏頭四兩炮細辛一兩共為散絳囊盛帶
方寸匕一人帶之一家無病

四月

二日雞鳴時以隔宿冷炊湯澆洗瓶口及飯甑飯籮一應

厨物則末無百蟲遊走爲害○三日収苦楝花鋪床竈上辟
蚤虱蟲蟻○是日採艾掛户牖間以備一年之灸凡灸宜避
人神所在○寒食日以絹袋盛麪掛當風處中暑者以水調
服○是日水浸糯米次日換水至小滿漉出晒乾炒黄爲末
水調治打撲傷損及諸瘡腫處○是日前一百五日採大薊
晒能治氣痢用時爲末食前米飲湯下一錢極效○清明
前二三日用螺螄浸水中至清明日人未起時以水灑壁上
不生蜒蚰仍將螺螄放之吉○清明日日未出時採薺菜
花枝候乾夏作燈杖護蚊蛾○是日三更時以稻草縛樹上則
不生刺毛蟲○是日所插簷柳可止醬醋潮溢○是月取桃

花未開者陰乾百日與赤豆秦椒等分搗和臘月豬脂塗禿瘡神效

四月八日宜取枸杞菜煎湯沐浴○是月每朝空心飲葱頭酒令人血氣通暢○是月甲子日拔長髮以手埋棄地宜蠶○是月宜用五枝湯澡浴浴訖以香粉傅身能驅瘴毒疏風氣滋血脉五枝方用桑枝槐枝楡枝桃枝柳枝各一把麻葉二斤以水一石煎八斗許去柤查檮香粉方用粟米一斤作粉無則以葛粉代之青木香麻黃根附子炮甘松藿香零陵香牡礪各二兩為末以生絹袋盛之○是月宜飲桑椹酒其方用椹汁三斗白蜜二合酥油一兩生薑汁一合以重湯煮椹汁

至斗半少說方入鹽酥等令得所每服一合和酒服理百種

風

五月

五日日未出時採百草頭惟之藥苗多者尤佳不拘多少搗濃汁和石灰作餅陰乾治一切金瘡及小兒惡瘡○是日午時於韭畦面東勿語收蚯蚓泥遇魚刺鯁者以少許擦喉外其刺即消謂之六一泥○用尉斗燒棗子於床下辟狗蚤○寫白字倒貼于柱脚上四處則無蚊子○書儀方二字倒貼于柱脚上辟蛇蠍○取獨頭蒜五個和黃丹二兩搗爛丸如雞頭大晒乾心痛者以醋磨一丸服即效○取葛根為膏治金瘡斷血亦治瘧○取青蒿搗和石灰搗至午時丸作餅子

有金瘡之患為末傳之立效○取浮萍午時投厠中絕青
蠅○取露草一百種陰乾燒灰和井花水重煉過以好醋為餅
有腋氣者挾於腋下乾取易之當抽一身臭氣腋間瘡出以
小便洗之○採莧菜和馬齒莧等分為末與姙婦服之易産
○取晚蚕蛾生投竹筒中竹筒須兩頭有節者一頭鑚破一
穴放蛾入塞之令自乾死遇有竹木刺入肉不能出者取少
許為末唾津調塗傳之即出○取白礬一塊自早晒至晚収
之凡百蟲咬者傳之立效○収赤白葵花各陰乾治婦人赤
白帶下赤者治赤白者治白為末酒服○取猪耳治小兒驚
癇燒灰服之並治蛇咬○取冬瓜子并白如魚鱗者若患痰

閉搗碎綿包如彈丸大安當浸令之立效○採艾治百病○取
浮萍燒焆辟蚊○以五綵繩繫臂令人却邪不瘟○夏至日
採映日果即無花果也能治咽喉疾○是月戊辰日以豬頭
祀竈令人所求如意○是月宜服五味子湯其方取五味子
一大合用木杵臼擣之置小瓷餅內以百沸湯投之入小蜜
即封安火邊良久堪服

六月 六日清晨浸井花水以白鹽淘於水中用新鍋還煎作
鹽每早以此鹽擦牙畢却以水嗽吐于手心洗眼日日如此
雖老猶能燈下讀書○伏日食湯餅辟惡○是月二十四日忌
遠行水陸俱不宜

七月　七日取苦瓠白瓤絞取汁一合以醋一升古錢七文和清微火煎之減半抹眼眥中治眼暗○是日取赤小豆男吞一七粒女吞二七粒終歲無病○是夕取百合根熟擣用新瓦器盛之密封於門上陰乾百日拔去白髮用此搽之即生黑髮又法取螢火蟲二七枚撚髮自黑○立秋日人未起時汲井水長幼皆少飲之却病○是日服赤豆七粒面西井花水下一秋不犯痢疾○是日日未出時取楸葉熬為膏傅瘡瘍立愈

八月　一日取栢葉上露拭目能明目○是日侵晨以瓦器於百草頭收露水濃磨墨塗頭疼者點太陽穴勞瘵者點膏肓

穴謂之天灸十日以朱點小兒頭亦名天灸以厭疾也○十九日

拔白髮則永不生

九月 九日登高佩茱萸飲菊花酒令人壽○是日天欲明時以

片糕搭小兒頭上乳保祝云自此百事皆高○是日以菊花

釀酒飲之治頭風以枸杞浸酒飲之令人不老亦不白髮

兼去諸風○是日收菊花晒乾用糯米一斗蒸熟以菊花末

五兩搜拌如常醞法多用細麪麴候酒熟壓之每暖一小盞服

治頭風頭旋

十月 上巳月採槐子服之槐者虛星之精去百病○上亥日採

枸杞子二升採時須面東摘生地黃取汁三升以好酒二升

盛瓷瓦缾內二十一日取出研爛入地黃汁同煎攪之却以油
紙三重封其口更浸候至立春前三日開逐日空心飲一杯
至立春後鬚髮變黑補益精氣服之不老身輕無比○
十四日宜取枸杞作湯沐浴○是月宜進棗湯其方取大棗
除皮核中破之於文武火上翻覆炙令香然後煮作湯
十一月冬至日宜於北壁下厚鋪草而卧以受元氣○是日鑚
燧取火可去瘟疫○是日以赤小豆煮粥可辟疫氣
十二月八日取猪板油四兩懸于厠上則一家入夏無蠅子○
癸丑日作門令賊不敢來○水日晒薦席能去蚤虱○上
亥日取猪肪脂安瓷瓦罐內埋亥地上一百日治癰疽內加雞

子各十四枚水銀二三錢極妙○臘日持椒三七粒卧于井旁勿與人言投于井中除瘟○臘後遇除日取鼠一枚燒灰埋于子地上則一家永無鼠耗○是日田夫牧豎候昏時争執竿燎火于野名曰點田蚕看火色占來年水旱白主水紅主旱猛烈主豊熟衰主歉風亦取東北爲上○二十五日夜煮赤豆粥大小人口皆食之家人在外亦必留其口分以俟其歸謂之口數粥○除夜燒生盆爆竹看火色大率與田蚕同○是夜宜於富家田内取土泥竈招吉○是夜空房中宜燒皂角令烟謂之辟瘟氣○是夜四更取麻子赤小豆各二十七粒并家人髮少許投井中終年不患傷寒瘟疫○是夜

取長流水秤之明朝又易水秤之比輕重以較兩年之水占法
見正月○是夜安靜為上吉諺云除夜犬不吠新年無疫癘
宜謹守之○是月收臘水尤佳蓋臘者五穀之精若浸五穀
之種則耐旱不生蟲淋豬亦可治小斑疹調蛤粉可搽痱子
極妙用大瓮盛貯埋冰窖內無冰窖則埋於背陰高阜地
下稻草蓋之勿令雨水流入○是日收雄豬膽若有人暴亡未
移時者急以溫水微研灌入喉中即治宜常預備救人移時
即無及矣○是月取青魚膽陰乾如患喉閉及骨鯁者以
此膽少許口中含咽津則解

便民圖纂卷之第九

便民圖纂卷第十

涓吉類

入學 乙巳戊寅甲戌乙亥丙子己丑辛巳癸未甲申丁亥庚寅辛卯壬辰乙未丙申己亥壬寅癸卯甲辰乙巳丙午丁未戊申庚戌辛亥甲寅乙卯丙辰庚申辛酉癸亥天月二德及合六合成定開日 忌建破魁罡勾絞離窠受死九土鬼荒無正四廢伏斷及乙丑孔子死日

赴舉 黃道天官天成貴人吉人上官玉堂榮官旺日天月二德三合 忌黑道官符死炁滅沒十惡無祿天休廢四不祥猖鬼敗亡陰錯陽錯

上官到任 甲子乙丑丙寅己卯庚午辛未癸酉甲戌乙亥丙子丁丑癸未甲申丙戌庚寅壬辰乙未丁酉庚子癸卯丙午丁

未癸丑甲寅丙辰巳未天赦天恩月恩黃道上吉天月二德

及合活曜吉明戊勲旺日復日天貴天慶吉慶成開日忌天休廢

受死赤口氷消瓦陷陰錯陽錯牢日獄日徒隸死别伏罪不舉刑獄荒無伏斷九醜九土鬼猖鬼敗亡土朔四不祥日

天遷圖

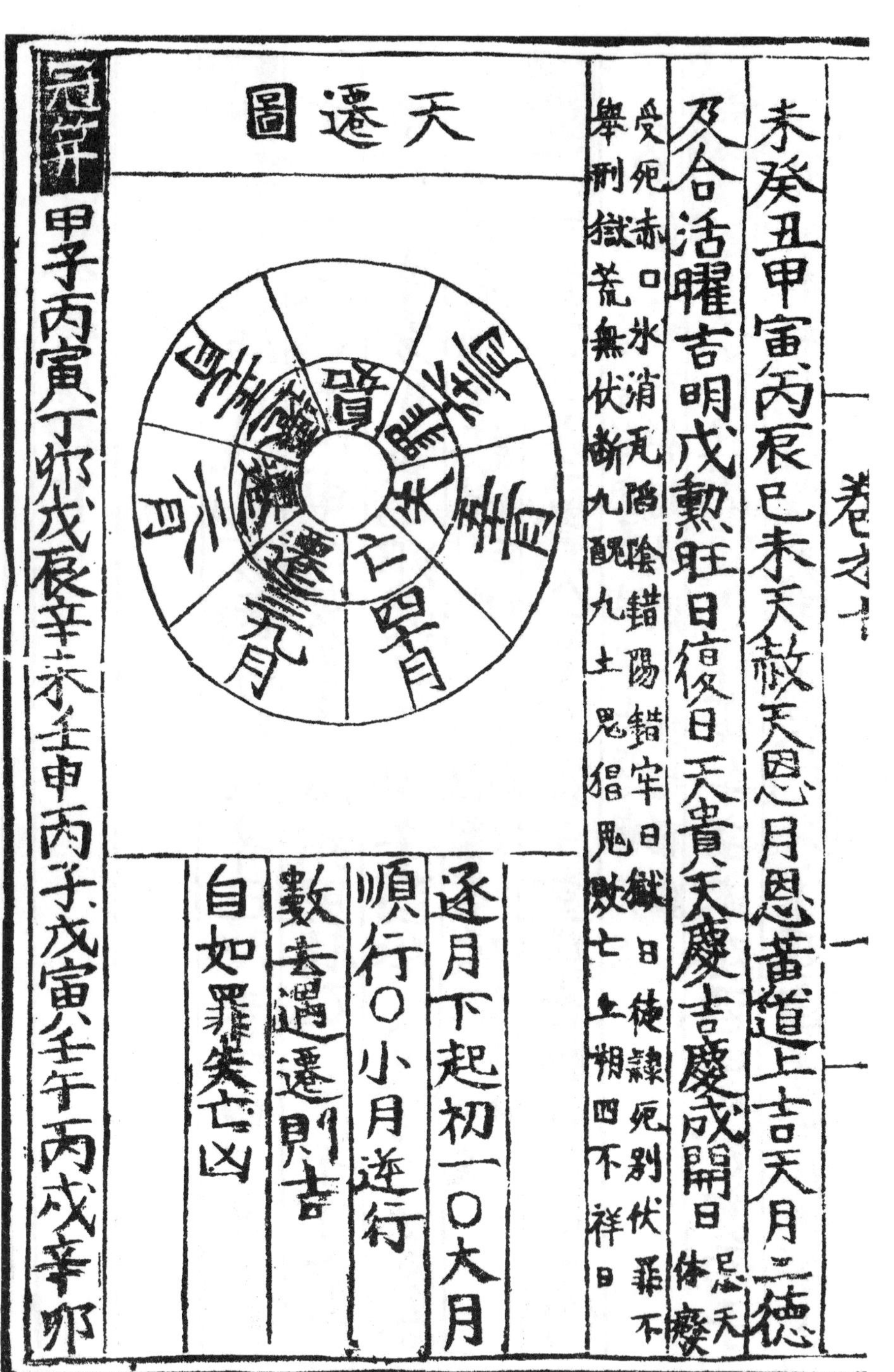

逐月下起初一○大月

順行○小月逆行

數去遇遷則吉

自如罪失亡凶

冠笄 甲子丙寅丁卯戊辰辛未壬申丙子戊寅壬午丙戌辛卯

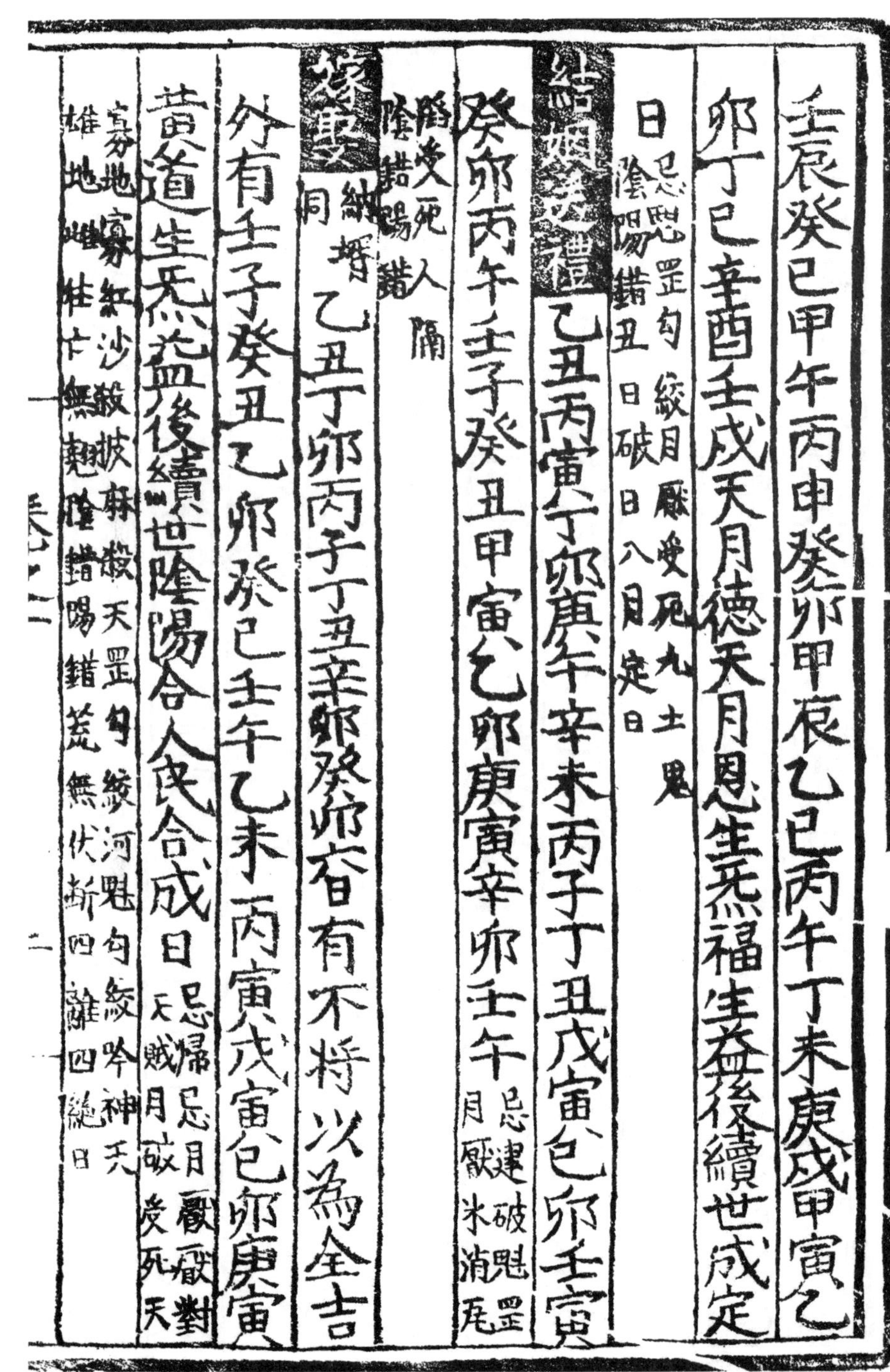

壬辰癸巳甲午丙申癸卯甲辰乙巳丙午丁未庚戌甲寅乙

卯丁巳辛酉壬戌天月德天月恩生炁福生益後續世成定

日忌魁罡勾絞月厭受死九土鬼陰陽錯丑日破日八月定日

結姻納禮 乙丑丙寅丁卯庚午辛未丙子丁丑戊寅己卯壬寅

癸卯丙午壬子癸丑甲寅乙卯庚寅辛卯壬午忌建破魁罡月厭氷消瓦

陷受死入隔陰錯陽錯

嫁娶 納婿同 乙丑丁卯丙子丁丑辛卯癸卯右有不將以為全吉

外有壬子癸丑乙卯癸巳壬午乙未丙寅戊寅己卯庚寅

黃道生炁益後續世陰陽合人民合成日忌歸忌月厭厭對天賊月破受死天

寡宿地寡紅沙殺披麻殺天罡勾絞河魁勾絞吟神天雄地雌牝牡下無翹陰錯陽錯荒蕪伏斷四離四絕日

嫁娶周堂　夫姑堂翁第竈婦廚　婦竈第翁堂姑夫廚

納婿周堂　夫姑第翁門竈廚戶　戶廚竈門翁第姑夫

大月　初一 初二 初三 初四 初五 初六 初七 初八 / 初九 初十 十一 十二 十三 十四 十五 十六 / 十七 十八 十九 廿 廿一 廿二 廿三 廿四 / 廿五 廿六 廿七 廿八 廿九 卅

小月　初一 初二 初三 初四 初五 初六 初七 初八 / 初九 初十 十一 十二 十三 十四 十五 十六 / 十七 十八 十九 廿 廿一 廿二 廿三 廿四 / 廿五 廿六 廿七 廿八 廿九

斬草破土　甲子乙丑丙寅丁卯戊辰庚午壬申癸酉丙子戊寅、己卯壬午甲申乙酉庚寅辛卯壬辰乙未丙申丁酉壬寅癸卯丙午壬子癸丑己酉甲寅乙卯庚申辛酉　忌天瘟土瘟重喪重復天賊地破四時大墓陰陽錯日

安葬　壬申癸酉壬午甲申乙酉丙申丁酉壬寅丙午己酉庚申辛酉庚午庚寅鳴吠對鳴吠成開日　忌建破魁罡勾絞重喪重復重日人喪月建轉

殺凶中白虎人皇人建四
大墓冰消瓦陷陰陽錯日

葬日周堂

亡	男	父
客		女
婦	母	孫

大月初一起父向男順行

小月初一起母向女夫逆行日移

一位值亡人吉如值人則出外少

避惟停喪在家須論葬日周堂

如喪在外則不論此其法則論月分不論節氣

祈福 丁卯己巳壬申己卯甲申乙酉庚申忌嚴伯死日

祭祀 甲子乙丑丁卯戊辰辛未壬申癸酉甲戌丁丑己卯庚辰

壬午甲申乙酉丙戌丁亥己丑辛卯甲午乙未丙申丁酉乙

巳丙午丁未戊申己酉庚戌己卯丙辰丁巳戊午己未辛酉

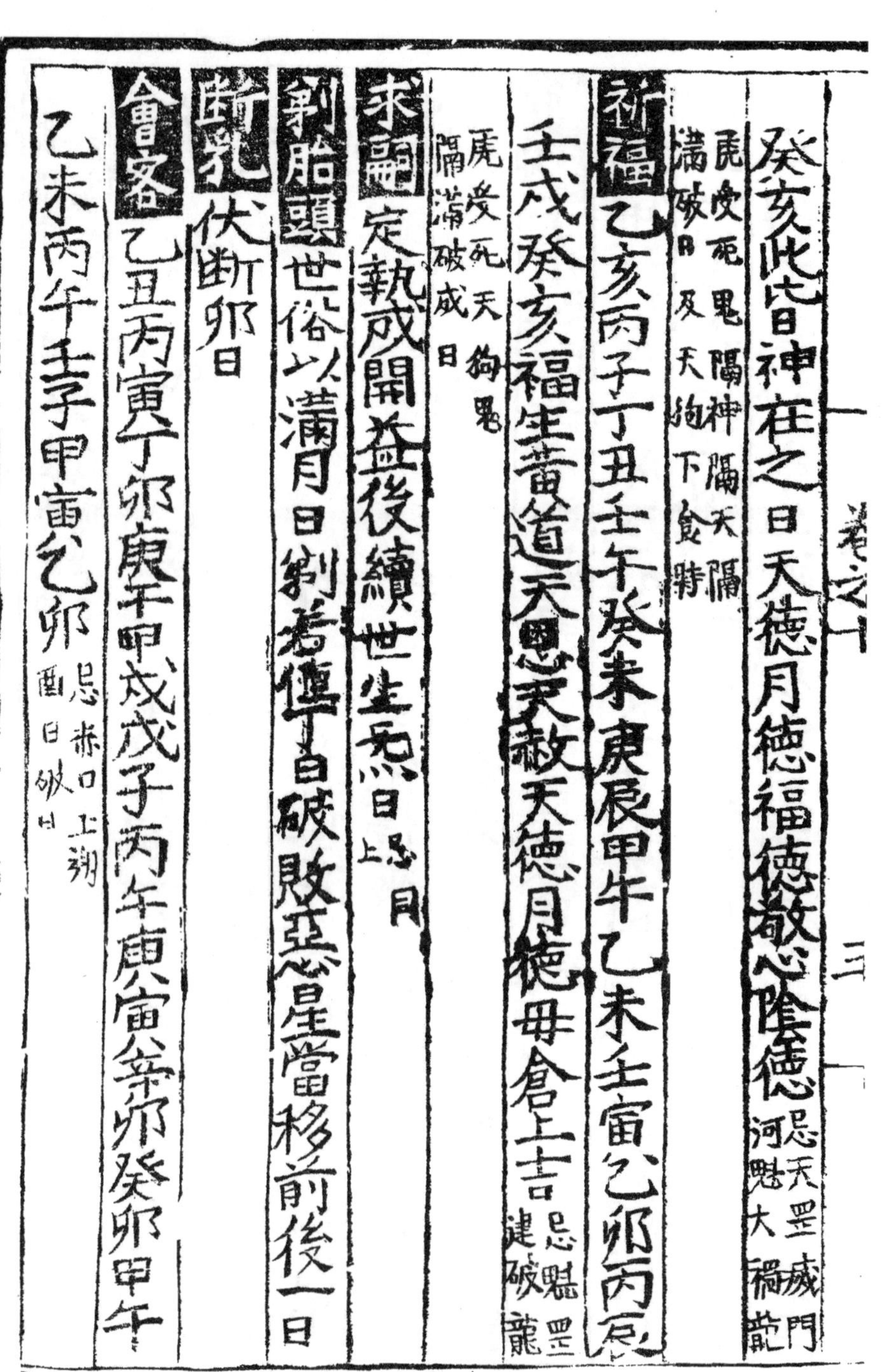

癸亥此皆神在之日天德月德福德天赦陰德 忌天罡 河魁 大禍 咸門 龍

虎受死 鬼隔 神隔 天隔 滿破日 及天狗下食時

新福 乙亥丙子丁丑壬午癸未庚辰甲午乙未壬寅乙卯丙辰

壬戌癸亥福生黃道天恩天赦天德月德母倉上吉 忌魁罡 建破龍

虎受死天狗鬼 隔滿破成日

求嗣 定執成開益後續世生炁日上 忌月

剃胎頭 世俗以滿月日剃若值丁日破敗惡星當移前後一日

斷乳 伏斷卯日

會客 乙丑丙寅丁卯庚午甲戌戊子丙午庚寅辛卯癸卯甲午

乙未丙午壬子甲寅乙卯 忌赤口上朔 面日破日

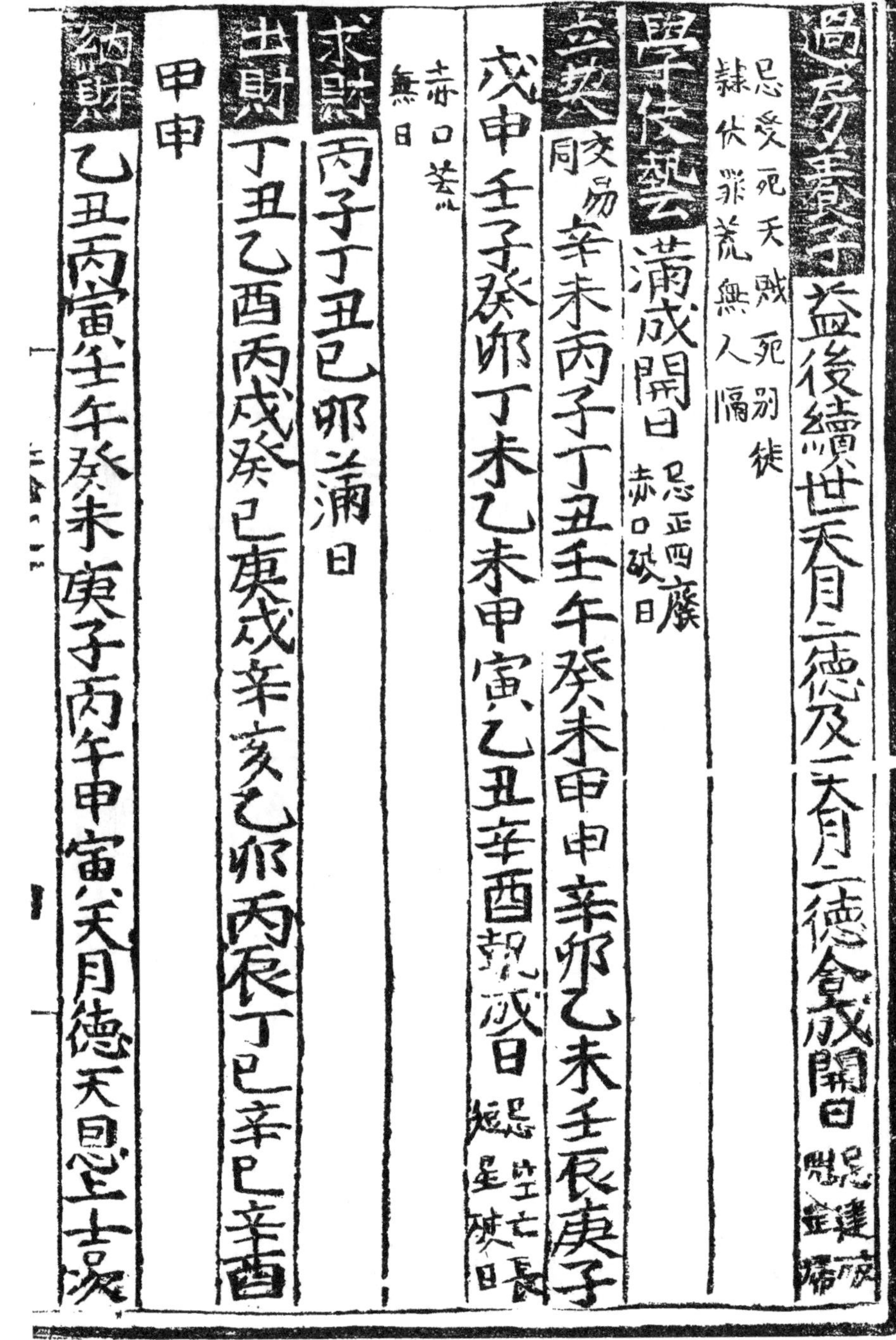

過房養子　益後續世天月二德及天月二德會成開日　忌建破魁罡

忌受死天賊死別徒隸伏罪荒無人隔

學伎藝　滿成開日　忌正四廢赤口破日

立契交易同　辛未丙子丁丑壬午癸未甲申辛卯乙未壬辰庚子

戊申壬子癸卯丁未乙未甲寅乙丑辛酉執成日　忌空亡長短星破日

赤口荒蕪日

求財　丙子丁丑己卯滿日

出財　丁丑乙酉丙戌癸巳庚戌辛亥乙卯丙辰丁巳辛巳辛酉

甲申

納財　乙丑丙寅壬午癸未庚子丙午申寅天月德天恩上吉次

吉收閉日　忌月厭赤口天賊荒蕪破日大耗小耗財離勾絞受死九空五虛日

開庫店肆　甲子乙丑丙寅己巳庚午辛未甲戌乙亥丙子己卯壬午癸未甲申庚寅辛卯乙未己亥庚子癸卯丙午壬子甲寅乙卯己未庚申辛酉黄道天月二德及合六合要安滿成開日　忌建破魁罡勾絞陰陽錯空亡滅沒九空空亡財離窠空荒蕪五虛小耗大耗天賊地賊受死日流財亡嬴四方耗伏斷四耗虛敗四忌五窮正四廢九土用

入宅歸火　甲子乙丑丙寅丁卯己巳庚午辛未甲戌乙亥丁丑癸未甲申庚寅壬辰乙未庚子壬寅癸卯丙午丁未庚戌癸丑甲寅乙卯己未庚申辛酉滿成開日　忌家主本命日對沖日天空亡日冰消瓦九陽子午頭日披麻殺楊公忌日荒蕪滅沒伏斷受死歸忌天賊正四廢天瘟人隔建破收十日

移居 甲子乙丑丙寅庚午丁丑乙酉庚寅壬辰癸巳乙未壬寅

癸卯丙午 庚戌癸丑乙卯丙辰丁巳己未庚申 忌與上同

出行 甲子乙丑丙寅丁卯戊辰己巳庚午 辛未甲戌乙亥丁丑

己卯甲申丙戌庚寅辛卯甲午乙未庚子辛丑壬寅癸卯丙

午丁未己酉壬子癸丑甲寅乙卯丁巳庚申辛酉滿成開日

忌建破魁罡勾絞天賊受死九空財離歸忌九醜咸池小耗
五不歸月厭五鬼離窠轉殺亡嬴破敗九土鬼正四廢陰陽

錯人民日

開荒田 動土同 天福豐旺母倉生炁黃道上吉 忌地火焦坎空亡

大月初六初八廿二廿三日小月初八十一
十三十七十九日爲田痕後凡田事悉忌之

種田 乙丑己巳庚午辛未癸酉乙亥丁丑戊寅辛巳壬午乙酉

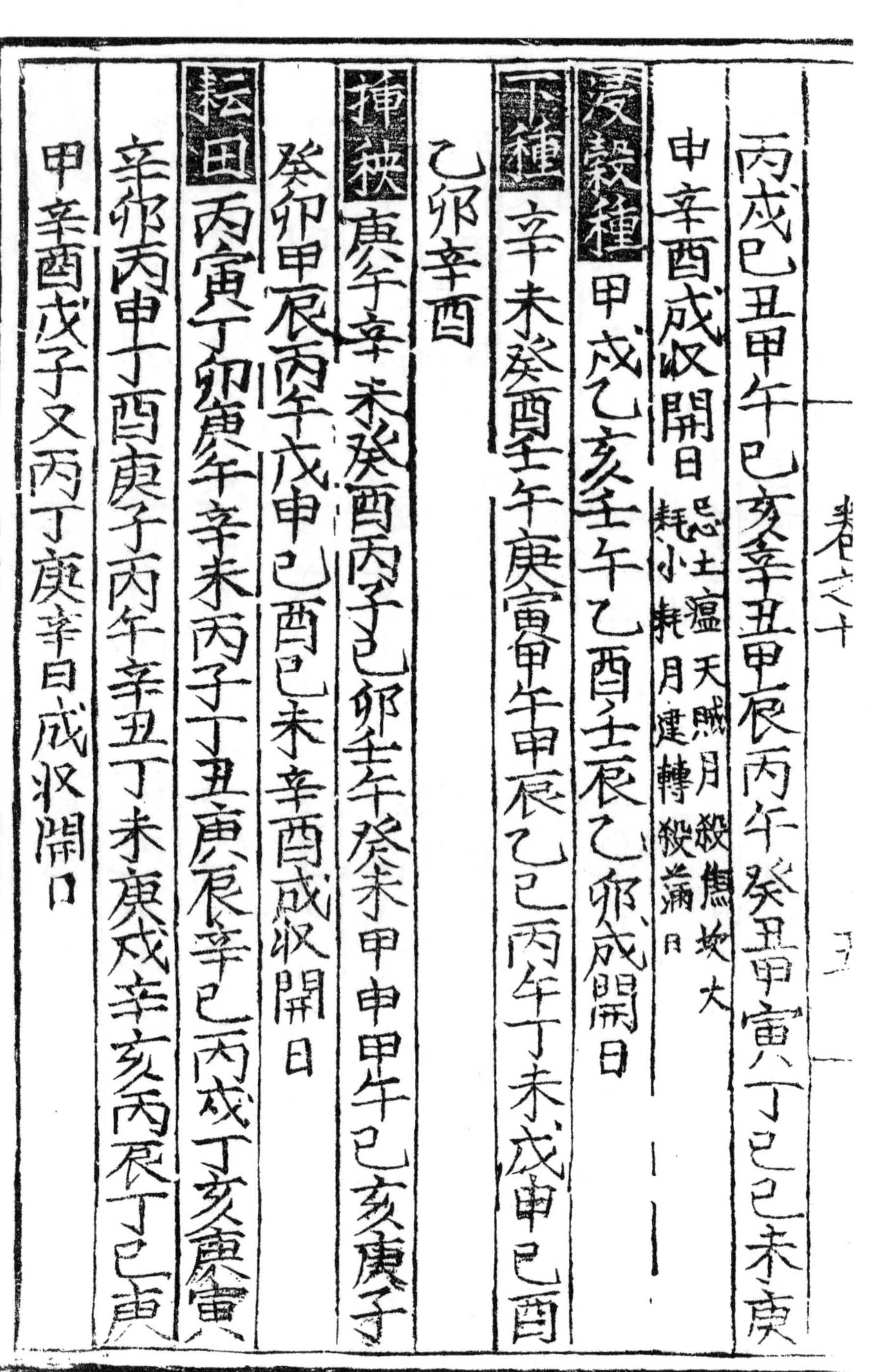

丙戌己丑甲午乙亥辛丑甲辰丙午癸丑甲寅丁巳己未庚申辛酉戌收開日　忌土瘟天賊月殺焦坎大耗小耗月建轉殺滿日

浸穀種　甲戌乙亥壬午乙酉壬辰乙卯戌開日

下種　辛未癸酉壬午庚寅甲午甲辰乙巳丙午丁未戊申己酉乙卯辛酉

揷秧　庚午辛未癸酉丙子己卯壬午癸未甲申甲午己亥庚子癸卯甲辰丙午戊申己酉己未辛酉戌收開日

耘田　丙寅丁卯庚午辛未丙子丁丑庚辰辛巳丙戌丁亥庚寅辛卯丙申丁酉庚子丙午辛丑丁未庚戌辛亥丙辰丁巳庚甲辛酉戊子又丙丁庚辛日戌收開日

割禾 庚午壬申癸酉己卯辛巳壬午 癸未甲午癸卯甲辰乙酉

開場打稻 丙寅丁卯庚午己卯壬午癸未庚寅甲午乙未癸卯

戊午己未癸丑

種麥 庚午辛未辛巳庚戌庚子辛卯及八月三卯日

種蕎麥 甲子壬申壬午癸未辛巳

種麻 己亥辛亥辛巳壬申庚申戊申及正月三卯日

種豆 甲子乙丑壬申丙子戊寅壬午及六月三卯日

種瓜 甲子乙丑庚子壬寅乙卯辛巳

種葍 甲子乙丑壬申戊午辛巳癸未辛卯

種菜 庚寅辛卯壬戌戊寅 忌秋社前逢庚秋社後逢巳在幽十日

種葱　甲子甲申己卯辛未癸巳辛丑

種蒜　戊辰辛未丙子壬辰癸巳辛丑戊申

種芋　壬申壬午壬戌癸巳戊午庚子辛卯

種菓樹　丙子戊寅己卯壬午癸未己丑辛卯戊戌庚子辛亥壬子癸丑戊午己未己亥丙午丁未乙卯戊申己巳

栽木　甲戌丙子丁丑己卯癸未壬辰

移接花木　蒲成開日

種作無蟲　正三五月壬日四月丁壬日六月丁巳日八月癸日九十二月丙日十月庚日

天地不收日　丙戌壬辰辛亥　天地不成日　乙未

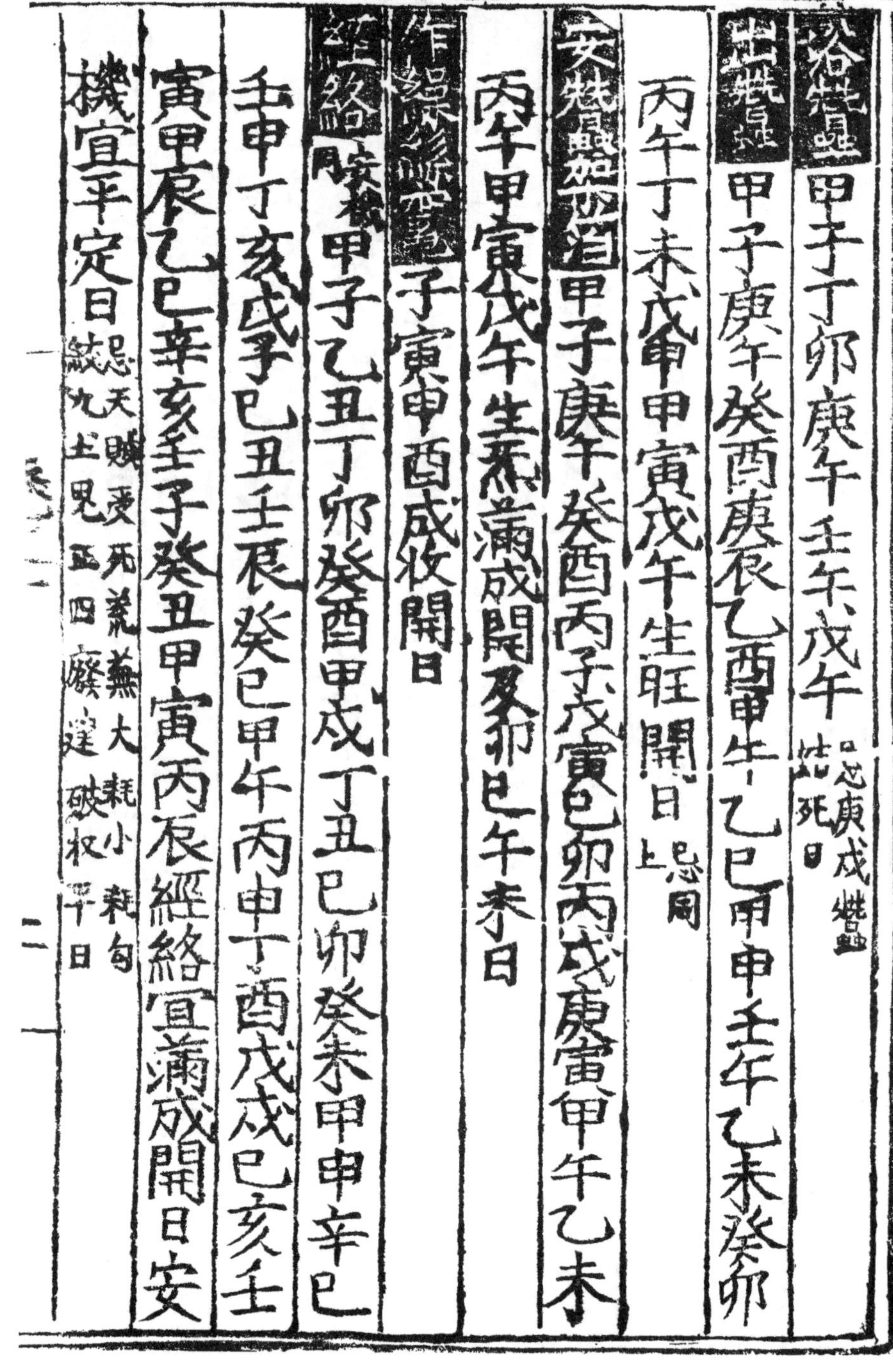

沐浴機頭　甲子丁卯庚午壬午戊午　忌庚戌蠶結死日

出機頭　甲子庚午癸酉庚辰乙酉甲午乙巳丙申壬午乙未癸卯

丙午丁未戊申甲寅戊午生旺開日　忌同上

安機架箔　甲子庚午癸酉丙子戊寅己卯丙戌庚寅甲午乙未

丙午甲寅戊午生炁滿成開及卯巳午未日

作繰絲竈　子寅申酉成收開日

經絡　同安機　甲子乙丑丁卯癸酉甲戌丁丑己卯癸未甲申辛巳

壬申丁亥戊子己丑壬辰癸巳甲午丙申丁酉戊戌己亥壬

寅甲辰乙巳辛亥壬子癸丑甲寅丙辰經絡宜滿成開日安

機宜平定日　忌天賊受死荒蕪大耗小耗旬絞九土鬼五四廢建破收平日

二〇三

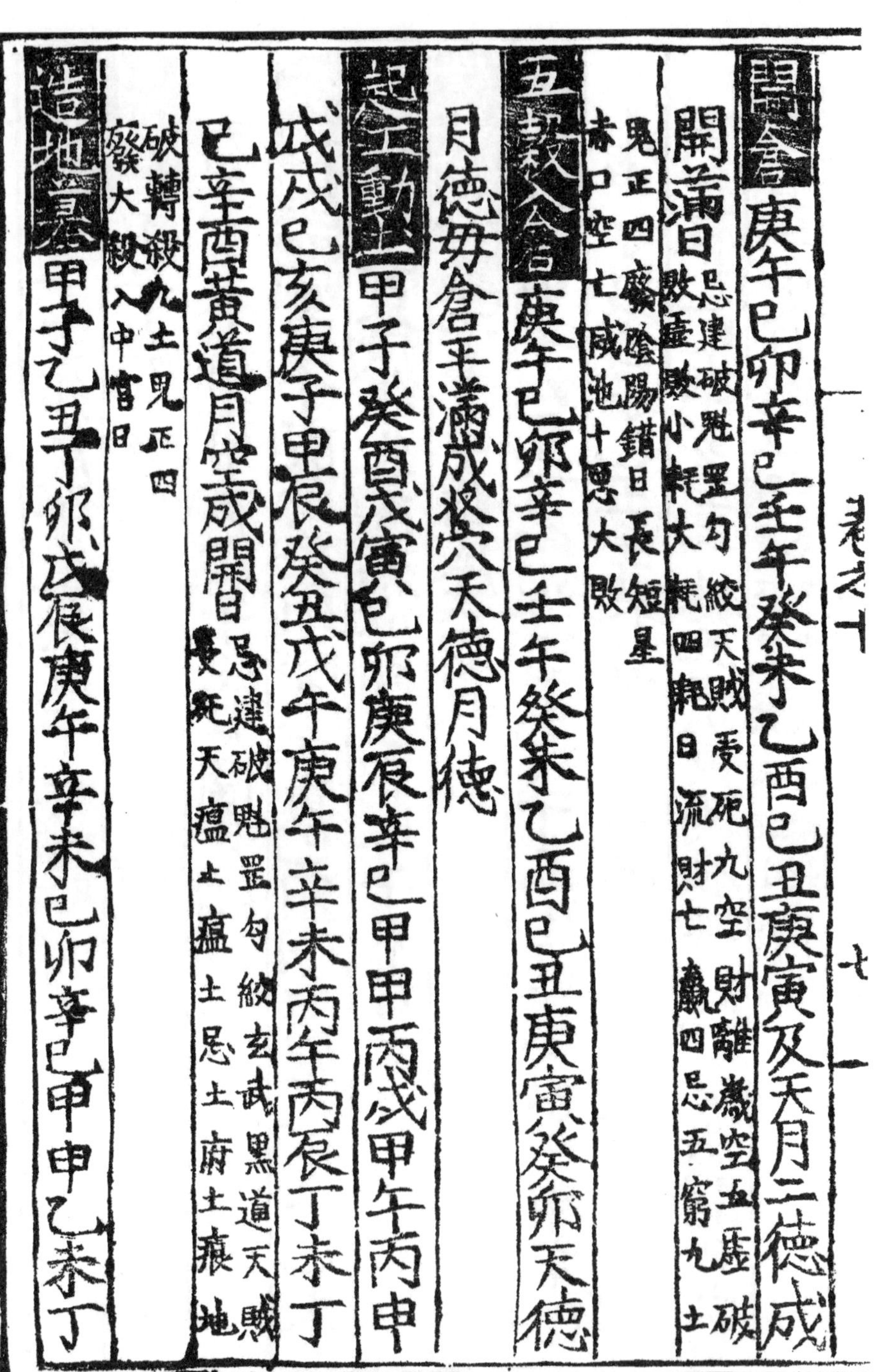

開倉　庚午己卯辛巳壬午癸未乙酉己丑庚寅及天月二德成

開滿日　忌建破魁罡勾絞天賊受死九空財離歲空五虛破　敗虛敗小耗大耗四耗日流財亡瘟四忌五窮九土

鬼正四廢陰陽錯日長短星　赤口空亡咸池十惡大敗

五穀入倉　庚午己卯辛巳壬午癸未乙酉己丑庚寅癸卯天德

月德毋倉平滿成收天德月德

起土動工　甲子癸酉戊寅己卯庚辰辛巳甲申丙戌甲午丙申

戊戌己亥庚子甲辰癸丑戊午庚午辛未丙午丙辰丁未丁

己辛酉黃道月空成開日　忌建破魁罡勾絞玄武黑道天賊　受死天瘟土瘟土忌土府土痕地

破轉殺九土鬼正四　發大殺入中宫日

造地基　甲子乙丑丁卯戊辰庚午辛未己卯辛巳甲申甲申乙未丁

酉己亥丙午丁未壬子癸丑甲寅乙卯庚申辛酉上忌同

起工破土 巳巳辛未甲戌乙亥戊寅己卯壬午甲申乙酉戊子

庚寅乙未己亥壬寅癸卯丙午戊申乙酉壬子乙卯己未庚

申辛酉戌開日 忌刀砧殺木馬斧頭殺天賊受死月破荒無
破敗火破敗獨火月火畜火魯般殺建破魁
罡勾絞月建轉殺九土鬼王四
廢陰陽錯荒無春戶大小空亡

定磉扇架 同 甲子乙丑丙寅戊辰己巳庚午辛未甲戌乙亥戊寅

己卯辛巳壬午癸未甲申丁亥戊子己丑庚寅癸巳乙未丁

酉戊戌己亥庚子壬寅癸卯丙午戊申己酉壬子癸丑甲寅

乙卯丙辰丁巳己未庚申辛酉黄道天月二德成定日 忌朱雀黑
道建破魁罡天瘟天賊受死轉殺土鬼土瘟
天火獨火次地火火星一二四廢荒無陰陽錯

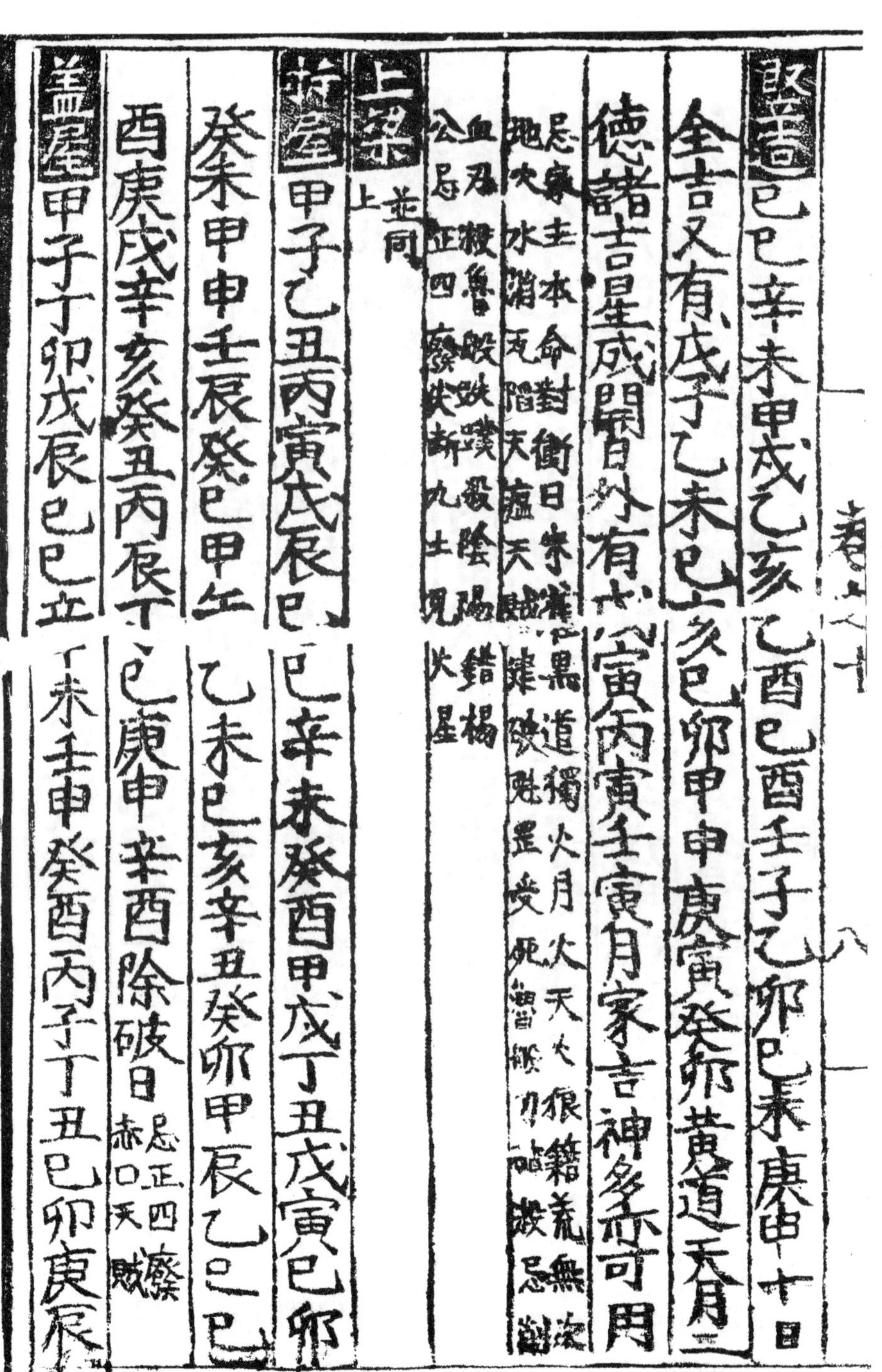

豎造 己巳辛未甲戌乙亥乙酉己酉壬子乙卯己未庚申十日

全吉又有戊子乙未己亥己卯甲申庚寅癸卯黃道天月二

德諸吉星成開日外有戊寅丙寅壬寅月家吉神多亦可用

忌冢主本命對衝日朱雀黑道獨火月火天火狼籍荒無滅

地火水消瓦陷天瘟天賊建破魁罡受死[illegible][illegible][illegible][illegible]殺忌[illegible]

血忌殺魯般跌蹼殺陰陽錯楊

公忌正四廢伏斷九土鬼火星

上梁 上並同

苫屋 甲子乙丑丙寅戊辰己巳辛未癸酉甲戌丁丑戊寅己卯

癸未甲申壬辰癸巳甲午乙未己亥辛丑癸卯甲辰乙巳己巳

酉庚戌辛亥癸丑丙辰丁巳庚申辛酉除破日 忌正四赤口天賊廢

蓋屋 甲子丁卯戊辰己巳辛未壬申癸酉丙子丁丑己卯庚辰

癸未甲申乙酉丙戌戊子庚寅丁酉癸巳乙未己亥辛丑壬

寅癸卯甲辰乙巳戊申己酉庚戌辛亥癸丑乙卯丙辰庚申

辛酉 忌天火八風獨火朱雀黑道天瘟天賊月破 受死血忌九土鬼正四廢轉殺大星午日

泥 甲子乙丑己巳甲戌丁丑庚辰辛巳乙酉丁亥庚寅壬

壬辰癸巳甲午乙未丙午戊申庚戌辛亥丙辰丁巳戊午庚

申建平日上 忌同

偷修 壬子癸丑丙辰丁巳戊午己未庚申辛酉 以上八日凶神朝天併工造作

無妨雖此八日在土上用事日內不可用

修造泥 甲子乙丑辛未癸酉甲戌壬午甲申乙酉戊子己丑辛

卯癸巳乙未己亥庚子壬寅戊申壬子甲寅丙辰戊午天德

月德滿成開日　忌朱雀黑道破碎魁罡勾絞天瘟天賊受死九空財離耗九醜死氣官符轉殺

消氣陰天火獨火次地大火大星四忌五窮九土鬼正四廢大殺入中宮門大夫死日

修門忌年九良星　巳卯丁亥癸巳甲辰在大門壬寅巳未庚申在門丁巳在前門丁卯癸酉巳卯後門

修門忌月丘公殺　甲巳年九月乙庚年十一月丙辛年正月丁壬年二月戊癸年五月次上並在門

黄五七十一月在門午胎三九月在門鍺胎二四月在門六甲孕神三九月在門土公春夏在門大小耗星正七月在門

作門忌　春不作東門夏不作南門秋不作西門冬不作北門　庚寅日　門大夫死

門光星　大月從下數至上逆行小月從上數至下順行一日一位遇白圈大吉黑圈損六畜人字損人不利

○○●●●○○人人人○○○●●●○○○人人人○○○○○○○○

塞門　塞路築堤塞水同　秋斷門　忌丙寅巳巳庚午丁巳

開路　天德月德黄道建平日　忌月建轉殺天賊正四廢破日

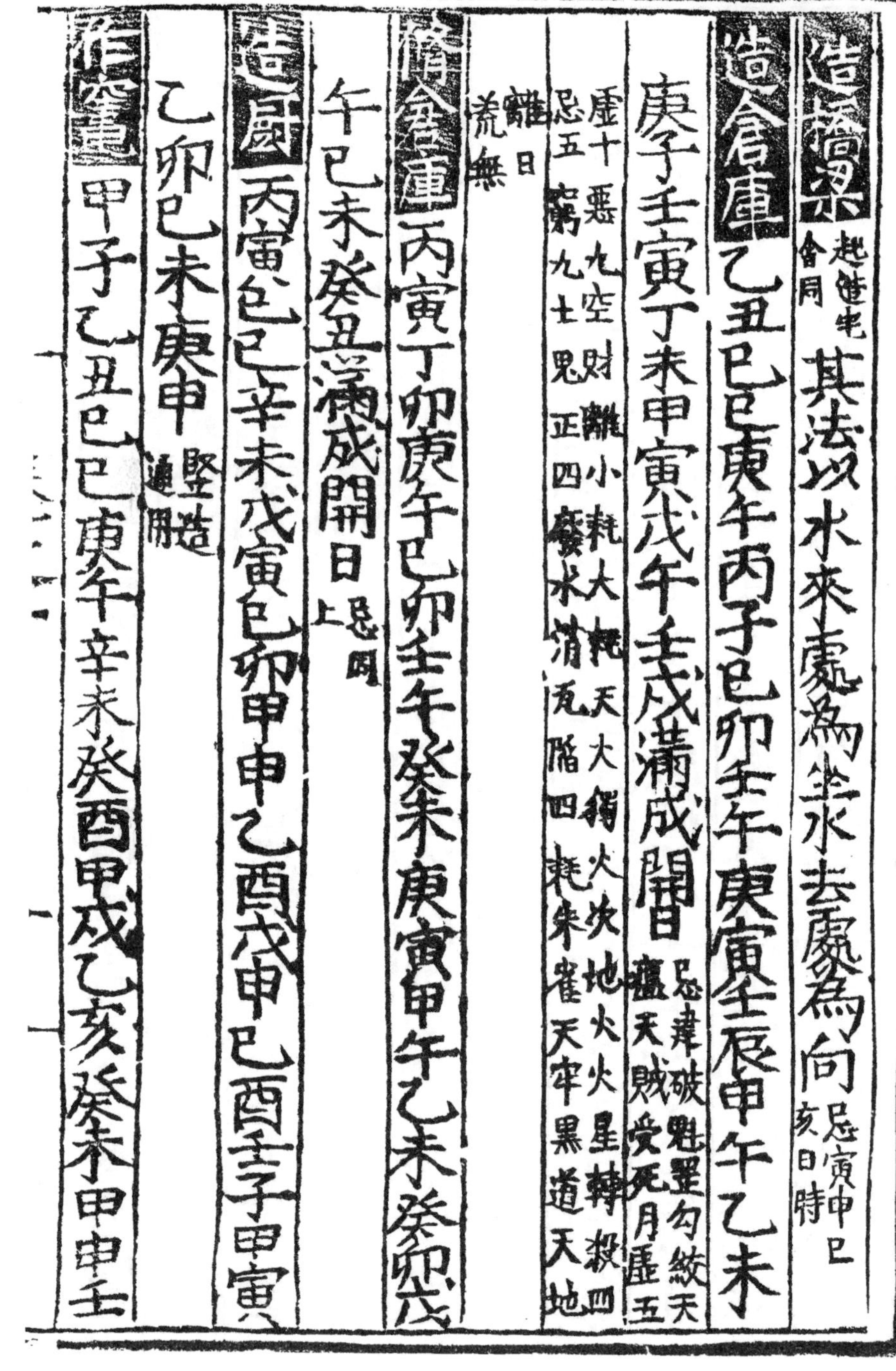
造橋梁 起造宅舍同 其法以水來處為坐水去處為向 忌寅申巳亥日時

造倉庫 乙丑己巳庚午丙子己卯壬午庚寅壬辰甲午乙未
庚子壬寅丁未甲寅戊午壬戌滿成開日 忌建破魁罡勾絞天瘟天賊受死月虛五虛十惡九空財離小耗大耗天火獨火次地火火星轉殺四忌五窮九土鬼正四廢水消瓦陷四耗朱雀天牢黑道天地離日 流無

修倉庫 丙寅丁卯庚午己卯壬午癸未庚寅甲午乙未癸卯戊
午己未癸丑滿成開日 忌同上

造廚 丙寅己巳辛未戊寅己卯甲申乙酉戊申己酉壬子甲寅
乙卯己未庚申 竪造通用

作灶 甲子乙丑己巳庚午辛未癸酉甲戌乙亥癸未甲申壬

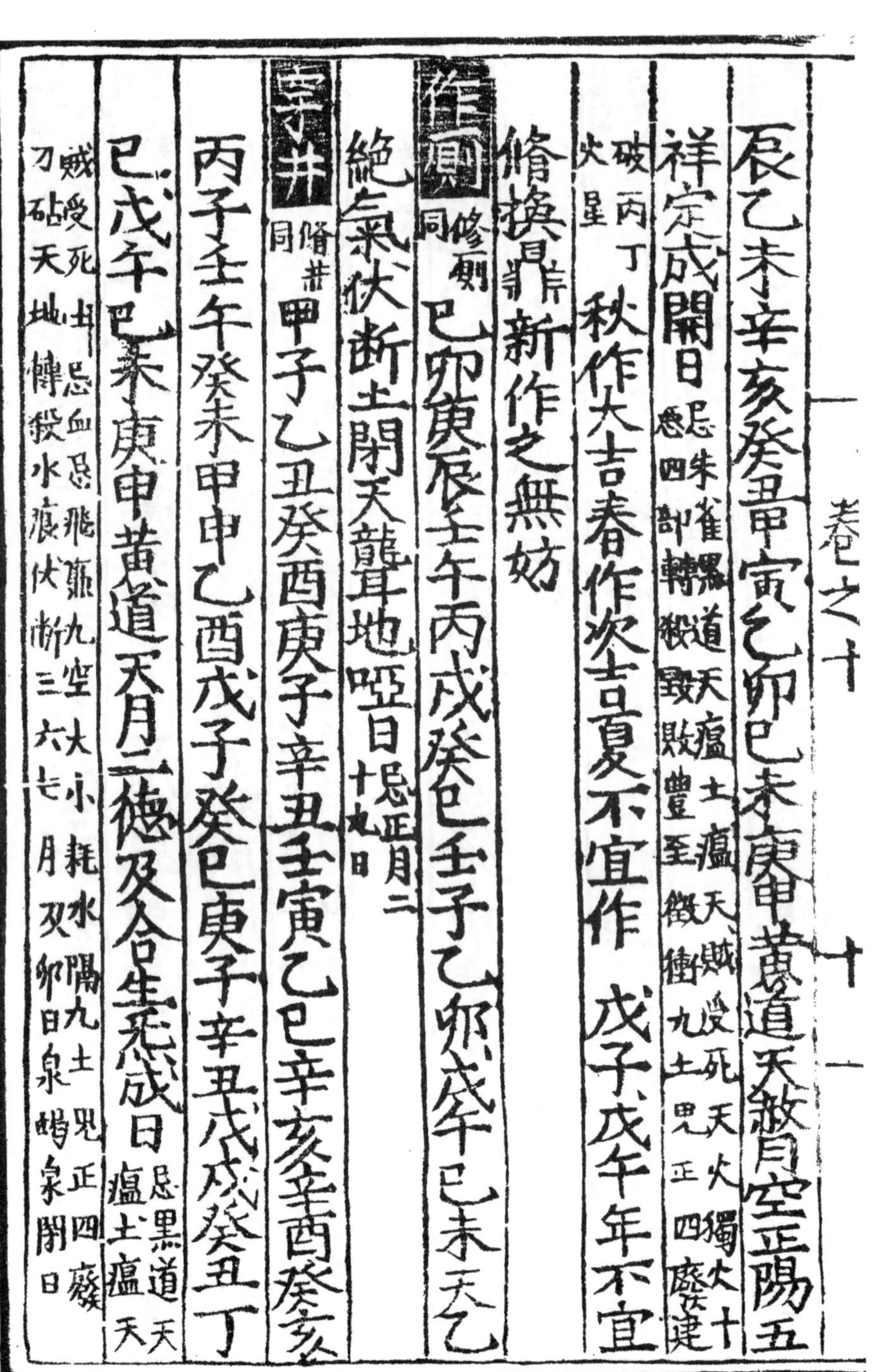
辰乙未辛亥癸丑甲寅乙卯己未庚申黄道天赦月空正陽五

祥宅成開日 忌朱雀黑道天瘟土瘟天賊受死天火獨火十惡四部轉殺毀敗豐至徵衝九土鬼正四廢建

破丙丁火星 秋作大吉春作次吉夏不宜作 戊子戊午年不宜

脩換扉新作之無妨

作廁 修廁同 己卯庚辰壬午丙戌癸巳壬子乙卯戊午己未天乙

絶氣伏断土閉天聾地啞日 忌正月二十九日

穿井 脩井同 甲子乙丑癸酉庚子辛丑壬寅乙巳辛亥辛酉癸亥人

丙子壬午癸未甲申乙酉戊子癸巳庚子辛丑戊戌癸丑丁

巳戊午己未庚申黄道天月二德及合生氣成日 忌黑道天瘟土瘟天

賊受死井忌血忌飛廉九空大小耗水陽九土鬼正四廢刀砧天地轉殺水痕伏斷三六七月忌卯日泉竭泉閉日

辛巳己丑庚寅壬辰戊戌甲午己巳上係泉竭日
戊辰辛巳己丑庚寅甲寅乙巳上係泉閉日

開池 田 甲子乙丑甲申壬午庚子辛丑辛亥癸巳癸丑辛酉戊戌

乙巳丁巳癸亥戊戌閉日 忌玄武黑道天賊土瘟受死小耗大耗龍口伏龍咸池四部黑帝死冬壬

癸日大殺入中宮日土鬼天瘟荒蕪水痕水隔正四廢

開渠 甲子乙丑辛未己卯庚辰丙戌戊申開平日

作陂塘 甲子己丑庚午癸酉甲戌戊寅己卯辛巳癸未甲申乙酉乙巳庚寅丙申己亥戊申戊戌壬子癸丑乙卯伏斷土閉戌日 忌滿破閉日冬壬癸日

築堤 動土通用

造酒醋 丁卯癸未庚午甲午己未春氐箕夏亢秋奎冬危宜日

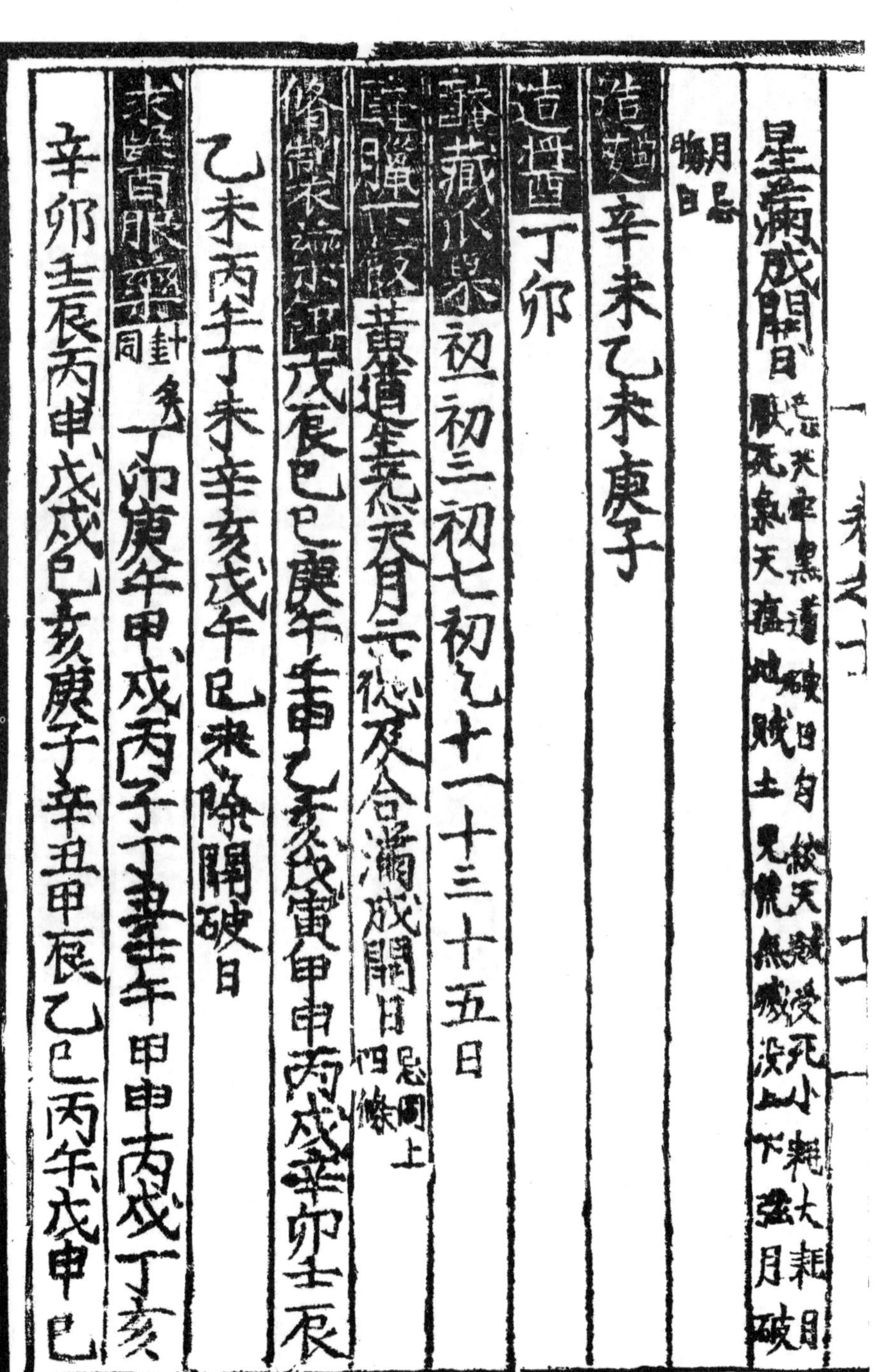
星滿成開日 忌天罡 黑道 破日 白虎 天賊 受死 小耗 大耗 厭 死氣 天瘟 地賊 土鬼 荒蕪 滅沒 上下弦 月破

月忌 晦日

造麴 辛未乙未庚子

造醬 丁卯

醞藏水漿 初五初三初七初九十一十三十五日

醃臘 黃道生氣天月二德及合滿成開日 忌同上 四條

修製衣器 戊辰己巳庚午壬申乙亥戊寅甲申丙戌辛卯壬辰

乙未丙午丁未辛亥戊午己未除開破日

求醫服藥 針灸同 丁卯庚午甲戌丙子丁丑壬午甲申丙戌丁亥

辛卯壬辰丙申戊戌己亥庚子辛丑甲辰乙巳丙午戊申己巳

酉壬子癸丑乙卯丙辰壬戌天醫天巫天解要安生氣活曜

天月二德合三德合 忌游禍日水隔辛未扁鵲死日針灸忌 白虎黑道月厭月殺獨火死別血支血

忌火隔男忌除 日女忌破日

造持搥 黃道天月二德生炁三合平定日 忌黑道虛耗焦坎地火 天火土鬼水隔水痕

破日

造器皿 染類 色同 天成天庫祿庫天財地財月財金石合福亨天月二

德 忌六不成 破敗日

造床 造粧 奩同 黃道生氣要安吉期活曜天慶天瑞吉慶天月二德

合天喜金堂玉堂益後續世三合成日 忌天瘟四廢土鬼建 破魁罡勾絞火星離

窠色 日

安床帳 甲子乙丑丙寅丁卯庚午辛未甲戌丙子庚辰辛巳丙戌丁亥癸巳丁酉戊戌乙未己亥庚子癸卯甲辰乙巳丙午甲寅乙卯丙辰丁巳戊午己未辛酉壬戌丁丑乙酉戊子壬寅 閉日 忌天瘟受死天賊卧尸建破魁罡勾絞荒蕪九空 亡離窠正四廢土鬼陰陽錯申危日火星

裁衣合帳 甲子乙丑丙寅丁卯戊辰己巳癸酉甲戌乙亥丙子丁丑己卯庚辰辛巳癸未甲申乙酉丙戌丁亥戊子己丑庚寅壬辰癸巳甲午乙未丙申戊戌庚子辛丑癸卯甲辰乙巳戊申己酉癸丑甲寅乙卯丙辰辛酉壬戌裁衣成開合帳

水 閉日 裁衣吉星角亢房斗牛虛壁奎婁鬼張翼軫 忌天賊朱雀黑道月破小耗大耗天火 月火火星正四廢受死長短星

造船破㮚 修造起工同

成造定䑳 起造同

新船下水 出行同 天德月德天月德合要安定成日 忌風波河伯白浪天賊受死月破咸池招搖四廢殃敗九坎蛟龍水隔水痕危日張宿觸水龍江河離子胥死河伯死日八風土鬼建破魁罡勾絞正四廢

安碓磑 安磨碾油榨同 庚午辛未甲戌乙亥庚寅庚子庚申 忌牛胎正七月

結網 黑道月殺飛廉受死執危收日

捕魚 戊辰庚辰巳亥魚會日

畋獵 月殺飛廉執危收十干上朔日

作牛欄 甲子戊辰己巳庚午甲戌乙亥丙子庚辰壬午癸未庚

寅、庚子、戊午、己未、辛酉忌建破魁罡勾絞牛大血血忌牛飛廉牛腹脹牛刀砧天賊天瘟九空受死小耗大耗九土鬼正四廢

作場甲子、丁卯、辛未、乙亥、己卯、甲申、戊子、辛卯、壬辰、庚子、壬寅、乙巳、壬子、天德月德成開日忌戊寅庚寅戊午飛廉刀砧血忌天瘟天賊建破魁罡勾絞受死九空土鬼正四廢小耗大耗

作豬圈甲子、戊辰、壬申、甲戌、庚辰、戊子、辛卯、癸巳、甲午、乙未、庚子、壬寅、癸卯、甲辰、乙巳、戊申、壬子忌天瘟天賊九空受死飛廉刀砧血忌土鬼破日正四廢小耗大耗

作羊棧丁卯、戊寅、己卯、辛巳、甲申、庚寅、壬辰、甲午、庚子、壬子、癸丑、甲寅、庚申、辛酉上忌同

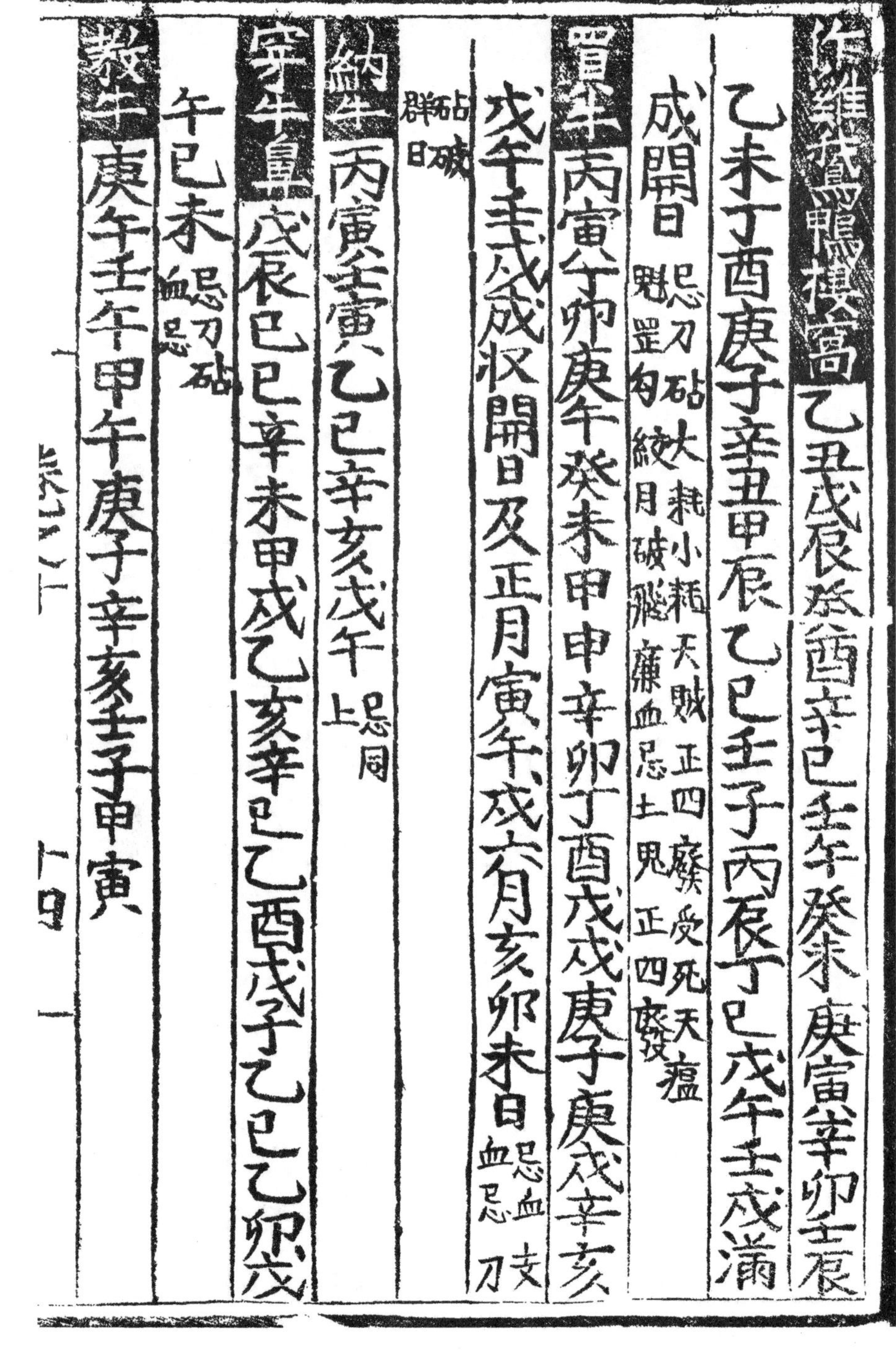

作雞栖鴨棲窩 乙丑戊辰癸酉辛巳壬午癸未庚寅辛卯壬辰
乙未丁酉庚子辛丑甲辰乙巳壬子丙辰丁巳戊午壬戌滿
成開日 忌刀砧大耗小耗天賊正四廢受死天瘟魁罡勾絞月破飛廉血忌土鬼正四廢

買牛 丙寅、丁卯庚午癸未甲申辛卯丁酉戊戌、庚子庚戌、辛亥
戊午壬戌、成收開日及正月寅午戌、六月亥卯未日 忌血支血忌刀
砧破群日

納牛 丙寅壬寅乙巳辛亥戊午 忌同上

穿牛鼻 戊辰己巳辛未甲戌乙亥辛巳乙酉戊子乙巳乙卯戊
午己未 忌刀砧血忌

教牛 庚午壬午甲午庚子辛亥壬子甲寅

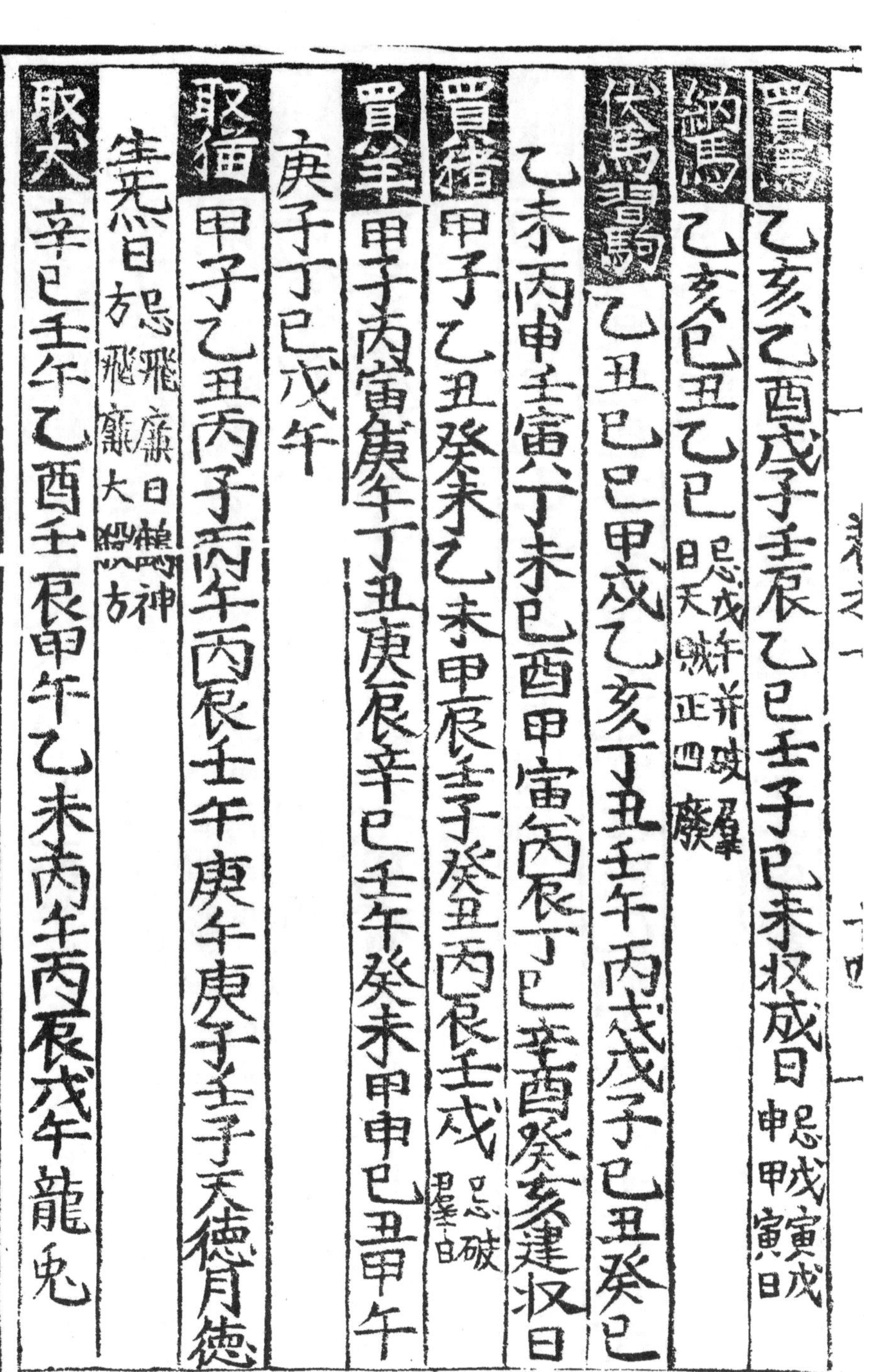

買馬　乙亥乙酉戊子壬辰乙巳壬子己未收成日　忌戊寅戊申甲寅日

納馬　乙亥己丑乙巳　忌戊午并破群日天賊正四廢

伏馬習駒　乙丑己巳甲戌乙亥丁丑壬午丙戌戊子己丑癸巳

乙未丙申壬寅丁未己酉甲寅丙辰丁巳辛酉癸亥建收日

買豬　甲子乙丑癸未乙未甲辰壬子癸丑丙辰壬戌　忌破群日

買羊　甲子丙寅庚午丁丑庚辰辛巳壬午癸未甲申己丑甲午

庚子丁巳戊午

取貓　甲子乙丑丙子丙午丙辰壬午庚午庚子壬子天德月德

生炁日　忌飛廉日鴆神方飛廉大殺方

取犬　辛巳壬午乙酉壬辰甲午乙未丙午丙辰戊午龍兔

日并鶴神方

納大畜　戊寅壬午辛卯甲午戊戌己亥壬子成收日忌破群日

請吉神

日吉	月正七	二八	三九	四十	五十一	六十二
青龍黃道	子	寅	辰	午	申	戌
明堂黃道	丑	卯	巳	未	酉	亥
金匱黃道	辰	午	申	戌	子	寅
天德黃道	巳	未	酉	亥	丑	卯
玉堂黃道	未	酉	亥	丑	卯	巳
司命黃道	戌	子	寅	辰	午	申

日吉 \ 月	正	二	三	四	五	六	七	八	九	十	十一	十二
天德	丁	申	壬	辛	亥	甲	癸	寅	丙	乙	巳	庚
月德	丙	甲	壬	癸	丙	甲	壬	庚	丙	甲	壬	庚
天德合	壬	巳	丁	丙	丁	己	戊	亥	丑	庚	申	乙
月德合	辛	己	丁	巳	子	己	丁	乙	子	己	丁	乙
月恩	丙	丁	庚	己	戊	辛	壬	癸	庚	乙	甲	辛
天喜	戌	亥	子	丑	寅	卯	辰	巳	午	未	申	酉
生炁	子	丑	寅	卯	辰	巳	午	未	申	酉	戌	亥
要安	寅	申	卯	酉	辰	戌	巳	亥	午	子	未	丑
玉堂	卯	酉	辰	戌	巳	亥	午	子	未	丑	申	寅

金堂	福生	益後	續世	月財	貴人同吉人	天財同天慶	上官同心財	天庫同天成	天官同祿庭
辰	酉	子	丑	午	巳	辰	巳	未	戌
戌	卯	午	未	乙	卯	午	未	酉	子
巳	戌	丑	寅	巳	巳	申	酉	亥	寅
亥	辰	未	申	未	未	戌	亥	丑	辰
午	亥	寅	卯	酉	酉	子	丑	卯	午
子	巳	申	酉	亥	亥	寅	卯	巳	申
未	子	卯	辰	午	丑	辰	巳	未	戌
丑	午	酉	戌	乙	卯	午	未	酉	子
申	丑	辰	巳	巳	巳	申	酉	亥	寅
寅	未	戌	亥	未	未	戌	亥	丑	辰
酉	寅	巳	午	酉	酉	子	丑	卯	午
卯	申	亥	子	亥	亥	寅	卯	巳	申

吉慶	酉	寅	亥	午	丑	午	卯	申	巳	戌	未	子
榮官	卯	卯	卯	午	午	午	酉	酉	酉	子	子	子
豊旺福厚同	寅	寅	寅	巳	巳	巳	申	申	申	亥	亥	亥
戌勲	午	午	午	酉	酉	酉	子	子	子	卯	卯	卯
吉期	卯	辰	巳	午	未	申	酉	戌	亥	子	丑	寅
三合	午戌	未亥	子申	丑酉	寅戌	卯亥	子辰	丑巳	寅午	卯未	辰申	巳酉
六合	戌	亥	酉	申	未	午	巳	辰	卯	寅	丑	子
月空	壬	庚	丙	甲	壬	庚	丙	甲	壬	庚	丙	甲
天巫	辰	巳	午	未	申	酉	戌	亥	子	丑	寅	卯
天醫	丑	寅	卯	辰	巳	午	未	申	酉	戌	亥	子

天解	敬心	普護	陰德	穴天狗
午	未	申	酉	辰
申	丑	寅	未	巳
戌	申	酉	巳	午
子	寅	卯	卯	未
寅	酉	戌	丑	申
辰	卯	辰	亥	酉
午	戌	亥	酉	戌
申	辰	巳	未	亥
戌	亥	子	巳	子
子	巳	午	卯	丑
寅	子	丑	丑	寅
辰	午	未	亥	卯

日圖	天赦	毋倉（季月土王後用巳午日）	旺日	相日
春	戊寅	亥子	甲乙寅卯	丙丁巳午
夏	甲午	寅卯	丙丁巳午	戊己辰戌丑未
秋	戊申	辰戌丑未	庚辛申酉	壬癸亥子
冬	甲子	申酉	壬癸亥子	甲乙寅卯

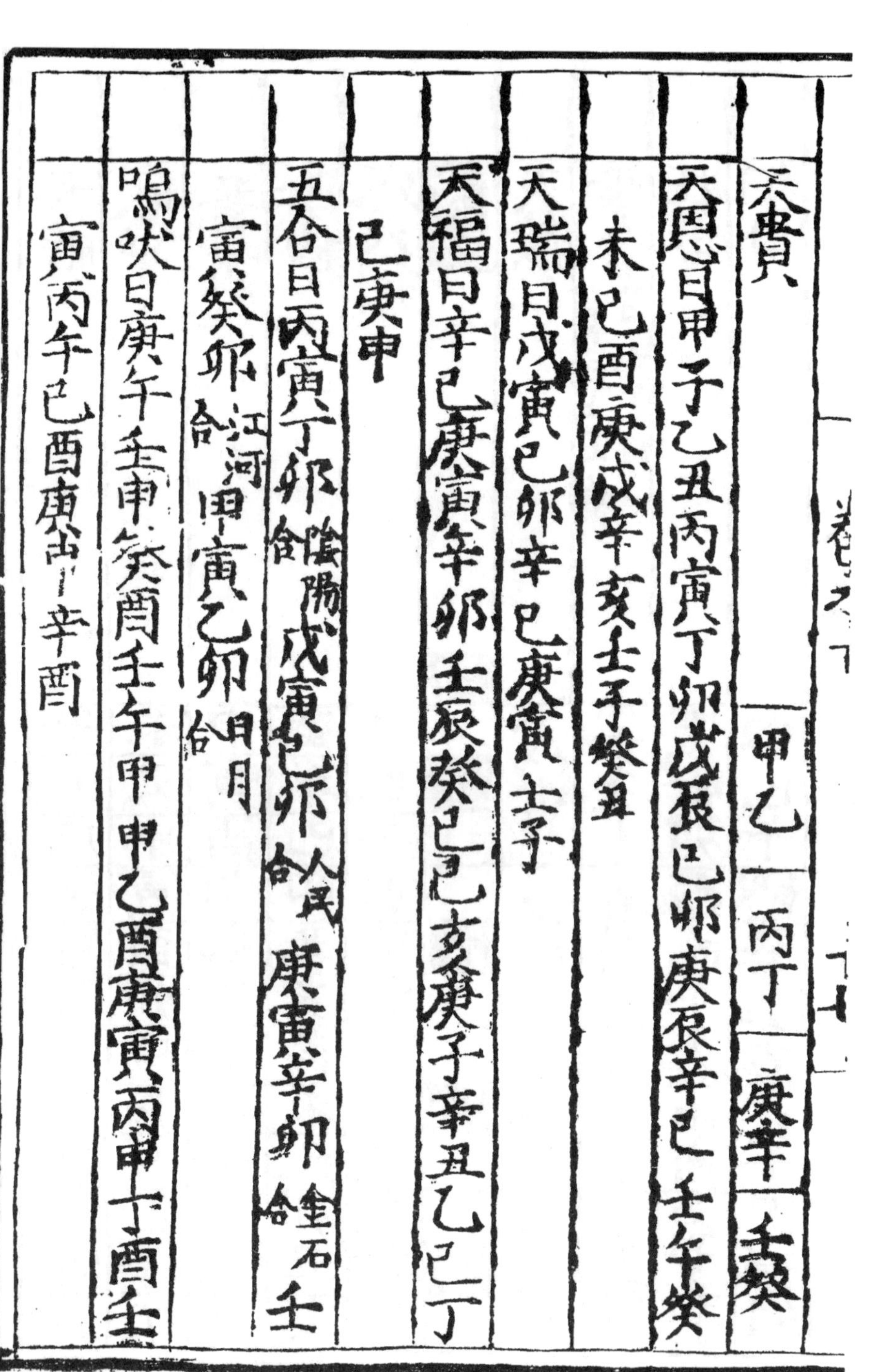

天貴 甲乙 丙丁 庚辛 壬癸

天恩日甲子乙丑丙寅丁卯戊辰己卯庚辰辛巳壬午癸未己酉庚戌辛亥壬子癸丑

天瑞日戊寅己卯辛巳庚寅壬子

天福日辛巳庚寅辛卯壬辰癸巳己亥庚子辛丑乙巳丁巳庚申

五合日丙寅丁卯合陰陽 戊寅己卯合人民 庚寅辛卯合金石 壬寅癸卯合江河 甲寅乙卯合日月

鳴吠日庚午壬申癸酉壬午甲申乙酉庚寅丙申丁酉壬寅丙午己酉庚申辛酉

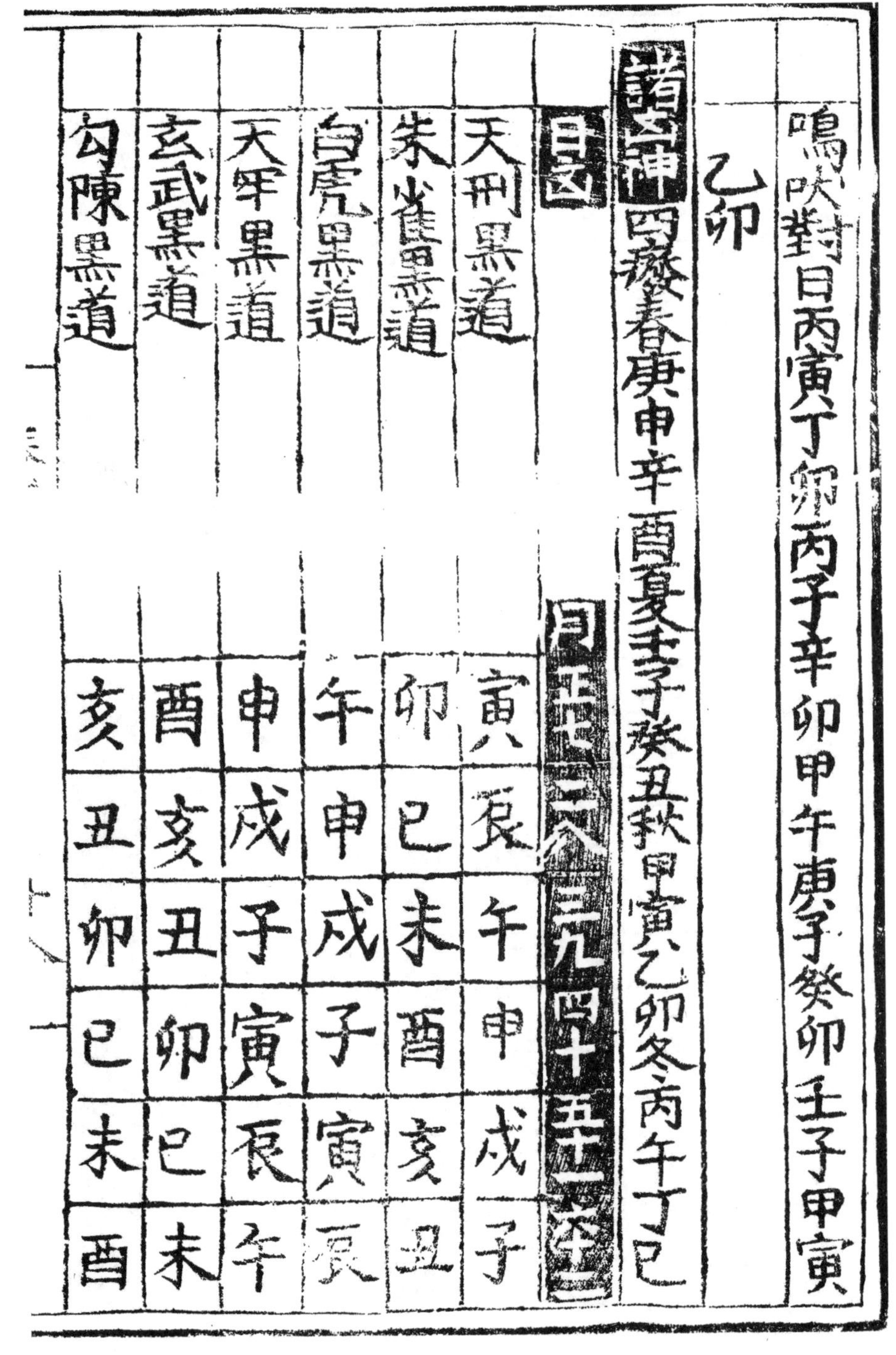

鳴吠對日丙寅丁卯丙子辛卯甲午庚子癸卯壬子甲寅

乙卯

諸神 四廢春庚申辛酉夏壬子癸丑秋甲寅乙卯冬丙午丁巳

日凶

月	正七	二八	三九	四十	五十一	六十二
天刑黑道	寅	辰	午	申	戌	子
朱雀黑道	卯	巳	未	酉	亥	丑
白虎黑道	午	申	戌	子	寅	辰
天牢黑道	申	戌	子	寅	辰	午
玄武黑道	酉	亥	丑	卯	巳	未
勾陳黑道	亥	丑	卯	巳	未	酉

日凶	正	二	三	四	五	六	七	八	九	十	十一	十二
建日人皇人后上府同	寅	卯	辰	巳	午	未	申	酉	戌	亥	子	丑
破月福	申	酉	戌	亥	子	丑	寅	卯	辰	巳	午	未
河魁大禍及勾絞同	亥	午	丑	申	卯	戌	巳	子	未	寅	酉	辰
天罡滅門及勾絞同	巳	子	未	寅	酉	辰	亥	午	丑	申	卯	戌
月殺月虛	丑	戌	未	辰	丑	戌	未	辰	丑	戌	未	辰
天火狼籍	子	卯	午	酉	子	卯	午	酉	子	卯	午	酉
冰消瓦陷	巳	子	丑	申	卯	戌	亥	午	未	寅	酉	辰
披麻殺	子	酉	午	卯	子	酉	午	卯	子	酉	午	卯
獨火月火	巳	辰	卯	寅	丑	子	亥	戌	酉	申	未	午

天地荒蕪	巳	酉	丑	辰	申	子	卯	未	亥	寅	戌	午
死炁官符	午	未	申	酉	戌	亥	子	丑	寅	卯	辰	巳
飛廉大殺	戌	巳	午	未	寅	卯	辰	亥	子	丑	申	酉
天賊	辰	酉	寅	未	子	巳	戌	卯	申	丑	午	亥
天瘟	未	戌	辰	寅	午	子	酉	申	巳	亥	丑	卯
小耗	未	申	酉	戌	亥	子	丑	寅	卯	辰	巳	午
大耗	申	酉	戌	亥	子	丑	寅	卯	辰	巳	午	未
九空焦坎 財離歲空朔同	辰	丑	戌	未	卯	子	酉	午	寅	亥	申	巳
陰錯	庚戌	辛酉	庚申	丁未	丙午	丁巳	甲辰	乙卯	甲寅	癸丑	壬子	癸亥
陽錯	甲寅	乙卯	甲辰	丁巳	丙午	丁未	庚申	辛酉	庚戌	癸亥	壬子	癸丑

名	一	二	三	四	五	六	七	八	九	十	十一	十二
牢日	未	未	未	未	未	未	戌	戌	戌	丑	丑	丑
獄日	申	申	申	戌	戌	戌	丑	丑	丑	辰	辰	辰
徒隸	酉	酉	酉	亥	亥	亥	寅	寅	寅	巳	巳	巳
死別	戌	戌	戌	丑	丑	丑	辰	辰	辰	未	未	未
伏罪	亥	亥	亥	寅	寅	寅	巳	巳	巳	申	申	申
不舉	子	子	子	卯	卯	卯	午	午	午	酉	酉	酉
刑獄	丑	丑	丑	辰	辰	辰	未	未	未	戌	戌	戌
月厭	戌	酉	申	未	午	巳	辰	卯	寅	丑	子	亥
厭對	辰	卯	寅	丑	子	亥	戌	酉	申	未	午	巳
天寡	卯	卯	卯	午	午	午	酉	酉	酉	子	子	子

名												
地寡	酉	酉	酉	子	子	子	卯	卯	卯	午	午	午
紅沙殺	酉	酉	酉	酉	巳	巳	巳	巳	丑	丑	丑	丑
吟神	酉	巳	丑	酉	巳	丑	酉	巳	丑	酉	巳	丑
天雄	戌	亥	子	丑	寅	卯	辰	巳	午	未	申	酉
地雌	辰	巳	午	未	申	酉	戌	亥	子	丑	寅	卯
往亡	寅	巳	寅	亥	卯	子	酉	子	辰	未	戌	丑
無翹	亥	戌	酉	申	未	午	巳	辰	卯	寅	丑	子
刀砧殺	亥子	亥子	亥子	寅卯	寅卯	寅卯	巳午	巳午	巳午	申酉	申酉	申酉
木馬殺	巳	未	酉	申	戌	子	亥	丑	卯	寅	辰	午
斧頭殺	辰	辰	辰	未	未	未	酉	酉	酉	子	子	子

	正	二	三	四	五	六	七	八	九	十	十一	十二
魯般殺	子	子	子	卯	卯	卯	午	午	午	酉	酉	酉
月建轉殺		卯			午			酉			子	
四部	午	午	午	卯	卯	卯	子	子	子	酉	酉	酉
地破	亥	子	丑	寅	卯	辰	巳	午	未	申	酉	戌
破敗	申	戌	子	寅	辰	午	申	戌	子	寅	辰	午
太地火	巳	午	未	申	酉	戌	亥	子	丑	寅	卯	辰
毀敗	寅	寅	辰	辰	午	午	申	申	戌	戌	子	子
豐至	申	申	戌	戌	子	子	寅	寅	辰	辰	午	午
徵衝	酉	酉	亥	亥	丑	丑	卯	卯	巳	巳	未	未
地火	戌	酉	申	未	午	巳	辰	卯	寅	丑	子	亥

鬼火	戌	亥	子	丑	寅	卯	辰	巳	午	未	申	酉
土瘟	辰	巳	午	未	申	酉	戌	亥	子	丑	寅	卯
五虚	丑	丑	丑	子	子	子	未	未	未	寅	寅	寅
臥尸	子	酉	未	申	巳	辰	卯	寅	丑	午	戌	亥
楊公忌	十三	十一	初九	初七	初五	初三	初一廿九	廿七	廿五	廿三	廿一	十九
血忌 牛穴血同	丑	未	寅	申	卯	酉	辰	戌	巳	亥	子	午
天窮	子	寅	午	酉	子	寅	午	酉	子	寅	午	酉
自流財	亥	申	巳	寅	卯	午	子	酉	丑	未	辰	戌
亡禽 腦九	甲子	甲午	甲戌	丁卯	丁丑	庚辰	庚寅	庚子	戊辰	癸亥	癸巳	癸亥
四方耗	初二	初三	初四	初五	初二	初三	初四	初五	初二	初三	初四	初五

七忌	寅	巳	申	亥	卯	午	酉	子	辰	未	戌	丑
八座	亥	子	丑	寅	卯	辰	巳	午	未	申	酉	戌
地中白虎	巳	辰	卯	寅	丑	子	亥	戌	酉	申	未	午
重喪	甲庚	乙辛	戊己	丙壬	丁癸	戊己	甲庚	乙辛	戊己	丙壬	丁癸	戊己
龍虎	巳	亥	午	子	未	丑	申	寅	酉	卯	戌	辰
受死	戌	辰	亥	巳	子	午	丑	未	寅	申	卯	酉
婦忌	丑	寅	子	丑	寅	子	丑	寅	子	寅	丑	子
游禍	巳	寅	亥	申	巳	寅	亥	申	巳	寅	亥	申
血支	丑	寅	卯	辰	巳	午	未	申	酉	戌	亥	子
咸池伏日伏 與[illegible]同	卯	子	酉	午	卯	子	酉	午	卯	子	酉	午

白浪	寅	卯	辰	巳	午	未	申	酉	戌	亥	子	丑
招摇	辰	卯	寅	丑	子	亥	戌	酉	申	未	午	巳
四激	丑	丑	丑	戌	戌	戌	辰	辰	辰	未	未	未
殃敗	卯	寅	丑	子	亥	戌	酉	申	未	午	巳	辰
蛟龍	未	申	戌	申	戌	丑	辰	未	辰	申	子	巳
天隔	寅	子	戌	申	午	辰	寅	子	戌	申	午	辰
人隔	酉	未	巳	卯	丑	亥	酉	未	巳	卯	丑	亥
神隔	巳	卯	丑	亥	酉	未	巳	卯	丑	亥	酉	未
鬼隔	申	午	辰	寅	午	戌	申	午	辰	寅	午	戌
火隔	午	辰	寅	子	戌	申	午	辰	寅	子	戌	申

年	子	丑	寅	卯	辰	巳	午	未	申	酉	戌	亥
水隔	戌	申	午	辰	寅	子	戌	申	午	辰	寅	子
長星	初七	初四	初一	初九	十五	初十	初八	初二初三	初三初四	初一	十二	初九
短星	廿一	十九	十八	廿五	廿五	二十	廿二	十八十九	十六十七	十四	廿二	廿五
天乙絕氣	初六	初七	初八	初九	初十	十一	十二	十三	十四	十五	十六	十七
牛飛廉	午	午	申	申	戌	戌	子	子	寅	寅	辰	辰
牛腹脹	申	申	申	丑	丑	丑	辰	辰	辰	未	未	未
天狗	子	丑	寅	卯	辰	巳	午	未	申	酉	戌	亥
天狗下食時	子日亥	丑日子	寅日丑	卯日寅	辰日卯	巳日辰	午日巳	未日午	申日未	酉日申	戌日酉	亥日戌
凶												
風波日	子	丑	寅	卯	辰	巳	午	未	申	酉	戌	亥

河伯日　亥子丑寅卯辰巳午未申酉戌

四離日春分秋分夏至冬至前一日

四絶日立春立夏立秋立冬前一日

天休廢日正四七十月初四初九二五八十一月十八十

三三六九十二月廿廿三廿七

赤口日正七月初三初九十五廿一廿七二八月初四初

八十四二十廿六三九月初一初七十三十九廿五四

十月初六十二廿四三十五十一月初五十一十七廿

三廿九六十二月初四初十六廿二廿八

九土鬼日乙酉癸巳甲午辛丑壬寅己酉庚戌丁巳戊午

伏斷日子虛丑斗寅室卯女辰箕巳房午角未張申鬼
其日與建破魁罡相
并者大凶余日無妨
酉觜戌胃亥壁

天空亡日丁丑戊寅丁未戊申壬辰癸巳壬戌癸亥

太空亡日正月初六十四廿二三十大初二初十十八
廿六小二月初五十三廿一廿九大初一初九十七廿
五小三月初四十二二十廿八大初八十六廿四小四
月初三十一十九廿七大初七十五廿三小五月初二
初十十八廿六大初六十四廿二三十小六月初一初
九十七廿五大初五十三廿一廿九小七月初八十六

廿四大初四十二二十廿八小八月初七十五廿三大

初三十一十九廿七小九月初六十四廿二三十大初

二初十十八廿六小十月初五十三廿一廿九大初一

初九十七廿五小十一月初四十二二十廿八大初八

十六廿四小十二月初三十一十九廿七大初七十二

五廿三小

大殺入中宮日戊辰丁丑丙戌乙未甲辰癸丑壬戌非忌戊丑

秫月則不忌

十惡大敗日甲辰乙巳壬申丙申丁亥庚辰戊戌癸亥

辛巳己丑

四時大墓日春乙未夏丙戌秋辛丑冬壬辰

滅沒日虛爲滅盈爲沒

猖鬼敗亡日丁卯戊辰壬申戊寅辛巳戊子己丑戊戌己亥辛丑戊申庚戌辛亥戊午庚申壬戌

上朔日甲年癸亥乙年己巳丙年乙亥丁年辛巳戊年丁亥己年癸巳庚年己亥辛年乙巳壬年辛亥癸年丁巳

九醜日己卯壬午乙酉戊子辛卯己酉壬子戊午辛酉

天地離日丙申丁酉　人民離日戊申己酉

黑帝死日甲戌

天聾日丙寅戊辰丙子丙申庚子壬子丙辰

地啞日乙丑丁卯己卯辛巳乙未丁酉己亥辛丑辛亥癸
丑辛酉
四耗日春壬子夏乙卯秋戊午冬辛酉
四不祥日每月初四初七十六十九
虛敗日春己酉夏甲子秋辛卯冬庚午
四忌五窮日春甲子乙亥夏丙子丁亥秋庚子辛亥冬
壬子癸亥
五不歸日己卯辛巳丙戌壬辰丙申己酉辛亥壬子丙辰
庚申辛酉
離窠日丁卯戊辰己巳壬申庚辰辛巳壬午戊子己丑戊

戊己亥辛丑辛亥戊午壬戌癸亥
火星日子午卯酉月甲子癸酉壬午辛卯庚子己酉戊午
寅申巳亥月乙丑甲戌癸未壬辰辛丑庚戌己未壬戌
辰戌丑未月壬申辛巳庚寅己亥戊申丁巳
水痕日大月初一初七十一十七廿三三十小月初三初
七十二廿六
土痕日大月初三初五初七十五十八小月初一初二初
六廿二廿六廿七
田痕日大月初六初八廿二廿三小月初八十一十三十
七十九

重復日每月巳亥

破群日每月庚寅甲寅戊辰壬申 庚申

張宿日丙子癸未戊戌癸丑乙卯

觸水龍日丙子癸未癸丑 江河離日壬申癸酉

八風日春丁丑己酉夏甲申甲辰秋辛未丁未冬甲戌甲申

寅 風伯死日甲子

子胥死日壬辰 河伯死日庚辰

黃黑道詩

子午日 子丑卯午申酉為黃道餘為黑道 丑未日 寅卯巳申戌亥為黃道餘為黑道

寅申日 子丑辰巳未戌為黃道餘為黑道 卯酉日 子寅卯午未酉為黃道餘為黑道

辰戌日 寅辰巳申酉亥爲黄道餘爲黑道

巳亥日 丑辰午未戌亥爲黄道餘爲黑道

便民圖纂卷第十

便民圖纂卷第十一

起居類

起居格言　起居不節用力過度則脉絡傷傷陽則衄傷陰則下○久視傷神久立傷骨久行傷筋久坐傷血久卧傷氣○春宜夜卧早起以使志生逆之則傷肝夏為寒變○夏宜夜卧早起使志無怒使氣得泄逆之則傷心秋為痎瘧○秋宜早卧早起使志安寧收斂神氣逆之則傷肺冬為飧泄○冬宜早卧晚起去寒就温無泄皮膚逆之則傷腎春為痿厥○大喜墜陽大怒破陰大怖生狂大恐傷腎○有所失亡求而不得則發為肺鳴肺鳴則肺熱葉焦而發為痿躄○悲哀太

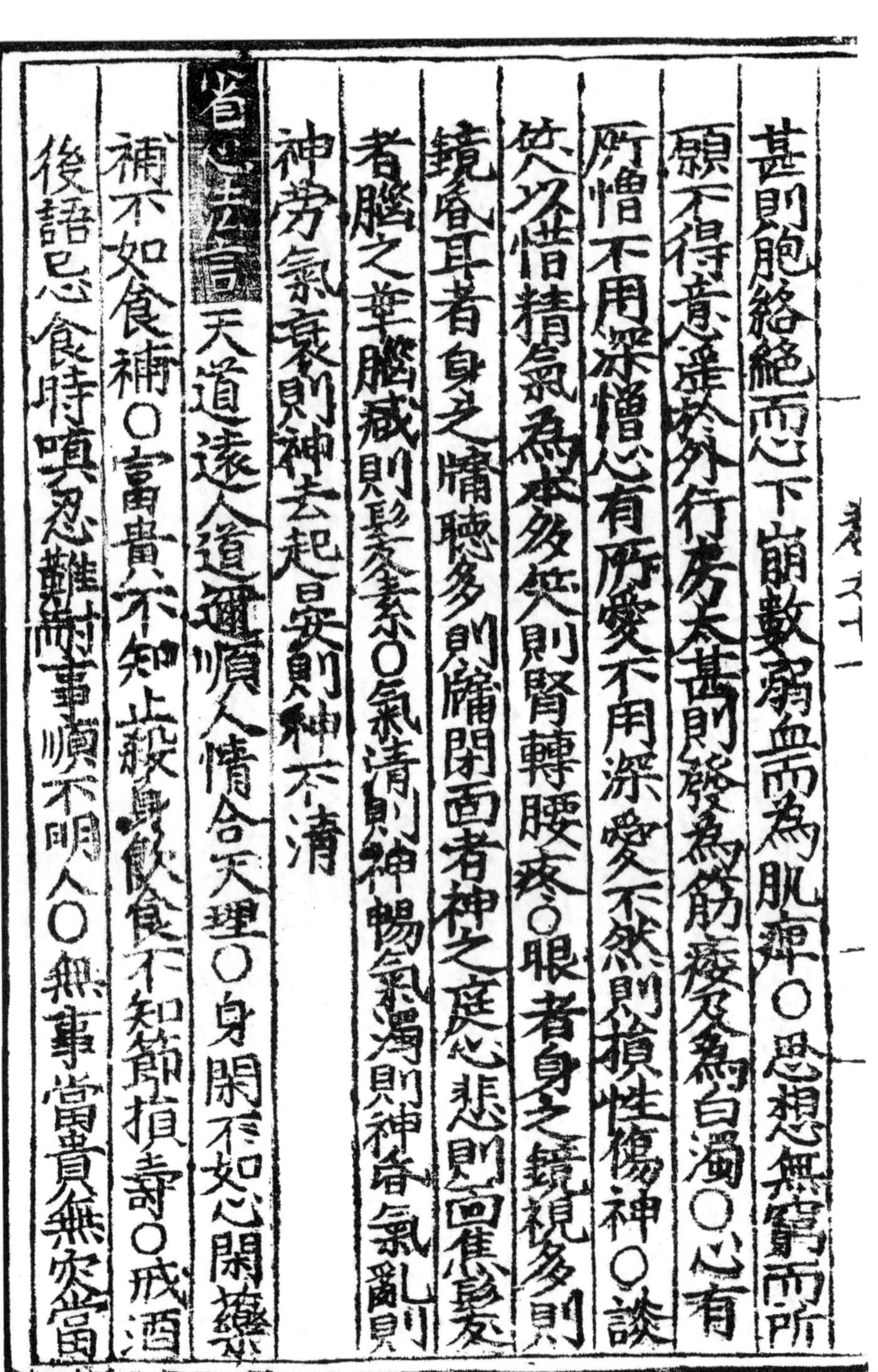

甚則胞絡絶而心下崩數溺血而為肌痺○思想無窮而所願不得意淫於外行房太甚則發為筋痿及為白濁○心有所憎不用深憎心有所愛不用深愛不然則損性傷神○談笑必惜精氣為本多笑則腎轉腰疼○眼者身之鏡視多則鏡昏耳者身之牖聽多則牖閉面者神之庭心悲則面焦髮者腦之華腦減則髮素○氣清則神暢氣濁則神昏氣亂則神勞氣衰則神去起晏則神不清

省心法言 天道遠人道邇順人情合天理○身閑不如心閑藥補不如食補○富貴不知止殺身飲食不知節損壽○戒酒後語忌食時嗔忍難耐事順不明人○無事當貴無灾當

福調攝當藥蔬食當肉○富貴不儉貧時悔見事不學用時
悔醉後狂言醒時悔安不將息病時悔○務德莫如滋去惡
莫如盡○嘉穀不早實大器當晚成○大富由命小富由勤
○一年之計在春一日之計在寅一生之計在勤○欲成家置
兩犁欲破家置兩妻○安分身無辱知幾心自閑○起家之
子惜糞如金敗家之子棄金如糞○得意處早回頭力到處
行方便○避色如避仇避風如避箭○作福不如避罪服藥
不如忌口○服藥千朝不如獨宿一宵飲酒千斛不如飽食
一粥○麄茶淡飯飽即休補綴遮寒暖即休○得忍且忍得
戒且戒不忍不戒小事成大○知足常足終身不辱知止常

止終身不恥○舌存以軟齒亡以剛○百戰百勝不如一忍萬言萬當不如一默○教子嬰孩教婦初來○至樂莫如讀書至要莫如教子○遺子千金不如教子一經養身百計不如隨身一藝○養兒如虎猶恐如鼠養女如鼠猶恐如虎○至富不造屋至貧不賣屋○君子之交淡若水小人之交甘若醴○君子擇而後交故寡尤小人交而後擇故多怨○結朋須勝己似我不如無○相識圖相益濟人須濟急○施恩勿求報與人勿追悔

起居之宜 五更時以兩手摩擦令極熱熨面及腮去皺紋熨眼明目○早起以左右手摩腎次摩脚心則無脚氣諸疾○雞

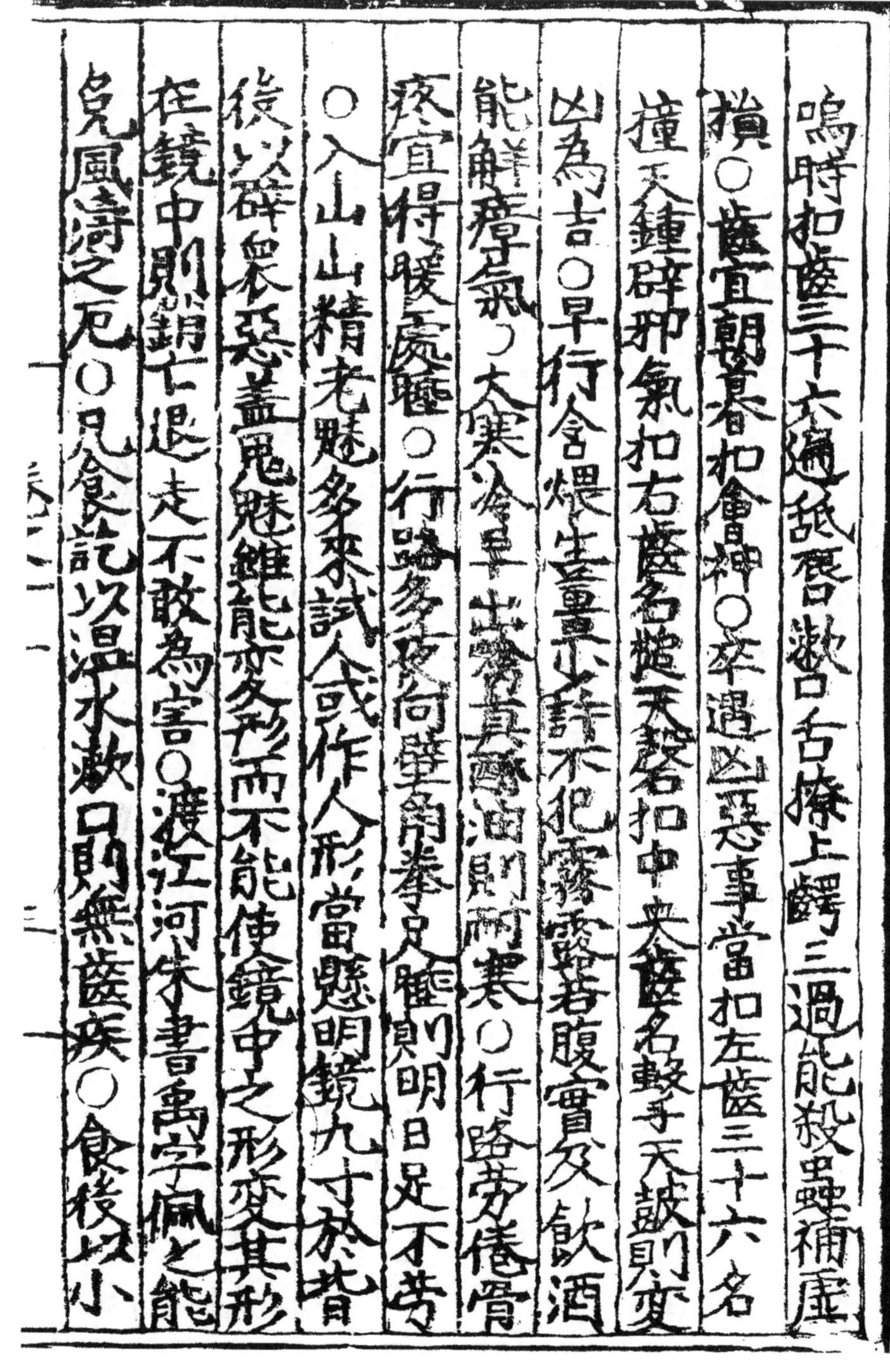

鳴時扣齒三十六遍舐唇漱舌撩上齶三過能殺蟲補虛
損○齒宜朝暮扣會神○卒遇凶惡事當扣左齒三十六名
撞天鍾辟邪氣扣右齒名搥天磬扣中央齒名擊天鼓則变
凶為吉○早行含煨生薑一小片不犯霧露若腹實及飲酒
能解瘴氣○大寒冷早出含真酥油則耐寒○行路勞倦骨
疼宜得暖處睡○行路多夜向壁角拳足睡則明日足不勞
○入山山精老魅多來試人或作人形當懸明鏡九寸於背
後以辟衆惡蓋鬼魅雖能変形而不能使鏡中之形変其形
在鏡中則銷亡退走不敢為害○渡江河朱書禹字佩之能
免風濤之厄○凡食訖以溫水漱口則無齒疾○食後以小

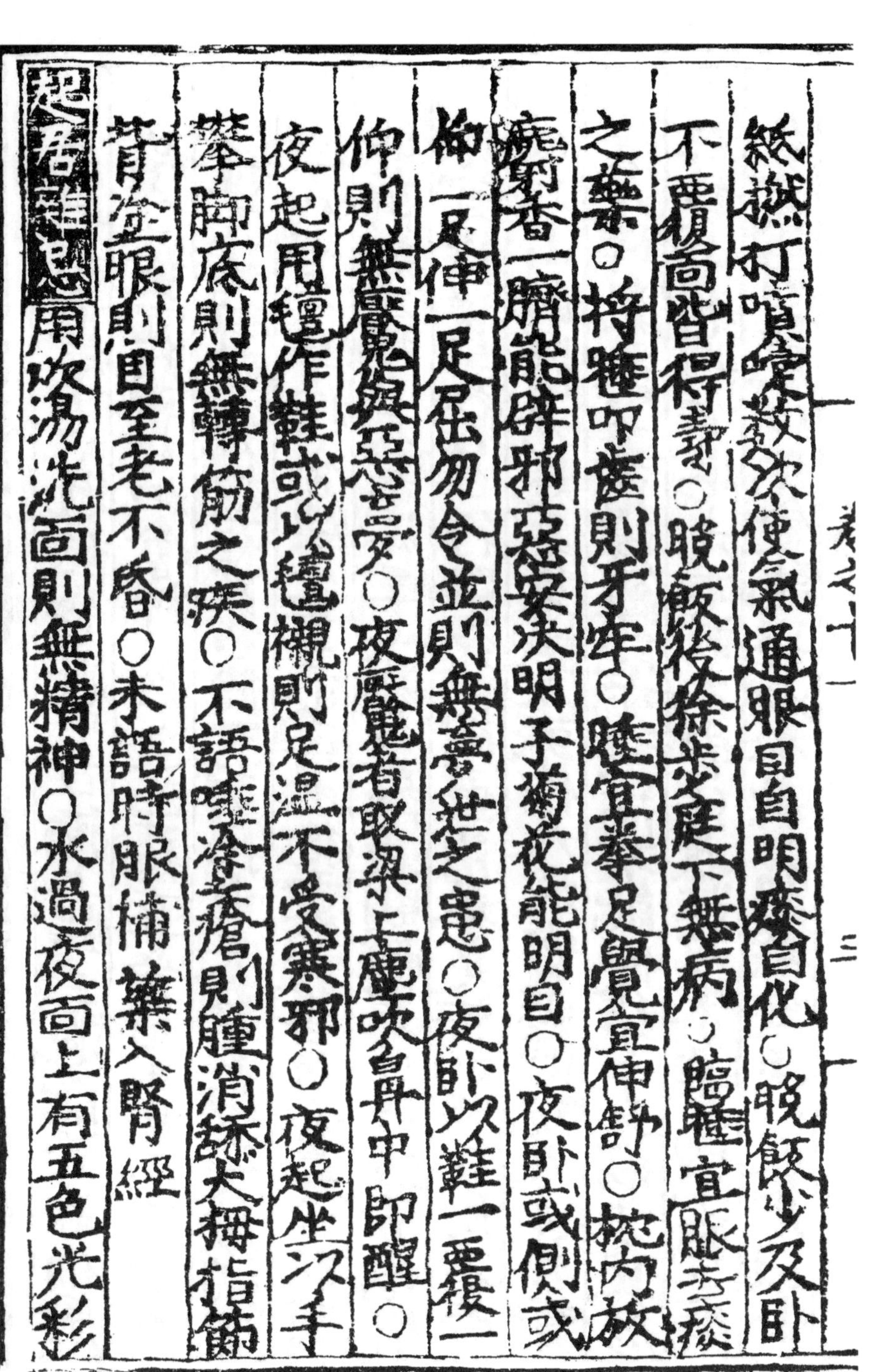

縱然打噴嚏數次使氣通眼目自明痰自化○晚飯少及卧不覆首皆得壽○晚飯後徐步庭下無病○臨睡宜服去痰之藥○捋髭叩齒則牙牢○睡宜拳足覺宜伸舒○枕内放麝香一臍能辟邪惡安決明子菊花能明目○夜卧或側或仰一足伸一足屈勿令並則無夢泄之患○夜卧以鞋一覆一仰則無魘及惡夢○夜魘者取梁上塵吹鼻中即醒○夜起用氊作鞋或以氊襯則足温不受寒邪○夜起坐以手攀脚底則無轉筋之疾○不語唾塗瘡則腫消揉大拇指節背塗眼則目至老不昏○未語時服補藥入腎經

起居雜忌 用次湯洗面則無精神○水過夜面上有五色光彩

者不可洗手者磨刀水洗手則生癬○遠行觸熱及醉後用
冷水洗面則生黑䵟成目疾○有目疾者沐浴及房事則目
盲○凌霄花露入眼則失明○久視雲漢及日光損目○燒
甘蔗柤及夏月炒鐵石等物目暗○諸禽獸油點燈令人目
盲○馬尾作刷牙損齒○頭浴熱氣壅腦血凝而氣散○飢
忌浴飽忌沐晦日浴朔日沐吉○沐浴未乾不可睡○汗
時河內浴成骨痺○坐卧沐浴當風及勿忽陰風成病
○大汗偏脫衣得偏風半身不遂醉後汗出脫衣靴當風取
涼成脚氣○汗出及醉時不可令人扇生偏枯疾○空心茶
加些鹽直透腎經又冷脾胃○食飽不可洗頭洗頭不宜冷水

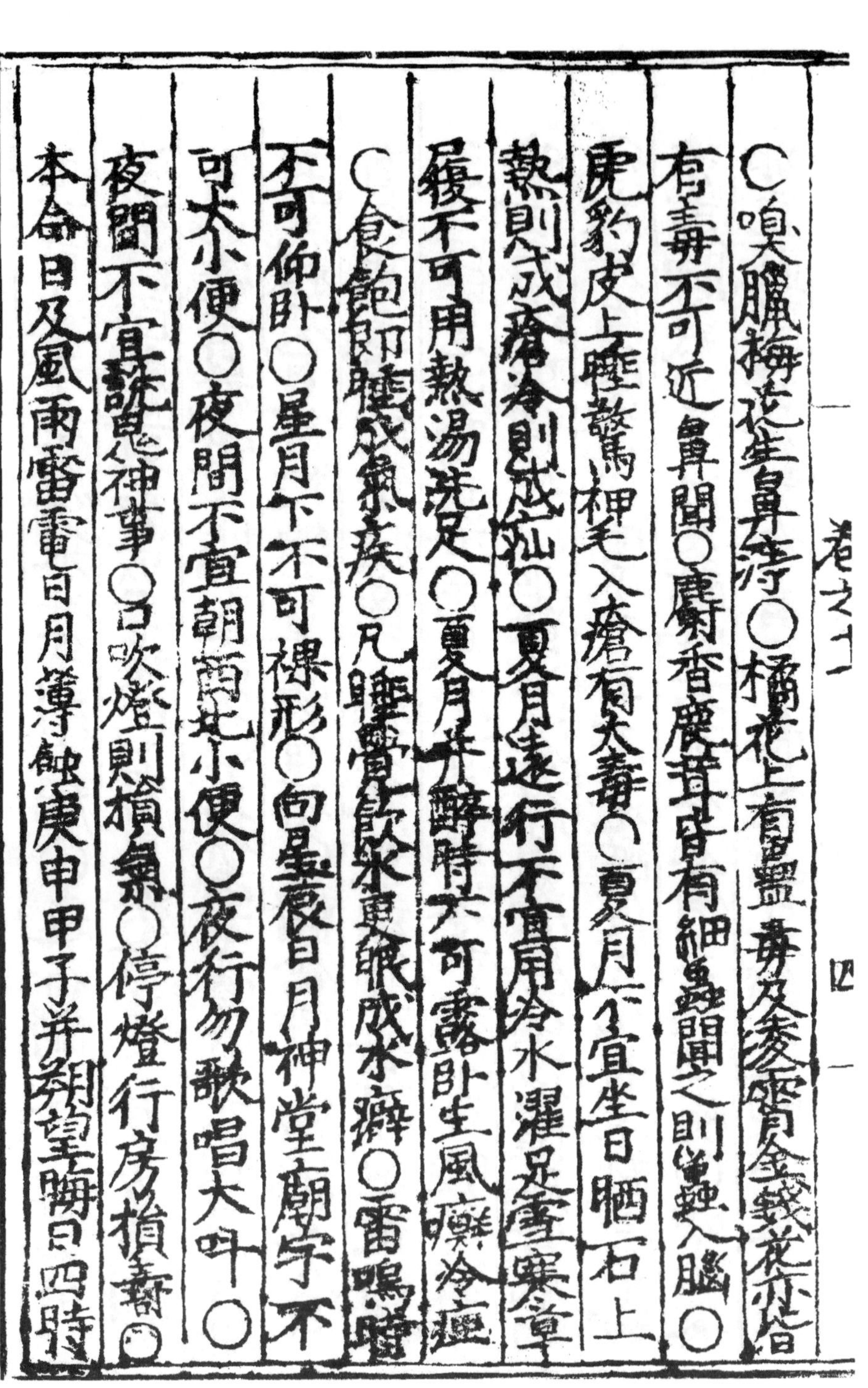
○嗅臘梅花生鼻痔○橘花上有蠱毒及凌霄花金錢花亦皆
有毒不可近鼻聞○麝香鹿茸皆有細蟲鼻聞之則蟲入腦○
虎豹皮上睡驚神毛入瘡有大毒○夏月不宜坐日晒石上
熱則成瘡冷則成疝○夏月遠行不宜用冷水濯足雪寒草
履不可用熱湯洗足○夏月并醉時不可露卧生風癱冷痺
○食飽即睡成氣疾○凡睡覺飲水更眠成水癖○雷鳴時
不可仰卧○星月下不可裸形○向星辰日月神堂廟宇不
可大小便○夜間不宜朝西北小便○夜行勿歌唱大叫○
夜間不宜說鬼神事○口吹燈則損氣○停燈行房損壽○
本命日及風雨雷電日月薄蝕庚申甲子并朔望晦日四時

二社六癸亡三至並忌房事○朔不可哭晦不可歌

人事防閑 夜飲之家多生奸盜○夜間卧處停燈與賊爲眼○夜間犬吠宜密喚醒同伴不可自解說云不是盜賊○夜獨起必先知同伴○出門向外必回身掩門恐盜乘隙而入○起逐盜賊防改易元路○賊以物入探不可用手拏○夜覺盜入直叫有賊令自驚竄不可輕易趕逐○遇賊不可乘暗擊之恐誤擊自家人○夜遇物有聲只言有賊不可指言鼠及猫犬○獲得盜賊即便解官不可久留恐有他變及不可先自將賊打傷○臨睡吹燈時須剔落燈花則易起燈草則易去燭燼然後吹滅有警急時易爲照晌○上床時鞋子頭須向外

倉卒易看○睡人不宜戲畫其面或致魇死○竈前不可有
積薪竈邊水缸夜須添滿備不虞○宿火不可蓋烘籃低
屋不宜多蚕簇○暮年不宜置寵○畜妾不宜太盛○婦人
奴婢之言不可輕信○別宅不可置寵○婢僕常防私通○
奴婢不可自撻○婢妾不可遽遣○有子勿置乳母○親鄰
不宜假借○養義子當別熟養親戚當後患○同居不必
私藏分財不可輕重○幹人須擇淳謹狡獪不可任用○親賓
戒憂以酒○背後不可識議○恤鄉里防緩急○置便門防
寇盜○失物便宜急尋○小兒當謹其出入不可衣以金珠
○棺中不宜厚斂墓中不宜厚葬○起造須是預備陂塘

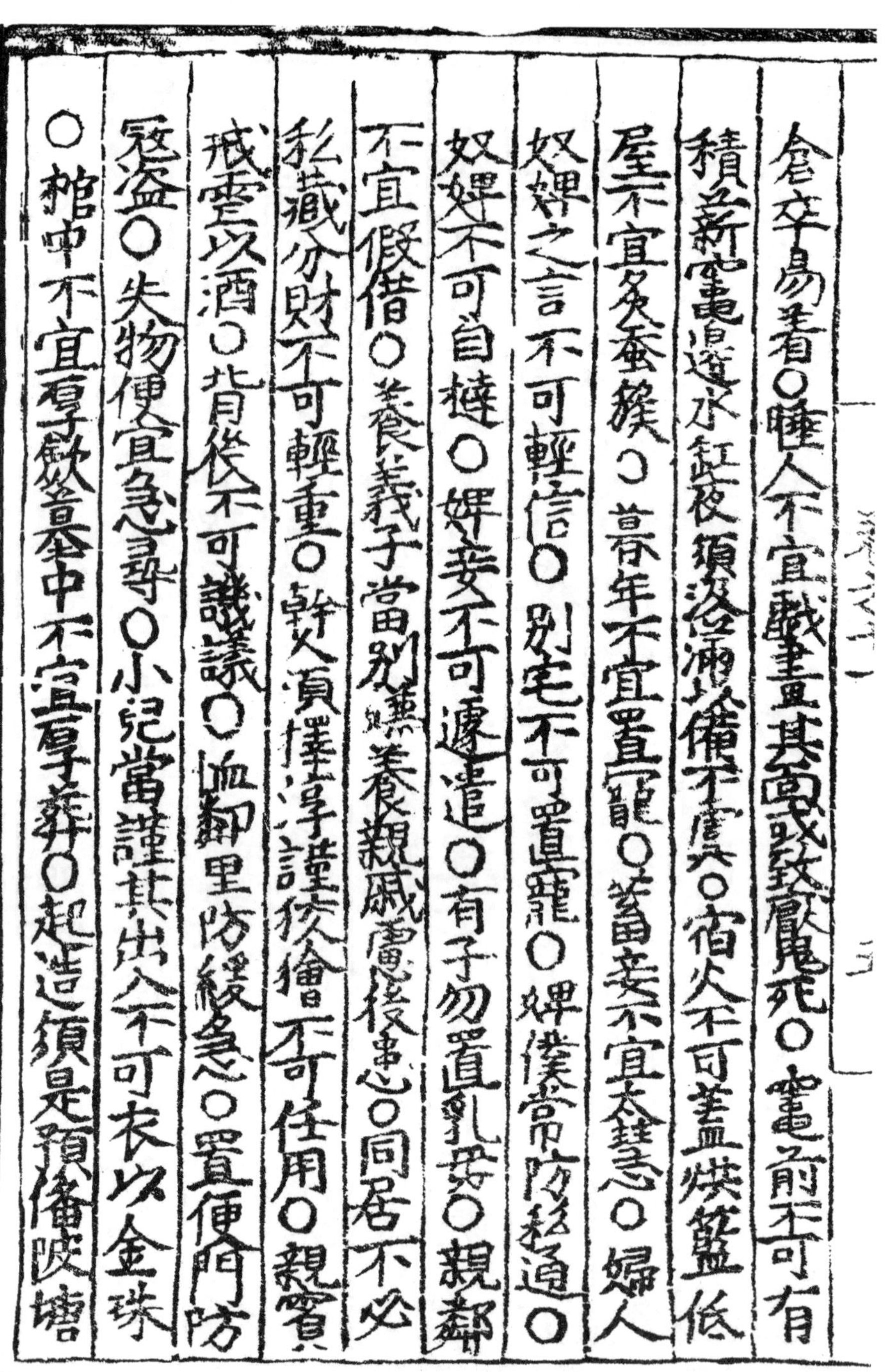

及時脩治○賦税早當輸納逋債不可輕舉○凡事須自區處○言語切戒暴厲○見人富貴不可妬見人貧賤不可欺見人之善不可掩見人之惡不可揚

營造避忌

人家居處宜高燥潔淨○造屋不宜作兩間四間兩家門不宜正相對○造屋不可先築墻及外門○凡門以栗木為關者可以遠盜○東北開門多招怪異之事○門口不宜有水坑大樹不宜當門○門前青草多愁怨門外垂楊并吉祥○墻頭衝門直路衝門神社對門與門中水出並凶○房門不可對天井厨房門不可對房門○桑樹不宜作屋料死樹不宜作棟梁○屋後不可種芭蕉○中庭不宜

種樹○大樹不宜近軒○廳內房前堂後不宜開井○古井及深穽中有毒氣不可入○窺古井損壽○塞古井令人盲聾耳○井畔不宜栽桃○井竈不宜相見○作竈不宜用壁泥○刀斧不宜安竈上簸箕不宜安竈前○女子不宜祭竈○婦人不宜跂竈坐○竈前不宜歌笑罵詈吟哭呪咀無禮○竈灰不宜棄廁中○上廁不可唾○上廁之時咳嗽兩三聲吉

飲食宜忌 古云善養性者先渴而飲飲不過多多則損氣渴則傷血先飢而食食不過飽飽則傷神飢則傷胃○飲食務取益人者仍節儉為佳若過多覺膨脝短氣便成疾○陶隱居云食戒欲麄并欲速寧可少食相接續莫教一飽頓充腸損

氣傷心非爾福○又云生冷粘膩筋韌物自死牲牢皆勿食饅
頭閑氣莫過多生膾偏招脾胃疾鮓醬胎卵兼油膩陳臭
淹藏盡陰類老人朝暮更食之是借寇兵無以異○侵晨食
粥能暢胃氣生津液○老人常以生牛乳煮粥食之有益○
茶宜漱口不宜多啜○空心茶卯時酒申時飯皆宜少○諺
云上床蘿蔔下床姜蓋夜食蘿蔔則消酒食清晨食姜
則能開胃劣莞之言亦不可忽也如是○多種雞頭着芋可
以代食山藥兒荾可以充飢○雞不宜過水以滚湯候冷代水用
之○食雞後如欲飲酒須先以酒嚥去自漢椒三二粒則不為
病○食蓮子宜煮熟云生則脹腸不去心則成霍亂○

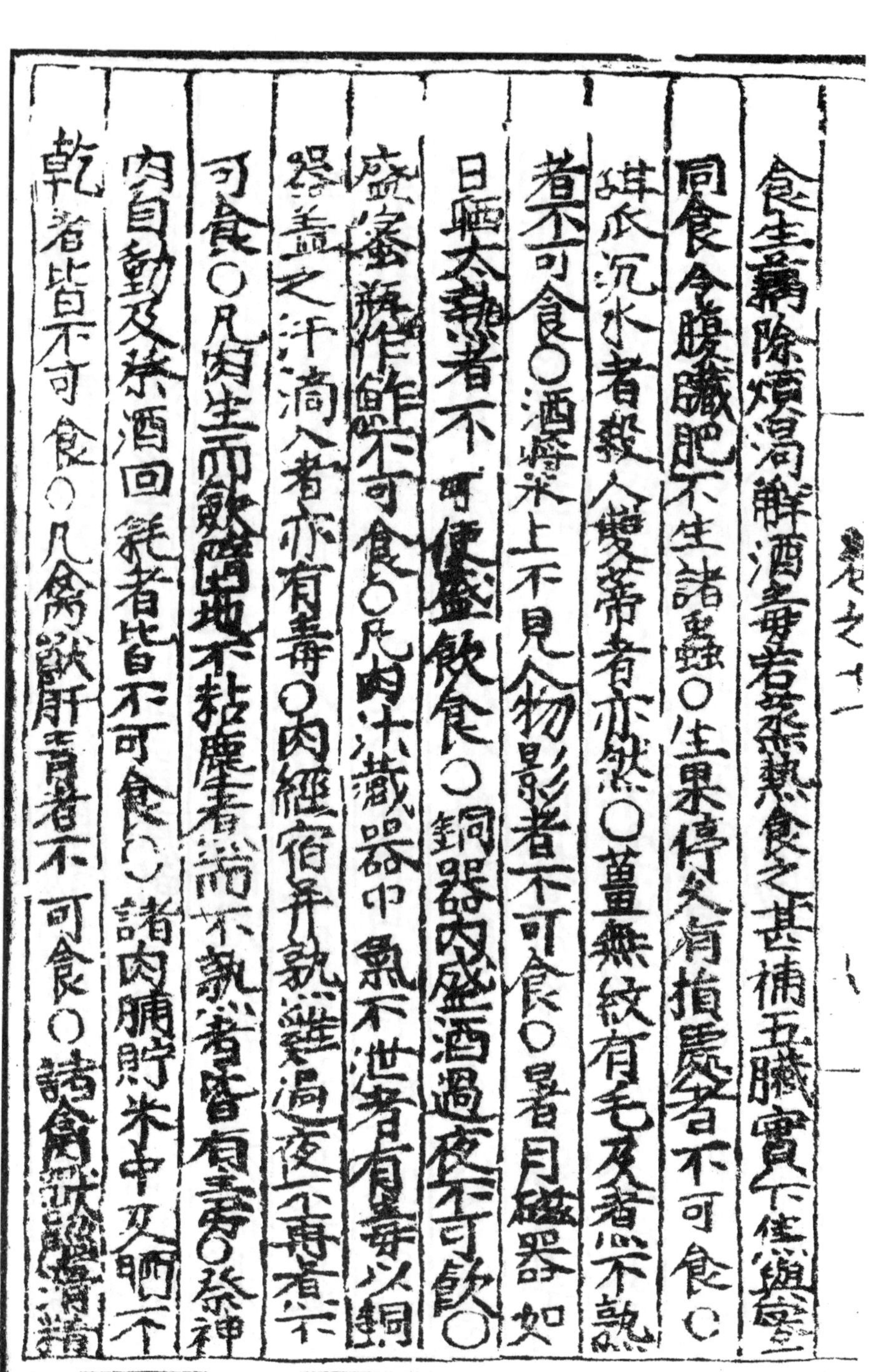

食生薑除煩渴解酒毒若蒸熟食之甚補五臟實下焦消宿食

同食令腹臟肥不生諸蟲○生果停久有損處者不可食○

蚌氏沉水者殺人雙蒂者亦然○薑無紋有毛及煮不熟

者不可食○酒漿米上不見人物影者不可食○暑月磁器如

日晒太熱者不可便盛飲食○銅器內盛酒過夜不可飲○

磁瓮蓋作鮓不可食○凡肉汁藏器中氣不泄者有毒以銅

器蓋之汗滴入者亦有毒○肉經宿并熟雞過夜不再煮者不

可食○凡肉生而斂墮地不粘塵者不熟者皆有毒○祭神

肉自動及祭酒回耗者皆不可食○諸肉脯貯米中及晒不

乾者皆不可食○凡禽獸肝青者不可食○諸禽獸腦滑精

不可食○凡鳥死口目不閉脚不伸者不可食○黑雞白首
并四距者不可食○馬生角及白馬黑頭白馬青蹄者皆不
可食○黑牛白頭并獨肝者不可食○羊肝有竅及羊獨角
黑頭者皆不可食○兎合眼者不可食○鼠殘物食之生瘰
○凡魚目能開閉或無腮無膽及有角白背黑點者皆不可
食○鮎魚赤鬚赤目者有毒○魚頭有白連脊者不可食
○河豚魚浸血不盡及子與赤斑者皆不可食○鯉魚頭腦
有毒○魚鮓內有頭髮者不可食○鰕無鬚及腹下黑者有
毒○蟹目相向有獨螯者不可食○鼈腹有蛇蟠痕者不可
食○一應簷下雨滴菜有毒○茅屋漏水入諸脯中食之生

癥瘕○陶瓶內插花宿水及養臘梅花水飲之能殺人○吐多飲水成消渴○髮落飲食中食之成瘕○飲食於露天飛絲墮其中食之咽喉生泡○多食鹹則凝泣而色變多食苦則皮枯而毛落多食辛則筋急而爪枯多食酸則肉胝䐢而唇揭多食甘則骨痛而齒落○食炙煿宜待冷不然則傷血損齒

飲酒宜忌 凡醉後慎勿即臥必成眼昏目盲之疾待醒方睡最佳○酒後行房事則五臟翻覆宜爲終身之戒○飲白酒忌食生韭菜及諸甜物○食生菜飲酒者莫灸腹令人腸結○醉後不宜食羊豕腦○醉後不可食芥辣緩人筋骨亦不可

食胡桃令人吐血○蒲萄架下不宜飲酒○醉中飲冷水成手顫○醉不可強食嗔怒生癰疽○醉人大吐不以手緊掩其面則轉睛醉中大小便不可忍成癃閉腸痔等疾○醉飽後不宜走馬及跳躑○久飲酒者腐腸爛胃潰脂蒸筋傷神損壽及多成血痺之疾若燒酒尤能殺人宜深戒之○飲燒酒不醒者急用綠豆粉盪皮切片挑開口牙用冷水送粉片下喉即醒○飲酒之法自溫至熱若於席散時須飲熱酒一杯則無中酒之患欲醒酒多食橄欖治病酒煮赤豆汁飲之○凡晦日不宜大醉蓋人之血脉隨月盈虧方月滿時則血氣實肌肉堅至月盡則月全稽經絡虛肌肉減衛氣去

矣當是時也又大醉以傷之是以重虛故云晦夜之醉損一月之壽也

飲食反忌 猪肉與生薑同食發大風○猪肝與鵪鶉同食面生黑點又不宜與魚子同食○猪血與黃豆同食悶人○猪肉不與羊肝同食○牛肉與薤同食生瘕又不宜與栗子蘿蔔同食○牛肝不與鮎魚同食○羊肝與生椒同食傷五臟栗小豆梅子同食傷人○犬肉不與蒜同食○麋鹿不與鰕同食○兔肉與白雞同食發黃與獺肉同食則血氣不行與萬橘同食則成霍亂○雞肉與胡荽同食氣滯○野雞與鮎魚同食生癩與蕎麥同食生蟲又不宜與鯽魚猪肝蒜菌

子同誤食閉口花椒飲醋解之○誤食桐油熱酒解之乾柿
及甘草亦可○凡飲食後心煩悶不知中何毒者急煎苦參
汁飲之令吐又方煮犀角湯飲之或苦酒或以好酒煮飲之
○飲酒毒大黑豆一升煮汁一升服立吐即愈又方生螺螄葦
蓬茹並解之○凡諸般毒以香油灌之令吐即解
[illegible]有風疾者勿食胡桃有暗風者勿食櫻桃食之立發豬
頭豬觜亦不宜食○時行病後勿食魚鱠及鯉魚鱔魚又不
宜食鯉魚再發必死○時氣病後百日之內忌食豬羊肉并
腸血及肥魚油膩乾魚犯者必大下痢不可復救又禁食麪
及胡蒜韭薤生菜蝦等食此多致發熱則難治又令他年頻

發○患瘧者勿食羊肉恐發熱致死○病眼者禁冷水冷物挹眼不忌則作瘡○牙齒有病者勿食棗○患心痛心悪者食獐心及肝則迷亂無心緒○患脚氣者食甜瓜其患永不除兼不可食鯽魚及豚子○黄疸病忌麪肉醋魚蒜韭熱食犯之即死○患咯血吐血者忌酒麪煎煿淹藏海味硬冷難化之物其鼻衂齒衂諸血病皆放此○有痼疾者勿食麂鹿雉肉○患癖者不可食姜及雞肉○癩者不可食鯉魚○瘦弱者不可食生棗○病瘥者勿食蒲萄令人虚汗不止○傷寒得汗後不可飲酒○熱病瘥後勿食羊肉○久病者食柰子加重○產後忌生冷物惟藕不為生冷為其能破血故也

服藥忌食

服茯苓忌醋○服黃連桔梗忌豬肉○服細辛遠志忌生菜○服水銀朱砂忌生血○服常山忌生葱生菜并醋○服天門冬忌鯉魚○服甘草忌菘菜海藻○服半夏菖蒲忌餳糖羊肉○服术忌桃李雀肉胡荽蒜鮓○服杏仁忌粟米○服乾姜忌兔肉○服麥門冬忌鯽魚○服牡丹皮忌胡荽○服商陸忌犬肉○服地黃何首烏忌蘿蔔○服巴豆忌笋羹野猪肉○服烏頭忌豉汁○服鼈甲忌莧菜○服藜蘆忌狸肉○服丹藥空青朱砂不可食蛤蜊并猪羊血及菉豆

[illegible]忌食胡荽蒜生菜肥猪犬肉油膩魚鱠腥臊[illegible]滑之物

【[illegible]忌】產書云一月足厥陰肝養血不可縱怒疲極筋力冒觸邪風二月足少陽膽合於肝不可驚動三月手心主右腎養精不可縱慾悲哀觸冒寒冷四月手少陽三焦合腎不可勞逸五月足太陰脾養肉不可妄息飢飽觸冒卑濕六月足陽明胃合脾不可雜食七月手太陰肺養皮毛不可憂鬱叫呼八月手陽明大腸合肺以養氣勿食燥物九月足少陰腎養骨不可懷恐房勞觸冒生冷十月足太陽膀胱合腎以太陽為諸陽主氣使兒脉縷皆成六腑調暢與母分氣神氣各全候時而生不言心者以心為五臟之主故也

【孕婦食忌】食兎肉子缺唇○食山羊肉子多疾○食團魚子

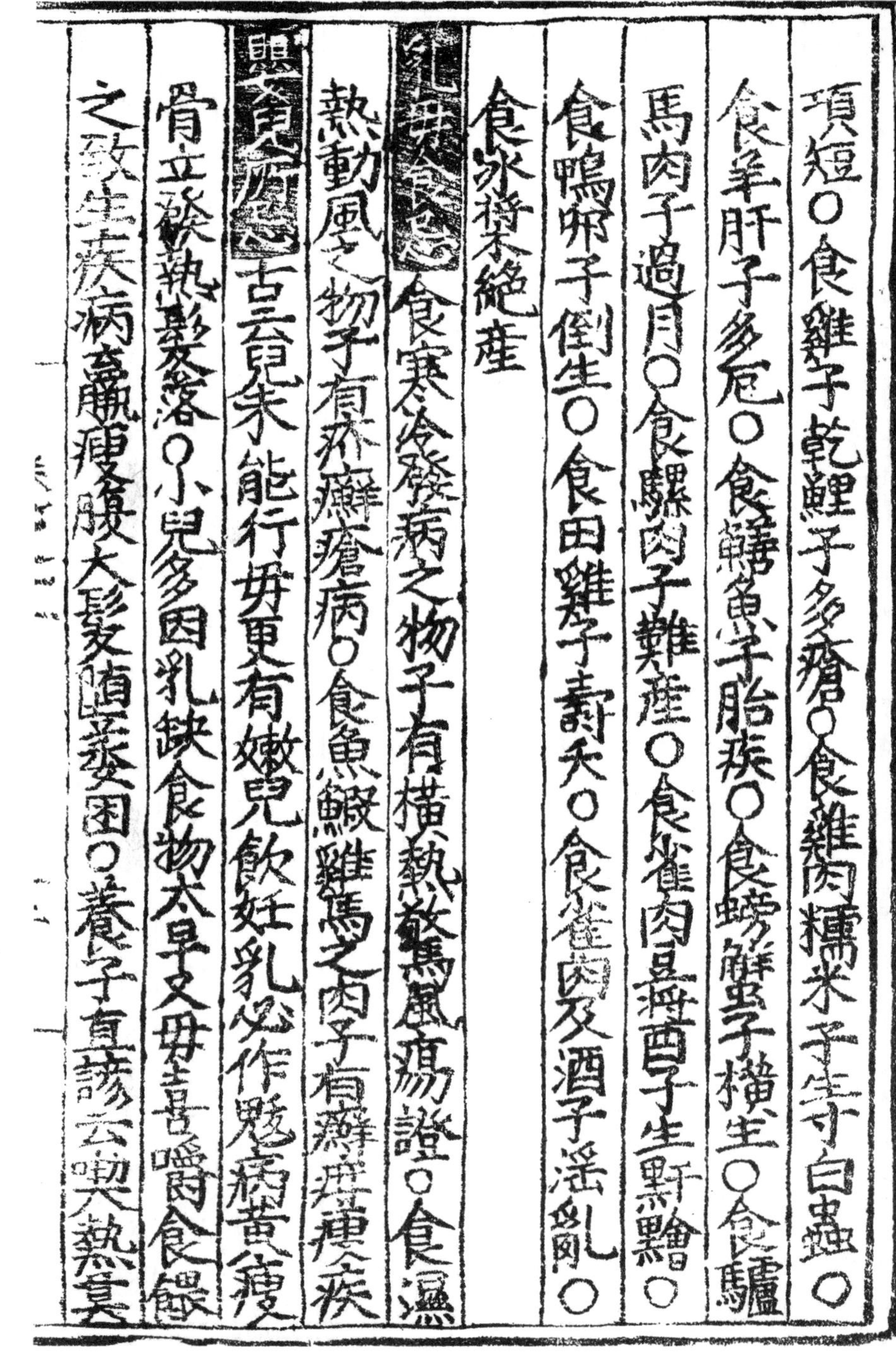

項短○食雞子乾鯉子多瘡○食雞肉糯米子生寸白蟲○食羊肝子多厄○食鱔魚子胎疾○食螃蟹子橫生○食驢馬肉子過月○食騾肉子難產○食雀肉豆醬子生䵟黵○食鴨卵子倒生○食田雞子壽夭○食雀肉及酒子淫亂○食冰漿絕產

乳母忌 食寒冷發病之物子有積熱驚風瘡瘍證○食濕熱動風之物子有疥癬瘡病○食魚鰕雞馬之肉子有癬疳瘦疾

嬰兒所忌 古云兒未能行毋更有娠兒飲妊乳必作魃病黃瘦骨立發熱髮落○小兒多因乳缺食物太早又毋喜嚼食餵之致生疾病羸瘦腹大髮豎困○養子直訣云嚼人熱食

喫少喫軟莫喫硬喫少莫喫多○瑣碎錄云小兒勿令指月生月蝕瘡勿令就瓢及瓶中飲水令語訥又衣服不可夜露

便民圖纂卷之第十一終

便民圖纂卷第十二

調攝類上

風

消風養血湯 當歸酒洗 白芍藥 川芎各二錢 防風一錢 黃連一錢五分酒炒 生地黃一錢酒炒 熟地黃一錢五分酒炒 羌活七分 蟬蛻六分 荊芥一錢二分 連翹一錢二分 白朮一錢五分 陳皮一錢二分 黃芩一錢五分酒炒 甘草六分 水二鍾煎服

通聖散 防風 川芎 當歸 白芍藥 大黃 麻黃 薄荷 連翹 芒硝各半兩 黃芩 桔梗 石膏各一兩 滑石三錢 甘草二錢半 荊芥 白朮 山梔各二錢半 有汗去麻黃 有瀉去大黃芒硝 神志不寧加辰砂 氣不順加木香磨碗內同前藥煎服 兼治赤痢

愈風湯 羌活 甘草 防風 蔓荆子 川芎 細辛 枳殻 麻黄 甘菊 枸杞
薄荷 當歸 知母 地骨 黄耆 獨活 杜仲 秦艽 香白芷 柴胡 半夏
前胡 厚朴 熟地黄 防己各二兩 茯苓 芍藥 黄芩各三兩 石膏 蒼朮
生地黄各四兩 桂一兩 每服一兩，水二鍾，生薑三片，煎，空心一服，
臨臥煎柤服。若內邪已除，外邪已盡，當服此藥以道諸經。久
服大風悉去，縱有微邪，以此加減。

加味茶調散 川芎一兩五錢 白芷一兩 細辛七錢 防風一兩 荆芥一兩 甘草七錢
薄荷一兩 羌活七錢 藁本七錢 蔓荆子一兩 共為末，每服三錢，食後茶
清調下。治偏正頭風。

祛風丸 陳皮一兩 甘草七錢 半夏七錢 防風一兩 川芎一兩 荆芥一兩 枳

殼炙七錢烏藥七錢蒼朮一兩香附一兩當歸一兩首烏五錢白芷七錢殭蠶五錢
蟬蛻五錢南星七錢羌活七錢苦參五錢共為細末酒糊為丸如梧桐
子大每服五十丸用酒或椒湯或葱湯食遠送下治諸風

牛黃清心丸 羚羊角一兩作末人參二兩五錢茯苓一兩五分芎藭一兩二錢三分
防風一兩五錢乾薑七錢五分炮阿膠一兩七錢五分炒白朮一兩五錢牛黃二兩二錢
研麝香一兩研犀角二兩作末雄黃八錢研飛龍腦一兩研金箔一千二百箔内四百
箔爲衣白芍藥一兩五錢柴胡一兩二錢三分去苗甘草五錢炙乾山藥七兩麥門
冬一兩五錢去心桔梗一兩二錢五分黃芩一兩二錢杏仁一兩二錢伍分去皮尖麩炒黃研大
棗一百箇蒸熟去皮核研成膏神麴二兩五錢大豆一兩七錢五分白歛七錢五分蒲黃
炒二兩肉桂一兩七錢五分去皮當歸一兩五錢除杏仁大棗金箔二角末及

牛黃麝香雄黃龍腦四味別研為末入餘藥和勻煉蜜搜膏為丸每兩作十丸以金箔為衣每服一丸食後溫水化下治諸風緩縱語言蹇澀痰涎壅盛怔忡健忘或發顛狂

寒

薑附湯 乾薑一兩 附子一箇生去皮臍 每服三錢水煎服若挾氣攻刺加木香半錢挾氣不仁加防風一錢挾濕者加白术筋脉牽急加木瓜肢節痛加桂二錢治中寒身體強直口噤不語逆冷

五積散 陳皮六兩去白 茯苓三兩去皮 枳殼六兩去瓤麩炒 桔梗十二兩去蘆 厚朴四兩去皮薑製 麻黃六兩去根節 當歸三兩去蘆 白芍藥 白芷各三兩 甘草三兩炙 蒼术十四兩米泔浸去皮炒 半夏二兩湯洗七次 川芎 肉桂各三兩 乾薑四兩炮 每服

四錢水一盞半姜三片葱白三根煎七分熱服治感冒寒邪

暑

清暑益氣湯 黃耆升麻蒼术各一錢 人參白术神麯澤瀉陳皮各半錢

甘草炙 黃蘗酒炒 麥門冬 當歸各三分 五味九箇 青皮 葛根各二分

剉作一服水煎

十味香薷散 香薷一兩 人參 陳皮 白术 白茯苓 扁豆炒 黃耆 木瓜

厚朴薑製 甘草炙各半兩 共為末服二錢熱湯或冷水調服

濕

除濕舒飲湯 蒼术一錢五分 陳皮一錢一分 半夏一錢 茯苓一錢五分 枳實一錢二分

羌活八分 防風一錢三分 烏藥一錢二分 木香七分 澤瀉一錢二分 芍藥一錢三分 當

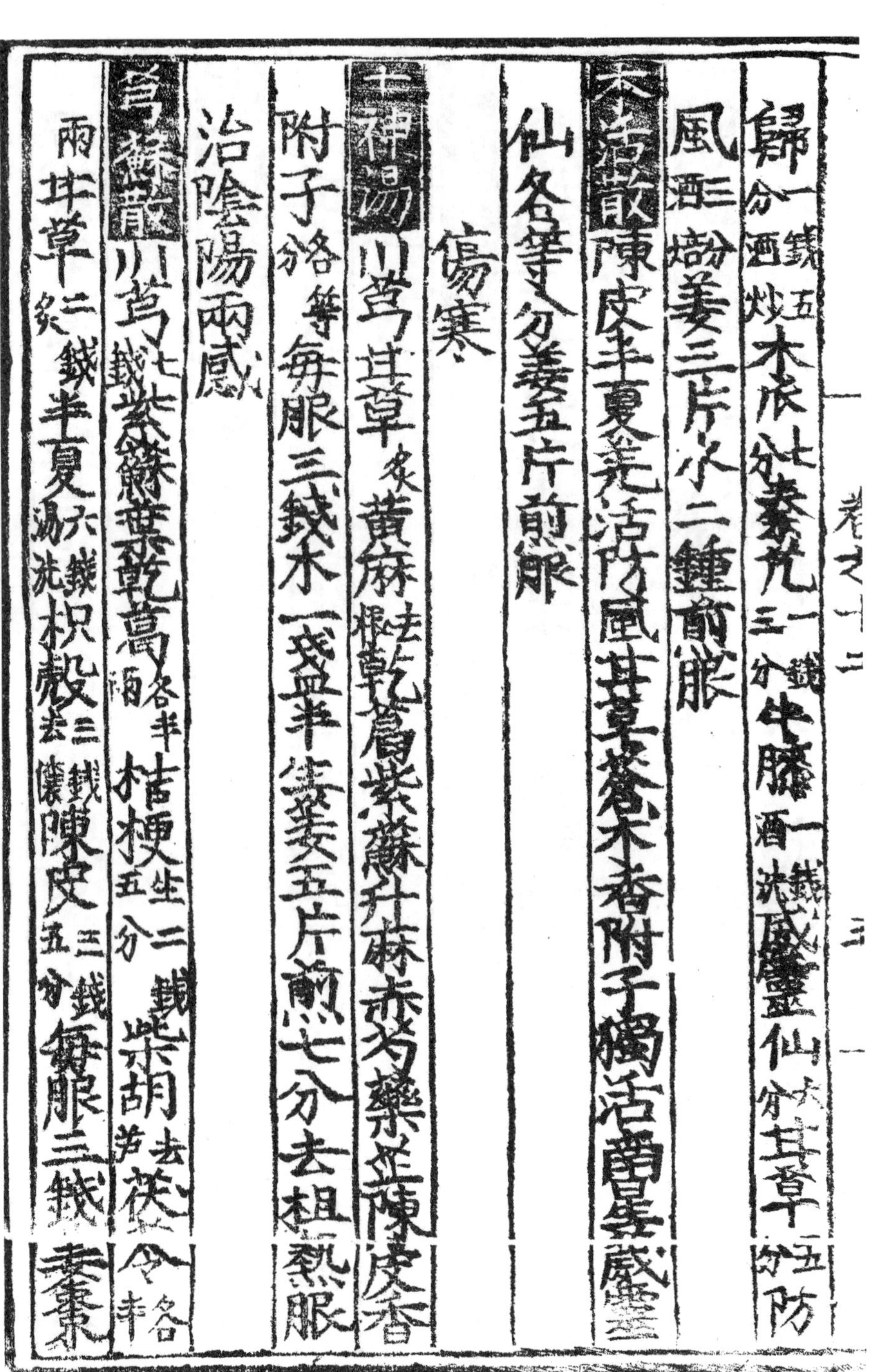

歸一錢五分酒炒 木瓜七分 秦艽一錢三分 牛膝一錢酒洗 威靈仙 甘草五分 防風三分 酒檳榔 姜三片水二鍾煎服

木香散 陳皮 半夏 羌活 防風 甘草 蒼朮 木香 附子 獨活 當歸 威靈仙各等分 姜五片煎服

傷寒

十神湯 川芎 甘草炙 黃麻去根 乾葛 紫蘇 升麻 赤芍藥 白芷 陳皮 香附子各等分 每服三錢 水一盞半 生姜五片 煎七分去柤熱服

治陰陽兩感

芎蘇散 川芎七錢 紫蘇葉 乾葛各半兩 桔梗生二錢五分 柴胡去芦 茯苓各半兩 甘草二錢炙 半夏六錢湯洗 枳殼三錢去穰 陳皮三錢五分 每服三錢 姜棗

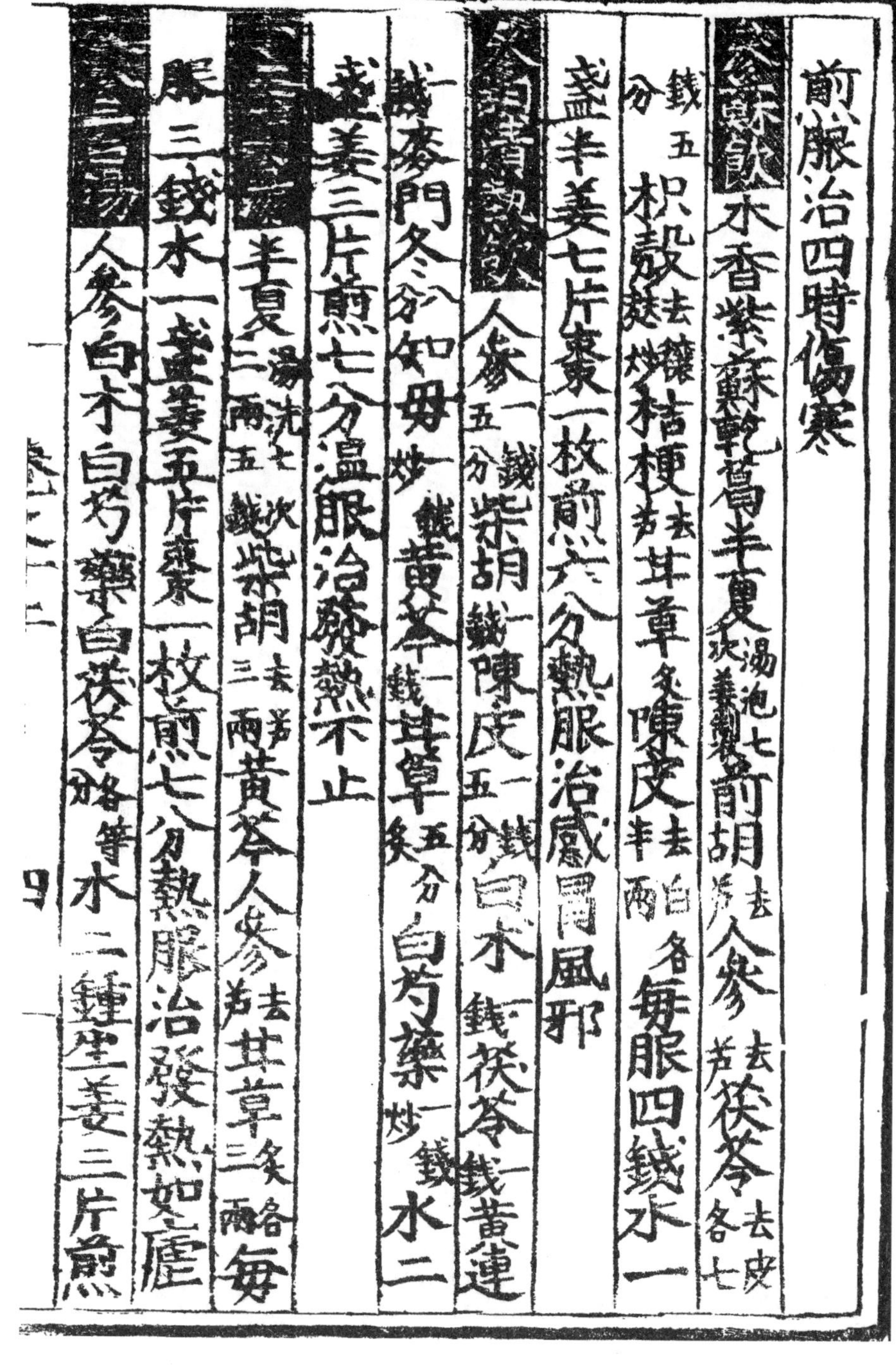

煎服治四時傷寒

參蘇飲 木香 紫蘇 乾葛 半夏(湯泡七次薑製) 前胡(去芦) 人參(去芦) 茯苓(去皮各七錢五分) 枳殼(去穰麩炒) 桔梗(去芦) 甘草(炙) 陳皮(去白各半兩) 每服四錢水一盞半姜七片棗一枚煎六分熱服治感冒風邪

參胡清熱飲 人參(一錢五分) 柴胡(一錢) 陳皮(一錢五分) 白术(一錢) 茯苓(一錢) 黃連(一錢) 麥門冬(八分) 知母(炒一錢) 黃芩(一錢) 甘草(炙五分) 白芍藥(炒一錢) 水二盞姜三片煎七分溫服治發熱不止

[illegible] 半夏(湯洗七次二兩五錢) 柴胡(去芦三兩) 黃芩 人參(去芦) 甘草(炙各二兩) 每服三錢水一盞姜五片棗一枚煎七分熱服治發熱如瘧

[illegible]三白湯 人參 白术 白芍藥 白茯苓(各等分) 水二鍾生姜三片煎

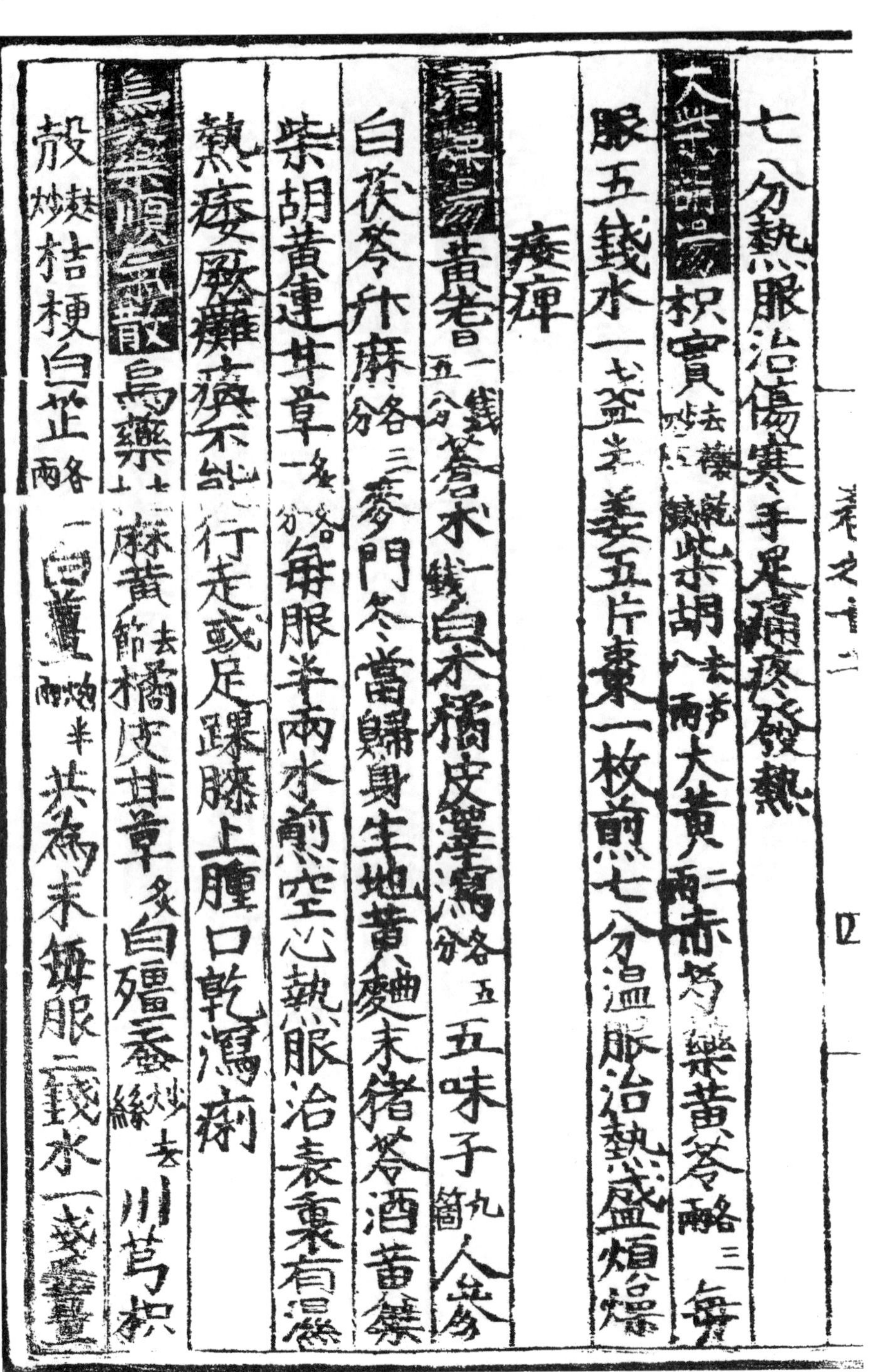

七分熱服治傷寒手足痛疼發熱

大柴胡湯 枳實麩炒去瓤 柴胡八兩去芦 大黃二兩 赤芍藥 黃芩各三兩 每服五錢水一盞半姜五片棗一枚煎七分溫服治熱盛煩燥

痿痹

清燥湯 黃耆一錢五分 蒼朮一錢 白朮 橘皮 澤瀉各五分 五味子九箇 人參 白茯苓 升麻各三分 麥門冬 當歸身 生地黃 麯末 猪苓 酒黃蘗 柴胡 黃連 甘草各一分 每服半兩水煎空心熱服治表裏有濕熱痿厥癱瘓不能行走或足踝膝上腫口乾瀉痢

烏藥順氣散 烏藥 麻黃去節 橘皮 甘草炙 白殭蚕炒去絲 川芎 枳殼麩炒 桔梗 白芷各一兩 乾薑半兩炮 共為末每服二錢水一盞薑

三片薄荷七葉煎七分空心服治氣 去薄荷用棗二枚同煎

治濕毒進襲腿膝攣痺筋骨疼痛并風氣不順手足偏

枯流注經絡

水腫

大橘皮湯 陳皮一兩五錢 木香二錢五分 滑石六兩 檳榔三錢 茯苓一兩 豬苓 白

朮 澤瀉 肉桂各五錢 甘草二錢 生姜五片水煎服治濕熱內攻腹

脹水腫小便不利大便滑泄

金匱越婢湯 麻黄 石膏 生姜 大棗 甘草各等分 水煎服惡風加附

子治裏水加白朮

薷苓散 豬苓 赤茯苓 澤瀉 蓬朮 薑黃 白朮 陳皮 甘草 芍藥 砂仁 茯

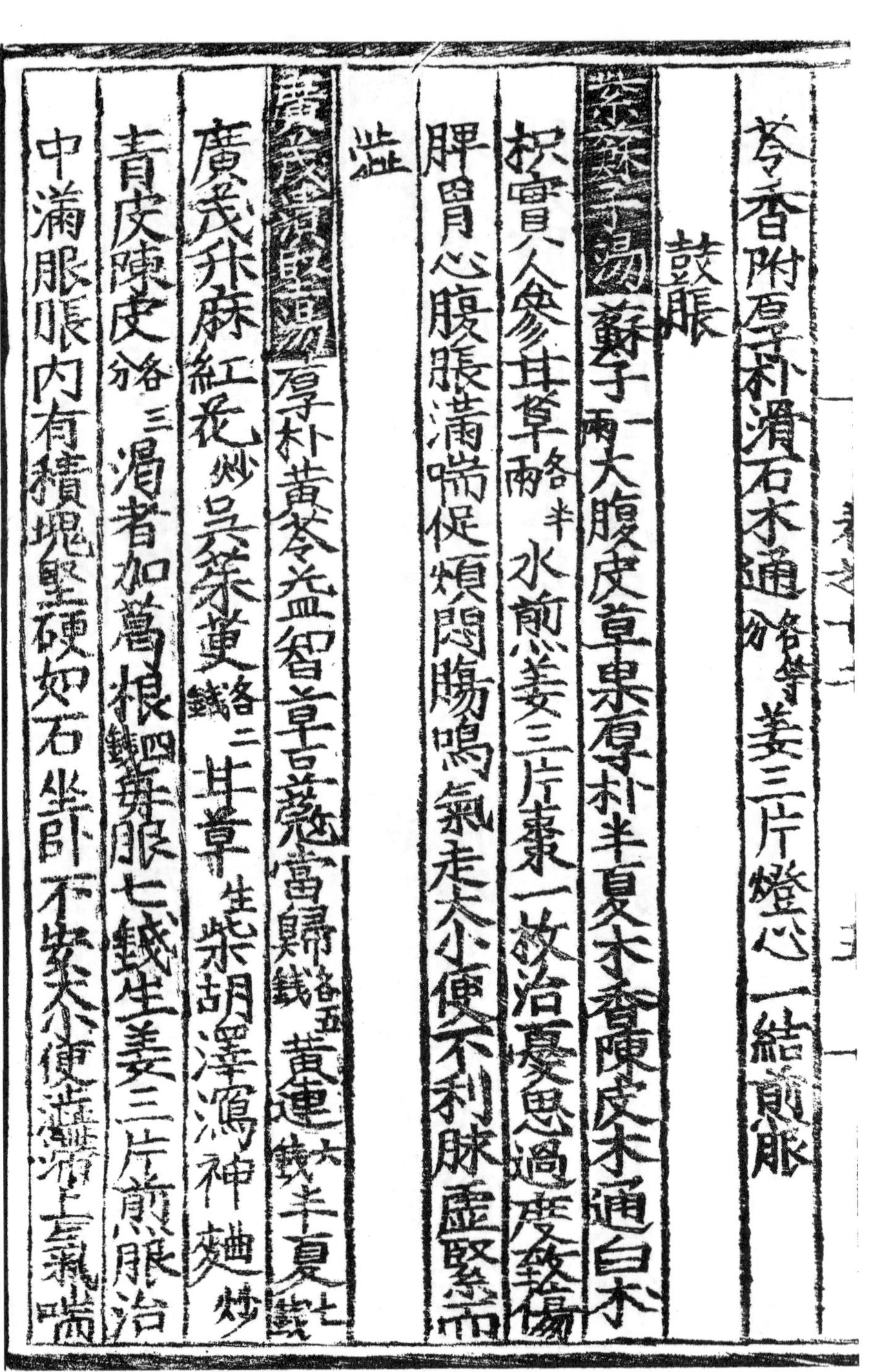

苓香附厚朴滑石木通各等分　姜三片燈心一結煎服

鼓脹

紫蘇子湯　蘇子一兩大腹皮草果厚朴半夏木香陳皮木通白术枳實人參甘草各半兩　水煎姜三片棗一枚治憂思過度致傷脾胃心腹脹滿喘促煩悶腸鳴氣走大小便不利脉虛緊而澁

廣茂潰堅湯　厚朴黃芩益智草豆蔻當歸各五錢　黃連六錢半夏七錢廣茂升麻紅花炒吳茱萸各二錢　甘草生柴胡澤瀉神麴炒青皮陳皮各三分　渴者加葛根四錢每服七錢生姜三片煎服治中滿腹脹內有積塊堅硬如石坐卧不安大小便澁滯上氣喘

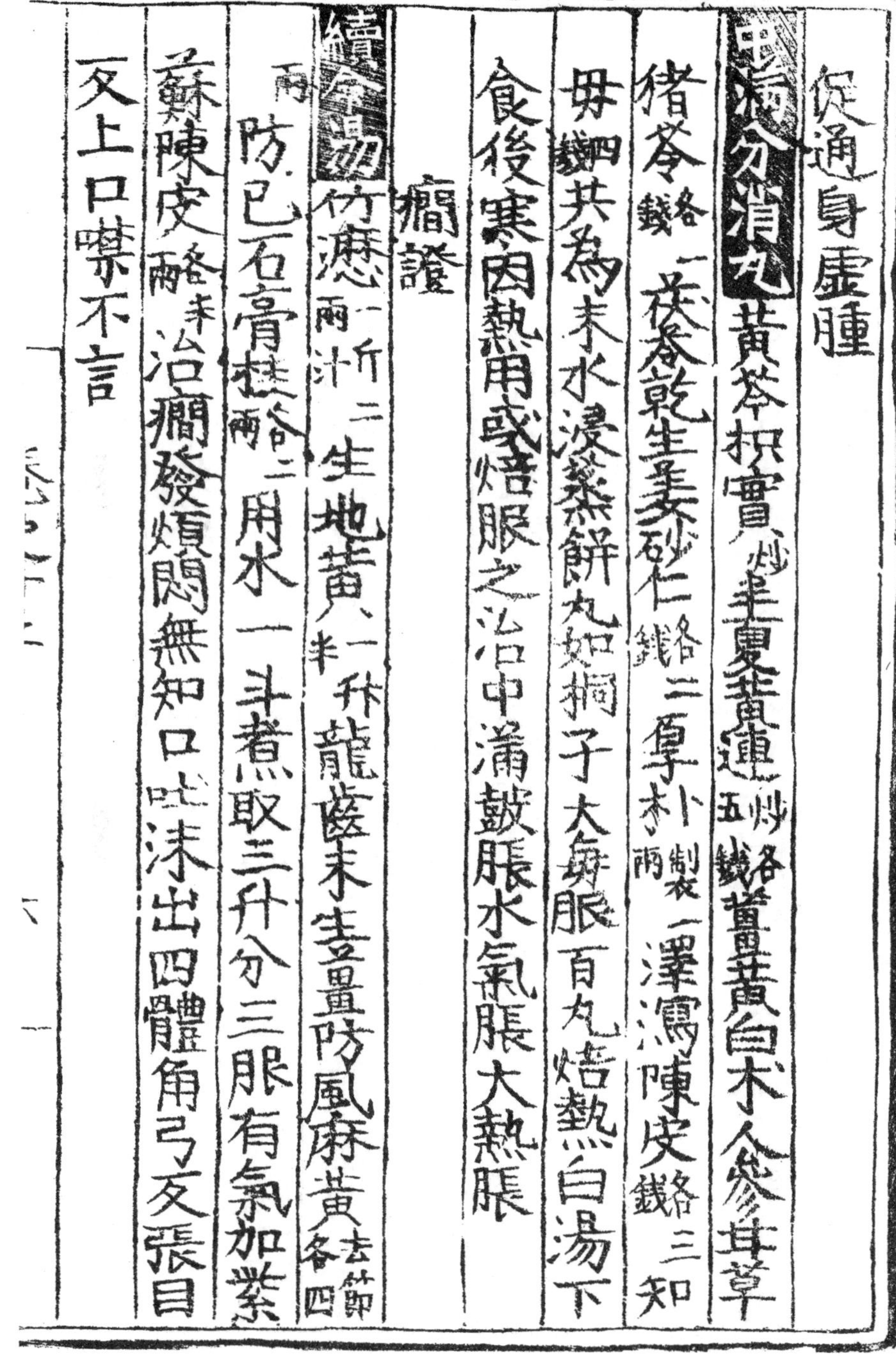

促通身虛腫

中滿分消丸 黃芩 枳實炒 半夏 黃連炒各五錢 薑黃 白朮 人參 甘草 猪苓各一錢 茯苓 乾生姜 砂仁各二錢 厚朴製一兩 澤瀉 陳皮各三錢 知母四錢 共為末水浸蒸餅丸如梧桐子大每服百丸焙熱白湯下食後 寒因熱用或焙服之治中滿鼓脹水氣脹大熱脹

癎證

續命湯 竹瀝一升二兩汁 生地黃一升 龍齒末 生薑 防風 麻黃去節各四兩 防己 石膏 桂各二兩 用水一斗煮取三升分三服有氣加紫蘇 陳皮各半兩 治癎發煩悶無知口吐沫出四體角弓反張目反上口噤不言

易簡方 用生白礬一兩研 好臘茶二兩 煉蜜丸如桐子大每服三十丸再用臘茶湯下久服其涎自大便出

寧神丹 天麻 人參 陳皮 白朮 當歸 茯神 荊芥 殭蠶炒 獨活 遠志去心 犀角 麥門冬去心 酸棗仁去心 辰砂另研 生地黃 黃連各五錢 守 田南星 石膏各一兩 甘草炙 白附子 川芎 玉金 牛黃 珍珠各三錢 三 金箔三十片 共為末麵糊丸空心服五十丸白湯下清熱養氣血不時潮作者可服

血證

犀角地黃湯 犀角 生地黃 白芍藥 牡丹皮各等分 每服五錢水煎溫服實者可服治吐血衄血

二黃補血湯 熟地黃一錢 生地黃五分 當歸七分半 柴胡五分 升麻 白芍藥二錢 牡丹皮五分 川芎七分半 黃耆五分 水煎服 血不止加挑仁五分 酒大黃酌量虛實用之 內去柴胡升麻

聖惠湯 側栢葉 生荷葉汁 生茅草根汁 生地黃汁 生藕汁四味汁共紐一鍾 入蜜一匙 井水少許 常服之立效

臟毒

平胃地榆湯 白朮 陳皮 茯苓 厚朴 乾姜 葛根各五分 地榆七分 甘草炙 當歸炒 麴 白芍藥 人參 益智各三錢 蒼朮 升麻 附子炮 各一錢 剉碎 作一服 水煎 加薑 棗

槐花散 蒼朮 厚朴 陳皮 當歸 枳殼各一兩 槐角三兩 甘草 烏梅各半

兩用水煎服治腸胃不調脹滿下血

經驗方 用百合月晒乾茄子炒如黑色碾為細末連服十日不止再用數年陳槐花炒如前為末服之數日永不發俱空心煮酒送下一錢

槐角丸 地榆黄芩當歸槐角防風枳殼各三兩共為末酒糊丸如梧桐子大每服八十丸空心米湯送下治五種腸風下血

三黄丸 黄蘗黄連黄芩各等分為丸治糞後有血點兼治鼻衄

痰飲

導痰湯 南星橘紅赤茯苓枳殼甘草半夏各等分生姜五片水煎食前服

天竺黄餅子　牛膽南星三錢　薄荷一錢　天竺黄二錢　硃砂二錢　片腦二錢　茯苓二錢　甘草一錢　天花粉一錢　共為末，煉蜜入生地黄汁和藥作餅子。每服一餅，夜睡時噙化下。治一切痰上焦有熱，心神不寧。

潤下丸　南星　黄芩　甘草炙　黄連各一兩　半夏二兩　橘紅八兩，以水化塩五錢拌令得所，煮乾炒　共為末，蒸餅丸如菉豆大。每服五七十丸，白湯下。

咳嗽

人參清肺飲　阿膠　杏仁去皮炒　桑白皮　地骨皮　人參　知母　烏梅去核　罌粟殼去蒂蜜炙　甘草各等分　每服三錢，水一盞半，生姜、棗子各一，煎八分。治咳嗽不止。

平肺飲　陳皮一兩　半夏泡姜汁炒　桔梗炒　薄荷七錢半　紫蘇　烏梅去核　紫

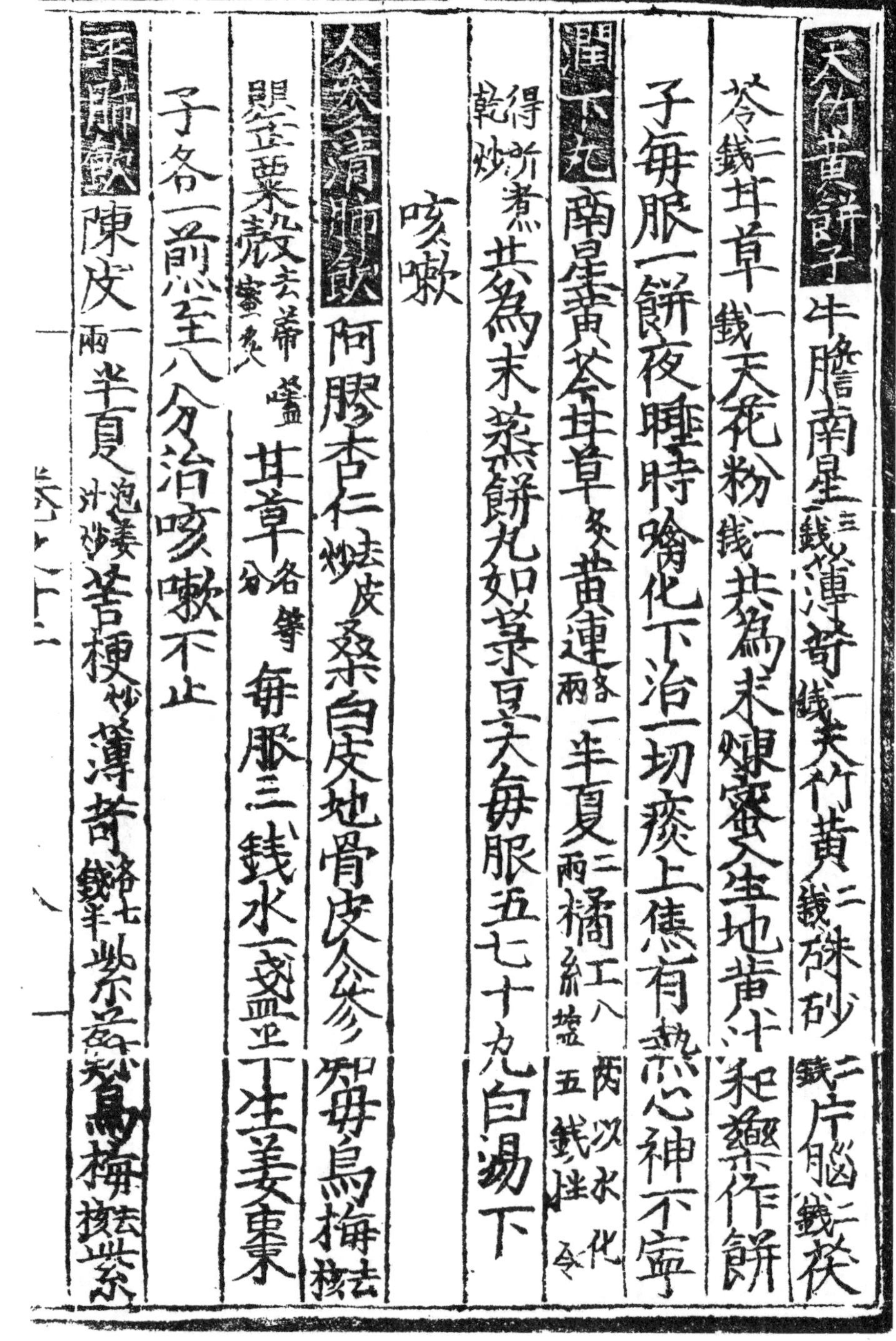

炙知母　桑白皮蜜炒　杏仁炒　五味子各七錢半　甘草炙五分　罌粟殼七錢半蜜炒

每服三錢，水一盞半，姜三片，煎六分，食後溫服。治咳嗽痰喘寒熱。

保肺丸　人參　紫菀　天門冬　麥門冬　桑白皮　陳皮　貝母各四兩　五味子　黃芩　桔梗　杏仁各三兩　加款冬花四兩，共為末，生蜜丸，每服八十丸，夜睡時白熱湯下。治上焦熱痰嗽。

人參花痰丸　人參　白茯苓　南星　薄荷　藿香　黃連各五錢　半夏　白礬　寒水石　乾姜各一兩　黃蘗　蛤粉各二十兩　共為末，姜糊為丸，如桐子大，每服八十丸，淡姜湯下。治嗽有痰。

清氣化痰丸　黃芩　黃連　黃蘗　皂角末　蘿蔔子　枯白礬各三兩　蒼术

兩瓜蔞仁南星陳皮各三兩蛤粉六兩香附十二兩製服如前

耳目

桂星散 辣桂川芎當歸細辛石菖蒲木通白蒺藜炒木香麻黃去節甘草炙各一錢五分南星煨白芷梢各四錢紫蘇一錢葱二莖水煎每服二錢治風虛耳聾

益腎散 磁石一兩火燒醋淬七次研巴戟去心川椒炒各一兩沉香石菖蒲各半兩共爲末每服二錢用豬腎一枚細切和葱白少鹽并藥濕紙十重裹煨令熱空心嚼以酒送下治腎虛耳聾

紅綿散 白礬煆一錢胭脂一字麝香少許入胭脂一字研勻用綿纏去耳中膿水送藥入耳令到底一方加龍骨

撥雲散　羌活　防風　柴胡　甘草（炒）各一斤　共爲末　每服二錢　煎　食後溫服　薄荷清調茶　并菊花苗煎湯　皆可服　治男子婦人風毒上攻　眼目翳膜遮睛　怕日羞明　一切風毒

還睛丹　羌活　蜜蒙花　蒼朮　木賊　草白芷　川芎　大麻子　當歸　細辛　黃連　枸杞子　桔梗　梔子仁　甘草　荊芥穗　菊花　薄荷　連翹　藁本　川椒　石膏　烏藥　黃芩　已上各等分一兩五錢　爲細末　煉蜜丸如彈子大　每服一丸　細嚼　溫酒送下　爲末　每服二錢　蜜水調下　治遠久眼疾

經驗方　用萆麻子四十九粒　棗肉十箇　入人乳搗成膏子　石上曝令晾乾　丸如桐子大　綿裹塞耳中　鼻目滴入左丸如目開疾散

風熱

點藥方 黃連鬚去 黃蘗皮去 黃芩 山梔子 川芎 防風蘆去 羌活 荊

芥梗去 當歸鬚去 大黃 赤芍 蕤仁 甘草各五錢 蘆甘石四兩白各者 共剉碎用

水十五碗 蘇至七八碗 去布 將甘石煆紅 夾入藥水內淬之

又煆又淬至七次或九次 全藥水將乾 却將童便二三碗又將

甘石依前法煆淬 將石研極爛 入剩下藥水內浸一宿次日

傾去清水 將石末用好紙盛曬 再研爛羅過 每斤腦一錢 硼

砂一錢三分 用口噙內吐水三口 晾乾 麝香三分 硃砂研細

水飛過 碟內晾乾一錢五分 與石末攪勻 再研再羅 瓷罐

收貯 勿令出氣 治一切眼疾

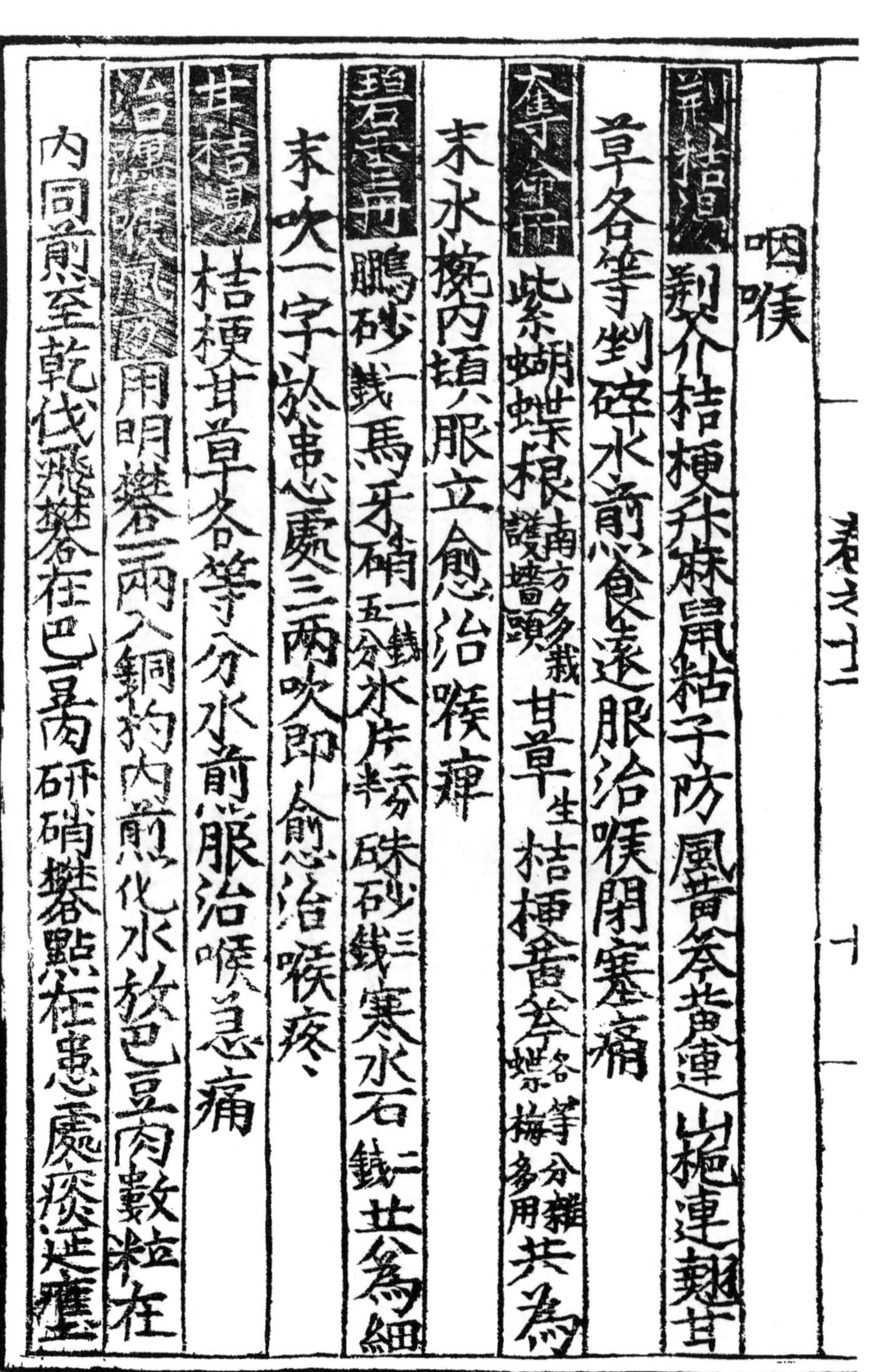

咽喉

荆桔湯　荆芥　桔梗　升麻　鼠粘子　防風　黄芩　黄連　山梔　連翹　甘草各等分剉碎水煎食遠服治喉閉塞痛

奪命丹　紫蝴蝶根（南方多栽護墻頭）　甘草（生）　桔梗　黄芩（各等分雞蝶梅多用）共為末水攪內頓服立愈治喉痺

碧雪丹　鵬砂（一錢）　馬牙硝（一錢五分）　冰片（一分）　硃砂（三錢）　寒水石（二錢）共為細末吹一字於患處三兩吹即愈治喉疼

甘桔湯　桔梗　甘草各等分水煎服治喉急痛

治纏喉風方　用明礬一兩入銅杓內煎化水放巴豆肉數粒在內同煎至乾伐飛礬在巴豆肉研硝礬點在患處痰涎壅

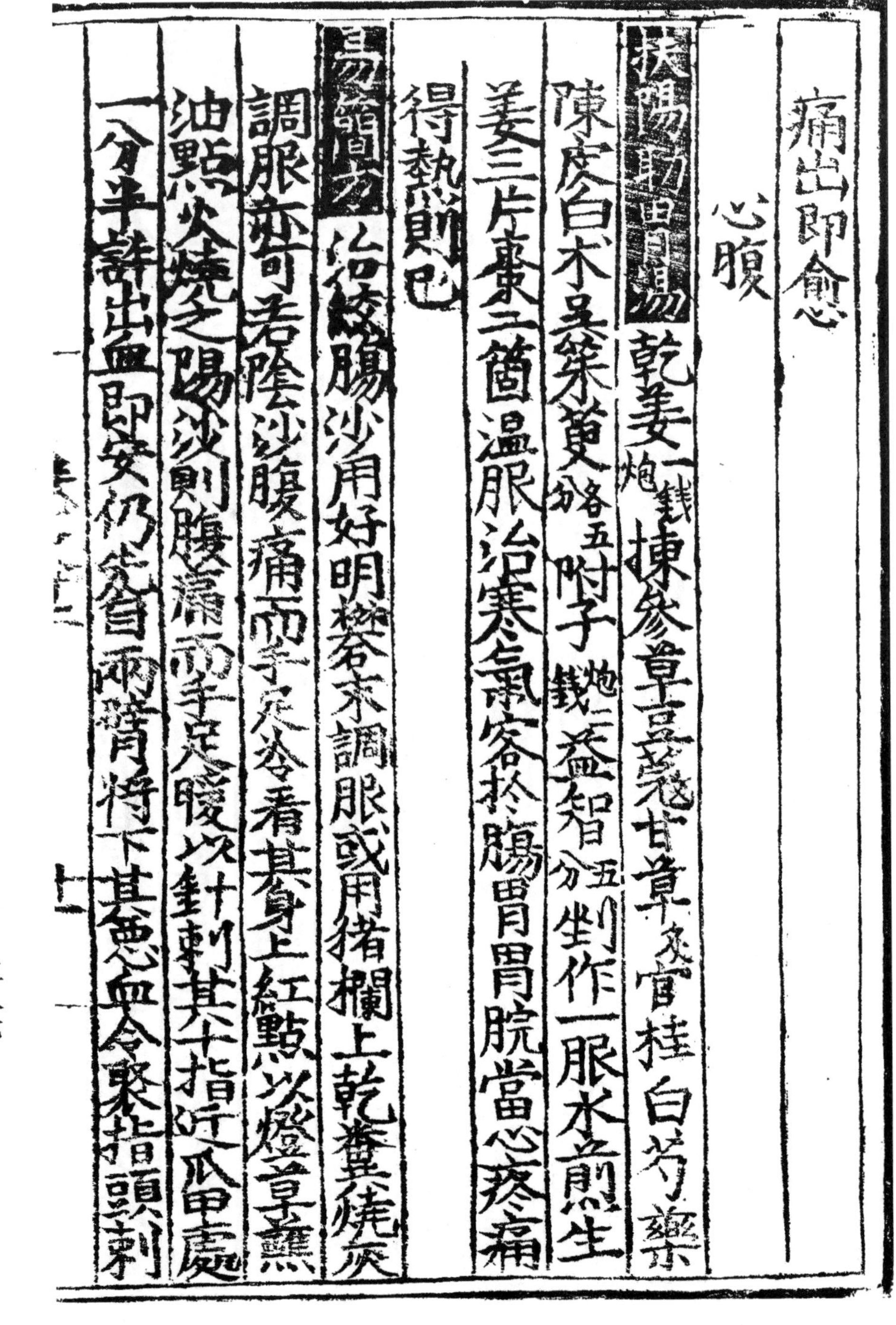

痛出即愈

心腹

扶陽助胃湯 乾姜炮一錢 揀參 草荳蔻 甘草炙 官桂 白芍藥 陳皮 白术 吳茱萸各五分 附子炮二錢 益智五分 剉作一服水二煎生姜三片棗二箇溫服治寒氣客於腸胃胃脘當心疼痛得熱則已

易簡方 治絞腸沙用好明礬末調服或用猪欄上乾糞燒灰調服亦可若陰沙腹痛而手足冷看其身上紅點以燈草蘸油點火燒之陽沙則腹痛而手足暖以針刺其十指近爪甲處一分半許出血即安仍先自兩臂捋下其惡血令聚指頭刺

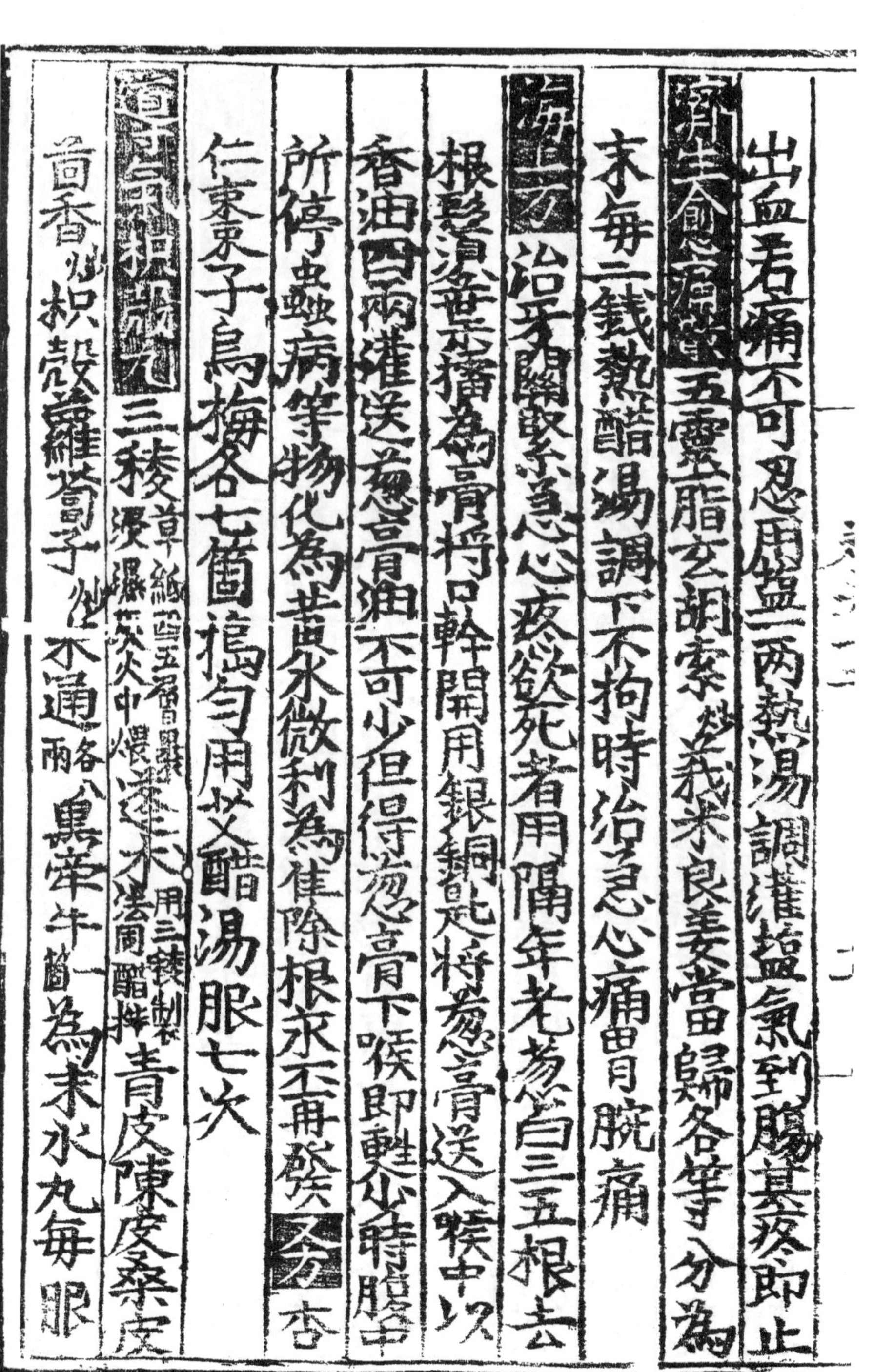

出血若痛不可忍用鹽一兩熱湯調灌鹽氣到腸其疼即止

得生愈痛散 五靈脂 玄胡索炒 莪朮 良姜 當歸各等分為末每二錢熱醋湯調下不拘時治急心痛胃脘痛

治蟲方 治牙關緊急心疼欲死者用隔年老葱白三五根去根鬚洗淨搗為膏將口斡開用銀銅匙將葱膏送入喉中以香油四兩灌送葱膏油不可少但得葱膏下喉即甦少時腹中所停蟲病等物化為黃水微利為佳除根永不再發 **又方** 杏仁 棗子 烏梅各七箇搗勻用艾醋湯服七次

通氣枳殼丸 三稜草紙包五層水浸濕灰火中煨透 莪朮用三錢製法同醋拌 青皮 陳皮 桑皮 茴香炒 枳殼 蘿蔔子炒 木通各一兩 黑牽牛一斤 為末水丸每服

八十丸食遠白湯下治氣結不散心胸疼痛逆氣上攻

腰脇

芎白桂湯 羌活一錢五分 柴胡 肉桂 桃仁 當歸尾 甘草炙 蒼朮 川芎 蘗 獨活 神麯炒各五分 漢防己酒製 防風各三分 剉碎作一服好酒三盞煎一盞食前暖處溫服治冬月露卧感寒濕腰疼

羌活湯 羌活 防風 獨活 桂 大黃煨 澤瀉各三錢 甘草炙 連翹各二兩 防己 黃蘗各一兩酒製 桃仁 簡 共剉碎每半兩酒水各半盞煎空心熱服治因勞役濕熱日甚腰痛如折沉重如山

[illegible] 破故紙一兩炒 木香二錢 為末好酒調服二錢治腰疼

腳氣

卷之十二

建固丸 生地黃一兩五錢 當歸一兩 芍藥 陳皮 蒼朮各一兩 吳茱萸 黃[illegible]

茯苓 牛膝各五錢 大腹子 桂枝各五錢 共為末糊丸如桐子大每服

百丸空心煎白木木通湯下

虎痛丸 赤芍藥去皮 草烏去皮尖各半兩 為末酒糊丸空心服十

丸白湯下

諸虛

十全大補湯 人參 肉桂 川芎 熟地黃 茯苓 白朮 甘草 黃耆

當歸 白芍藥等分 水煎 姜三片 棗一箇 治男子婦人諸

虛不足五勞七傷

人參養榮湯 白芍藥三兩 當歸 陳皮 黃耆 桂心 人參 白朮 甘

草一炙各兩熟地黃五味子茯苓各七錢半遠志五錢水煎生姜三片棗一

箇遺精加龍骨咳嗽加阿膠

無比山藥丸 赤石脂白茯苓巴戟去心牛膝酒浸澤瀉山茱萸各二兩

肉蓯蓉四兩五味子二兩杜仲炒去絲兔絲子熟地黃各三兩共為末煉

蜜丸如桐子大每服五十丸空心溫酒下

固本丸 生地黃洗熟地黃洗蒸天門冬去心麥門冬去心各一兩人參五錢

共為末煉蜜丸如桐子大每服五十丸空心溫酒或鹽

湯下

[illegible]百補丸 地黃八兩酒浸兔絲八兩酒浸當歸四兩酒浸杜仲四兩酒炒知母二兩酒炒黃

蘗二兩酒炒沉香一兩共為末酒糊為丸照前服

烏雞煎丸 胡黃連 人參各一兩 白朮炒 補骨脂 茯神 茯苓去皮 谷精
草 赤芍藥炒 知母 貝母 黃芩酒浸 黃蘗炒 前胡 銀州軟柴胡 五
味子 杏仁去皮尖 地骨皮 秦艽去蘆 當歸酒浸 淮慶山藥 乾熟地
黃酒浸 石蓮肉 肉蓯蓉酒浸 天門冬去心酒洗淨 麥門冬去心酒洗 小茴香炒 白
芍藥炒 川椒去核 已上各五錢 各味如法精製剉 生細用白毛烏骨雞
重二斤許 男雌女雄 肋下去腸 入藥于腹 縫好 用無灰白麪酒二大
瓶煮一晝夜 將骨肉并藥搗碎為末 酒糊丸如桐子大 每
服五十丸 日進三服 俱食前 或米飲或淡鹽湯送下
加味虎潛丸 熟地黃四兩酒浸蒸九次微火焙乾 乾山藥二兩 肉蓯蓉二兩酒浸蒸九次 牛
膝二兩 杜仲二兩去皮 白朮四兩 虎脛骨二兩酥炙黃色 敗龜板四兩酥炙 當歸二兩 黃

檗四兩去皮酒浸春五夏三秋七冬十日炒褐色為度 川芎二兩 知母二兩 白芍藥二兩 為末煉蜜丸如桐子大每服百丸空心酒下

補陰丸 熟地黃六兩酒浸 人參 當歸酒浸 白芍藥炒 乾山藥 破故紙酒浸炒 兔絲子 枸杞子 牛膝俱酒浸 杜仲姜汁炒斷絲 敗龜板酥炙黃色 虎骨酥炙 知母酒炒 黃檗酒炒褐色各三兩 鎖陽酥炙二兩 黃耆蜜炙二兩 精滑加龍骨煅 牡礪火煅各兩半 為末煉蜜丸如桐子大每服七十丸空心塩湯送下

諸瘧

丹溪方 川芎 紅花 當歸 黃檗炒 白朮 蒼朮 甘草各等分 水煎露一宿次早服 無汗要汗散邪為主帶補 有汗要無汗扶正氣為主帶散 治老瘧

又方　青皮　桃仁　紅花　神麯　麥芽　鱉甲　三稜　蓬朮　海粉　香附並醋煮
共為末丸如桐子每服五七十丸白湯下
又方　川山甲　草果　知母　檳榔　烏梅　甘草　常山　水煎露一宿臨
發日早服得吐為順
截瘧丹　檳榔　陳皮　白朮　常山　茯苓　烏梅　厚朴　作二服水酒
各二鍾煎至一鍾當發前一服臨發早一服

消渴

麥門冬飲子　知母　甘草炒　瓜蔞　五味子　人參　葛根　生地黃　茯
神　麥門冬去心　各等分　水煎入竹葉十四片
加味錢氏白朮散　人參　白朮　茯苓　甘草炙　枳殼炒各五分　藿香　乾

葛根一錢木香五味子柴胡各二水煎作一服

地黃飲子 甘草炒人參生地黃熟地黃黃耆天門冬麥門冬去心澤瀉石斛枇杷葉炒水煎每服五錢

積聚

分氣紫蘇飲 五味桑皮茯苓甘草炙草果腹皮陳皮桔梗紫蘇各等分每服五錢水一鍾薑三片煎七分空心服

勝紅丸 三稜醋浸紙四五重包灰火中煨蓬朮如前製青皮陳皮乾薑炒良薑各一斤香附山查神麯各二斤為末水發丸每服八十丸食遠白湯下

阿魏丸 山查南星皂角水浸半夏皂角水浸麥芽炒神麯炒各一兩黃連一兩連

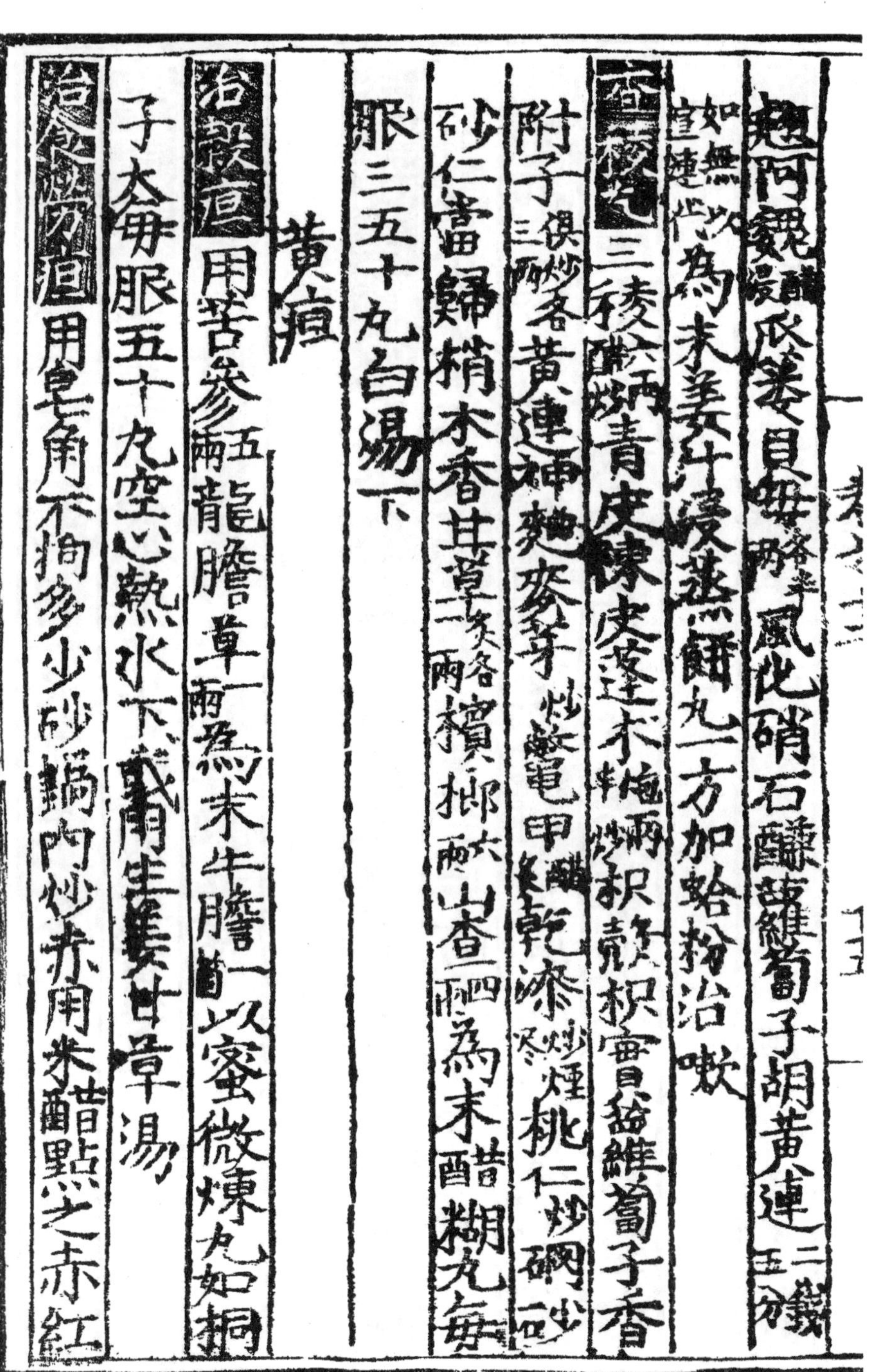

麹阿魏（醋浸）瓜蔞 貝母（各半兩）風化硝 石鹼 蘿蔔子 胡黃連（二錢五分，如無以宣連代之）為末 姜汁浸蒸餅丸 一方加蛤粉 治嗽

血蠱 三稜（六兩醋炒）青皮 陳皮 蓬朮（各四兩醋炒）枳殼 枳實 蘿蔔子 香附子（俱炒各三兩）黃連 神麹 麥芽（炒）鱉甲（醋炙）乾漆（炒煙盡）桃仁（炒）硇砂（一兩）砂仁 當歸梢 木香 甘草（炙各二兩）檳榔（六兩）山查（四兩）為末 醋糊丸 每服三五十丸 白湯下

黃疸

治穀疸 用苦參（五兩）龍膽草（一兩）為末 牛膽（一個）以蜜微煉丸如桐子大 每服五十丸 空心熱水下 或用生姜甘草湯

治食積疸 用皂角不拘多少 砂鍋內炒存性 用米醋點之 赤紅

色研細棗肉為丸如梧桐子大每服三十丸薑湯下

治酒疸 枳實麩炒去白 梔子 葛根各五錢 豆豉一兩 甘草炙五錢 水一鍾煎溫服

治女勞疸 滑石二兩五錢 枯白礬二兩 為末每服二錢

治穀疸 茵陳一兩 大黃去皮五錢 梔子七箇 每服水二鍾半煎至一鍾去柤取汁調五苓散溫服

瀉痢

丹溪方 治泄瀉身疼麻木 陳皮 白朮 白豆蔻 澤瀉 猪苓 白芍藥 川芎 神麯炒 砂仁 半夏 藿香 木香各等分水煎食前服

香連芍藥湯 白朮 白茯苓 猪苓 澤瀉各一兩半 木香五錢 厚朴三錢 蒼朮

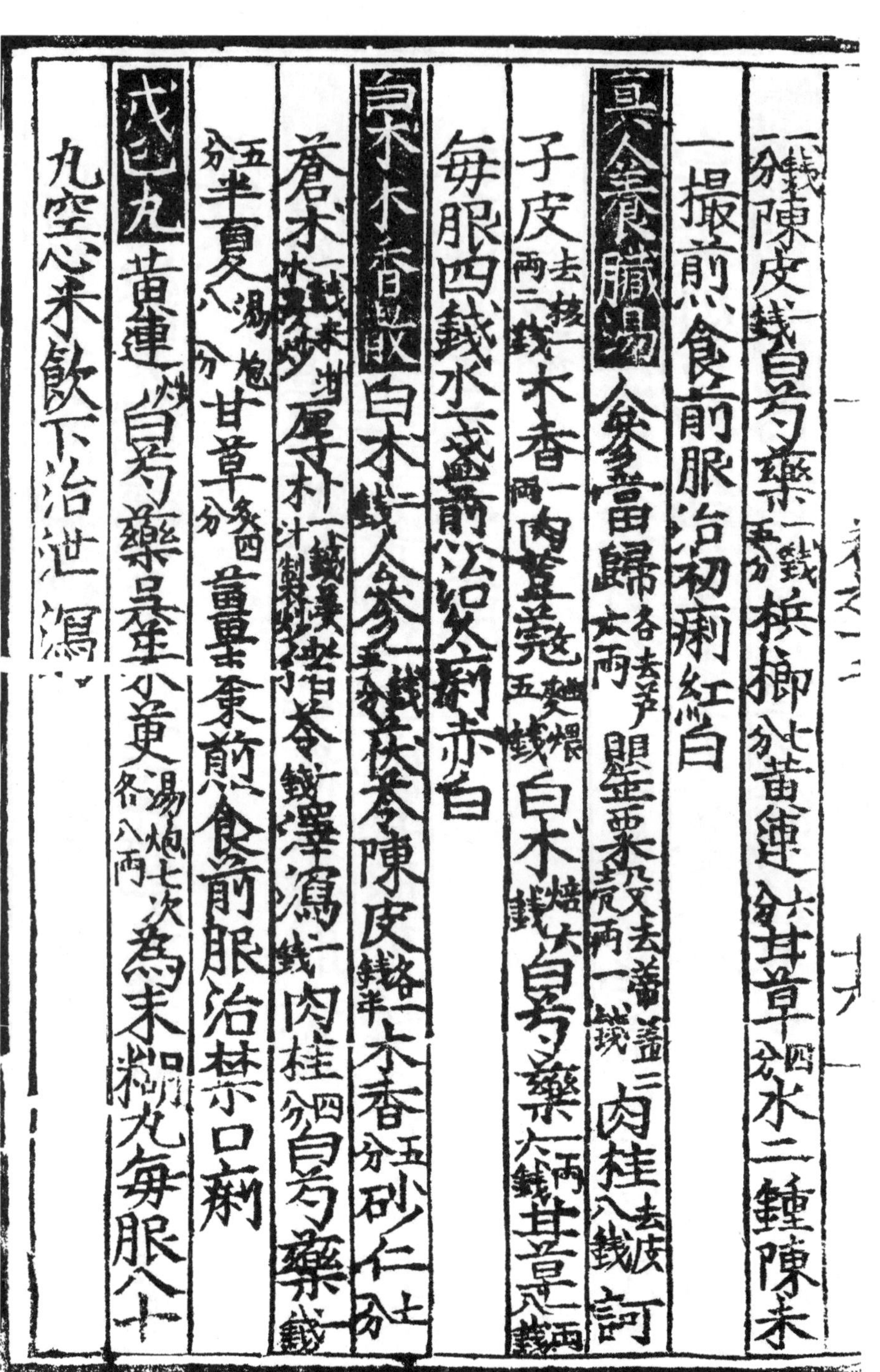

一錢一分陳皮一錢白芍藥一錢五分檳榔七分黃連六分甘草四分水二鍾陳未

一撮煎食前服治初痢紅白

真人養臟湯 人參 當歸各去芦 罌粟殼去蒂蓋三兩六錢 肉桂去皮八錢 訶

子皮去核一兩二錢 木香一兩四錢 肉荳蔻麵裹煨五錢 白朮焙六錢 白芍藥一兩六錢 甘草炙一兩八錢

每服四錢水一盞煎治久痢赤白

白朮木香散 白朮一錢 人參五分 白茯苓 陳皮各一錢半 木香五分 砂仁七分

蒼朮米泔水浸炒一錢 厚朴姜汁製炒一錢 白茯苓一錢 澤瀉一錢 肉桂四分 白芍藥一錢

五分 半夏湯泡八分 甘草炙四分 生薑三片 棗一枚 煎食前服治禁口痢

戊己丸 黃連炒 白芍藥 吳茱萸湯泡七次各八兩 為末糊丸每服八十

九空心米飲下治泄瀉

五苓散加木香訶子肉草豆蔻白芍藥藿香附子各一錢水煎服治

脾泄

經驗方黄連十二兩人參四兩用好黄連陳酒煮乾再劉再炒為

末治便血并痢疾增咳逆續醫說

諸淋

二神散海金砂七錢五分滑石五錢為末每服一錢半冬用燈心木通

麥門冬煎湯入蜜少許調下治諸淋急痛

五淋散赤茯苓赤芍藥山梔子仁生甘草各二錢當歸黄芩各五錢

每服五錢水煎空心服治諸淋

車前子飲車前子五錢淡竹葉荊芥穗赤茯苓燈心各二錢半分作二

服水煎空心服治諸淋小便痛

清心蓮子飲 黄芩 石蓮肉 白茯苓 人參各七錢半 黄芪 麥門冬 甘草 地骨皮 車前子各五錢 每服五錢水煎治上盛下虛心火炎上口苦咽乾煩渴微微小便赤澁或欲成淋發熱加柴胡薄荷

疝氣

蟠葱散 蓬朮 檳榔 茯苓 肉桂 玄胡索 青皮 丁皮 乾姜 白茭 三稜 縮砂各等分 水一盞半煎七分食前服

橘核散 橘核 桃仁 梔子 川烏 吳茱萸各等分 研末煎服

噎塞

韭汁方 韭菜汁十分 每早一半盞冷飲之盡韭汁一斤爲度治血在

胃口安食欝而成痰

通氣湯 桂(去皮三錢) 生姜(六錢) 吴茱萸(炒四錢) 半夏(湯泡八錢) 大棗(四箇) 用水一升煎取四合分作三服治胃膈氣逆

翻胃

桂香散 水銀 黒錫(各三錢) 硫黄(五錢) 入銚内用柳木槌過微火上細研為灰取出後入丁香末(二錢) 生姜末(三錢) 調匀每服三錢黄米飲下一服取効病甚者再服治膈氣翻胃

丁香附子散 丁香(五錢) 檳榔(一箇重三錢) 黒附子(一箇重五錢炮) 舩上硫黄(去石研) 胡椒(各二錢) 為末入研藥和匀每服二錢用飛硫黄一箇去毛翅足腸肚填藥在内濕紙五七重裹定慢火燒熟取嚼

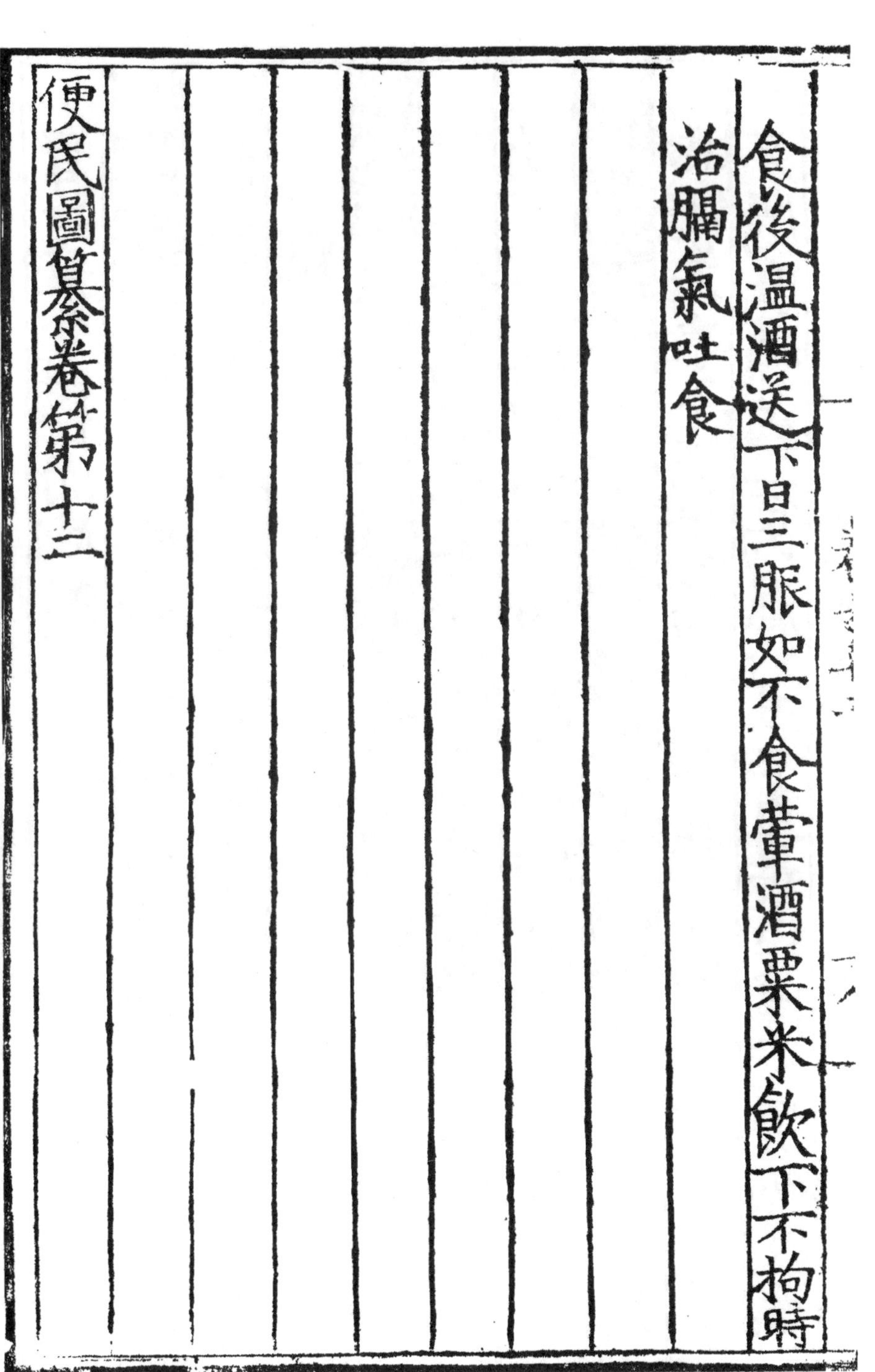

食後溫酒送下日三服如不食葷酒粟米飲下不拘時

治膈氣吐食

便民圖纂卷第十二

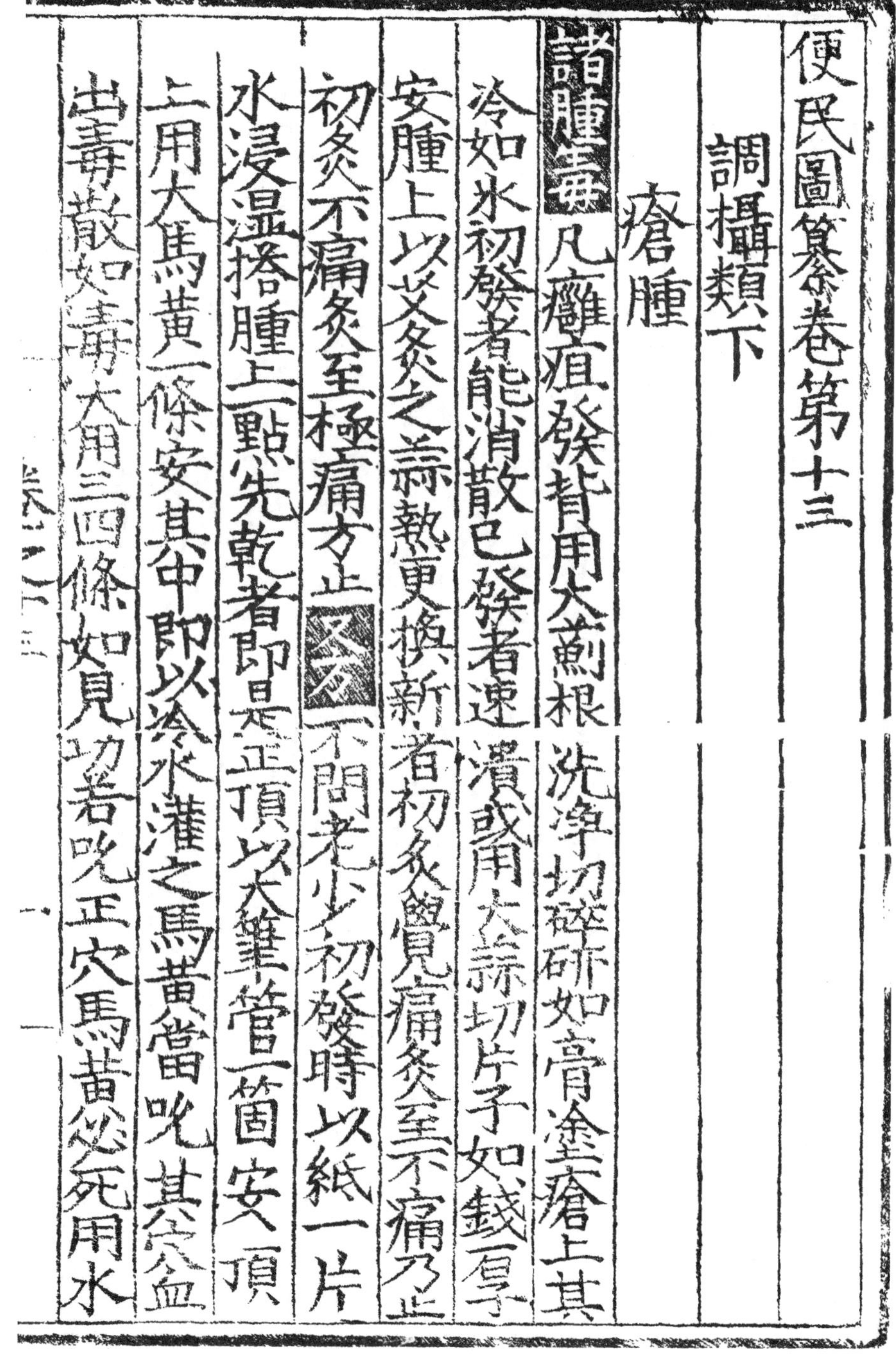

便民圖纂卷第十三

調攝類下

瘡腫

諸腫毒 凡癰疽發背用大薊根洗淨切碎研如膏塗瘡上其冷如水初發者能消散已發者速潰或用大蒜切片子如錢厚安腫上以艾灸之蒜熱更換新者初灸覺痛灸至不痛乃止初灸不痛灸至極痛方止 **又方** 不問老少初發時以紙一片水浸濕搭腫上一點先乾者即是正頂以大筆管一箇安頂上用大馬黃一條安其中即以冷水灌之馬黃當吮其穴血出毒散如毒大用三四條如見功者吮正穴馬黃必死用水

救活其瘡即愈累試立効乃去毒之一端也血不止以藕節研爛塗上○癰疽作膿不用針者取出蛾繭一枚燒灰酒調服即穿○凡惡瘡不收口者用芫花陰乾為末先用槐枝葱白湯洗過摻之立効宿瘡不收者更効○多年惡瘡用馬齒莧搗爛傅之瘡形如翻花者燒灰豬脂調傅○毒瘡無頭者用蛇蛻皮貼腫處

又方

槐花二兩微炒好酒二碗煎一碗上發背食後服下發背食前服○無名腫毒用野菊花連根搗爛以好酒二椀煎至一椀乘熱服之○髭鬢边軟癤數年不愈者用豬頸猫頸上毛各一撮燒灰鼠屎一粒為末清油調傅○附骨疽久不癰膿汁敗壞或骨從瘡孔出用大蝦蟆一箇亂

頭髮一握如雞子大猪油四兩煎令藥滤去滓凝如膏貼之
凡貼先以桑根皮煎湯淋洗拭乾煅龍骨末掺瘡四
畔令易收斂○便癰用皂莢燒過陰乾為末酒調服或用皂
莢子七粒水服○便毒初發時用生姜一大塊米醋一盞姜蘸
醋磨取千步峯泥（即人家行步地上高墩）塗腫處又方用核桃七箇連殼
燒存性為末好酒調服三五次愈○疔瘡用蒼耳子根梗苗
燒灰和醋淀如泥塗乾再換上不十次即拔出根或用白
梅肉荔枝肉同搗成膏捻作餅子依瘡大小安上根即出若
垂死者用其菊花葉一把搗汁一盞入口即活冬月用根此方
神効○魚臍疔瘡用絲瓜葉連鬚葱韭菜同入石鉢搗爛

以酒和服粗貼腋下如病在左手貼左腋下在右貼右腋下
在左足貼左胯在右貼右胯在中則貼心臍並用布帛包住
候向下紅絲處皆由則可如有潮熱亦用此法却令人抱住
恐其顛倒則難救若瘡頭黑深破之黄水出四畔浸淫用
蛇殼燒存性細研雞子清調傅

瘰癧用蓖麻子炒熟去皮爛嚼臨臥服三二枚漸加至十數枚
甚效**又方**已潰未潰者用蝸牛以竹絲串晒乾燒存性入
輕粉少許猪骨髓調用紙花量瘡大小貼之一法以帶牧酒
牛七箇生取肉入丁香七粒於殼內燒存性與肉同研成膏
用紙花貼之**又方**用大田螺并殼肉燒存性為末破者乾貼

未破者清油調傅【又方】不分男婦用猫兒眼草一二綑并水二桶五月五日午時鍋內熬至一桶盆內澄清再下鍋熬至一揔盛放瓷瓶內另用川椒葱槐枝三件放在一處熬湯將瘡洗淨用藥膏搽三次即愈【又方】專治婦人用梹榔黑牽牛斑猫麝香郁李仁甘草防風白术蜜陀僧各等分猫去翅足用糯米炒如粟米色攤地上去火性郁李仁亦用糯米炒令黑色黑牽牛將一半用浮麥炒令黑色各為末以人年歲大小體貌肥瘦用藥五更時煎木香梹榔湯調服或止用井花水調服亦得待藥行四五度巳時分以白米粥補之病根從小便出即愈

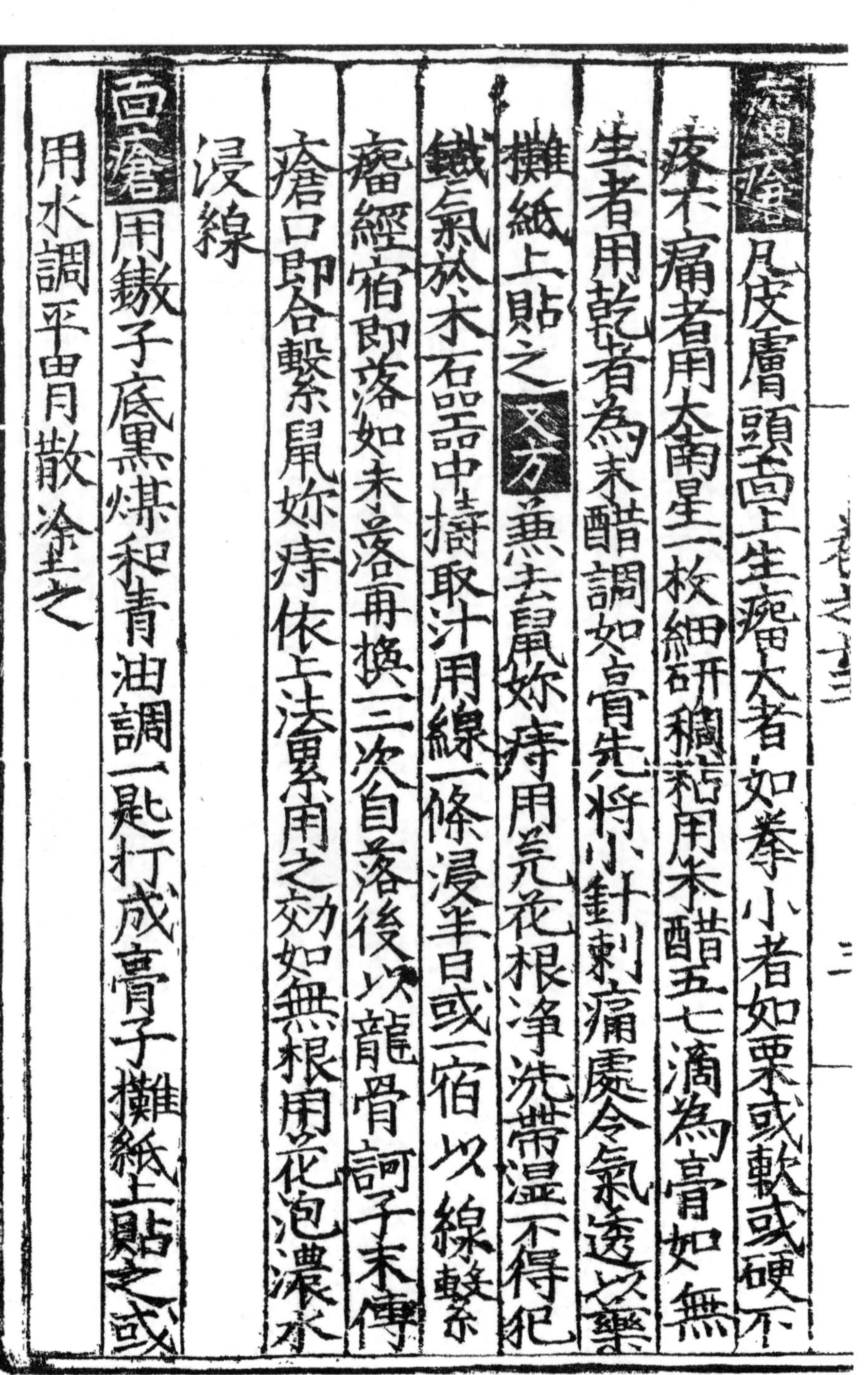

瘤贅　凡皮膚頭面上生瘤大者如拳小者如粟或軟或硬不疼不痛者用天南星一枚細研稠粘用米醋五七滴為膏如無生者用乾者為末醋調如膏先將小針刺痛處令氣透以藥攤紙上貼之　又方　燕去鼠妳痔用芫花根淨洗帶濕不得犯鐵器於木石器中搗取汁用線一條浸半日或一宿以線繫瘤經宿即落如未落再換二三次自落後以龍骨訶子末傅瘡口即合繫鼠妳痔依上法累用之效如無根用花泡濃水浸線

面瘡　用鏉子底黑煤和青油調一匙打成膏子攤紙上貼之或用水調平胃散塗之

鼻瘡　用杏仁研、乳汁和傅或用烏牛耳垢摻之

唇瘡　用玄胡索一兩黃蘗黃連各半兩密陀僧二錢青黛一錢為末傅貼口內有津即吐又方用杏仁七箇去皮尖輕粉少許同嚼吐涎即好

走馬疳瘡　用天南星一箇剜去心以通明雄黃一粒入南星內仍以剜下南星屑掩之麪裹煨以拆為度為細末乾用清油調塗濕乾摻三日全愈

天泡瘡　用防風通聖散末及蚯蚓各炒蜜調傅若從肚上起者是內發熱服通聖散

疥瘡　用溫熱泔水洗見血將松香一兩猪板油半兩同研爛傅

瘡上三日後仍如前法洗傅不三五次即愈蓋二味能引蟲出故也須時常用温水洗過柔油擦之不發

禿瘡　用蘿韭汁洗淨搵乾刮鹿骨傅上　又方　用韭地上蚯蚓泥乾末入輕粉清油調傅白犬屎亦可　又方　用白墡土煅紅數多為妙研細生油好粉調塗或用真百藥煎填之或以五倍子末摻之若臭爛久不愈者用黑龜殼一個醋一椀炙醋盡為度仍煅令白烟盡存性椀合地上一宿出火氣入輕粉麝香拌勻先以葱湯洗拭乾傅藥

面瘡　用貝母為末擦之

疥瘡　水銀大風子輕粉樟腦杏仁枯礬各等分研細柏油調搽

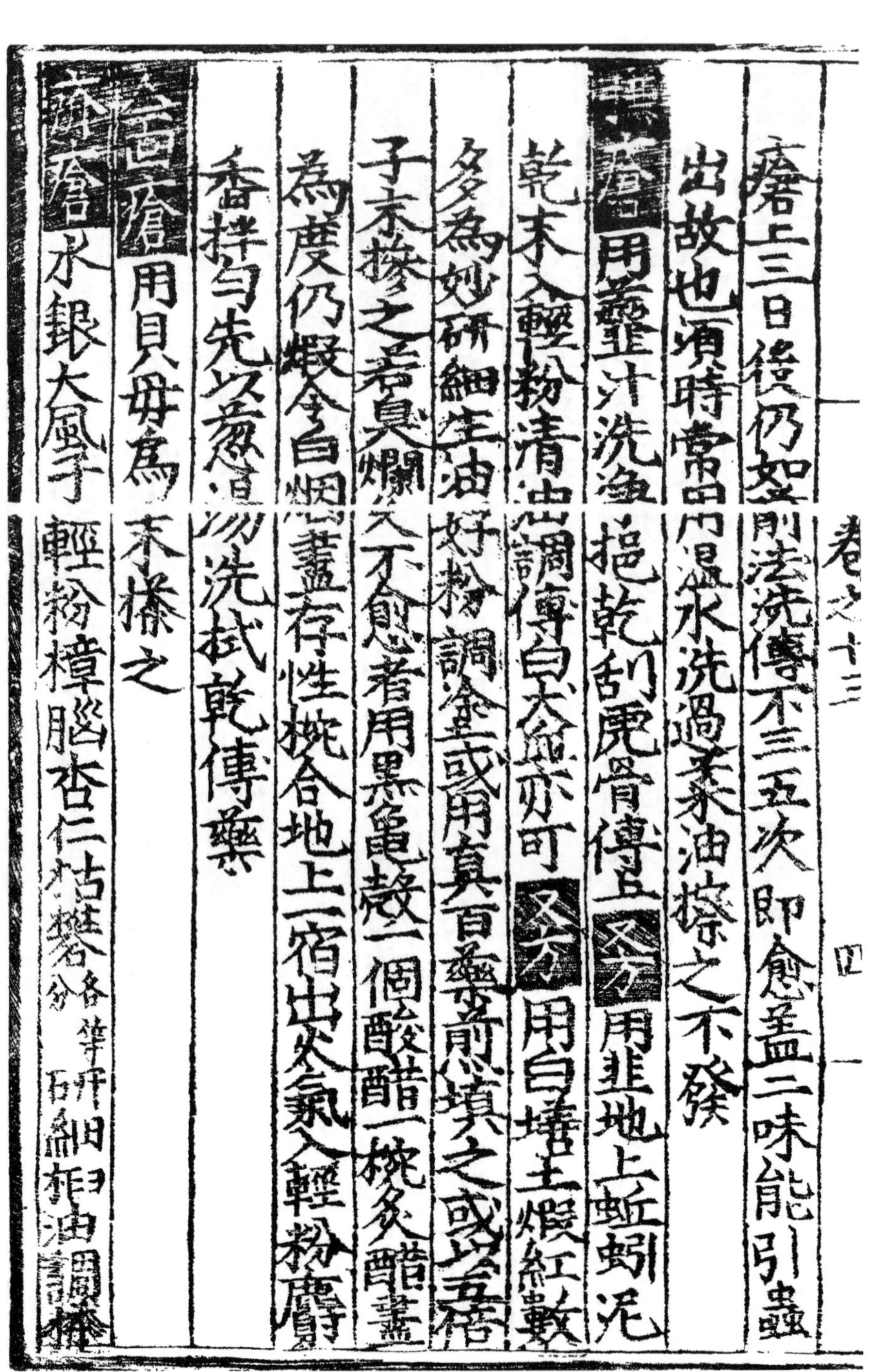

頭癬 雄黃 硫黃 剪草 枯礬 寒水石 輕粉 滑石各等分為末用香桼油調勻先用荊芥防風黃蘗等藥煎湯熏洗次用藥搽傅

痔瘡 用馬齒莧 苦蕒各一斤 枳殼二兩 連鬚葱一握 川椒一合煎湯熏之候稍溫方洗不二次求除

又方 取鰻魚焙乾燒烟熏之

又方 以土中繡釘無鐵者搗爛釅醋調敷三五次即愈

洗痔方 晉礬 寒水石各一兩 雄黃三錢 共為末每次三錢以滚水泡過攪勻椀成放淨桶內熏之候水溫洗

又方 用不見水新塼一塊燒紅以好醋潑上卻用艾葉鋪了三四疊乘熱以布裹定令坐上熏三五次即愈或用煮鰻魚湯或退雞湯洗即愈

漏瘡 惡水自大腸出用黑牽牛研細去皮入豬腰子內以線紮

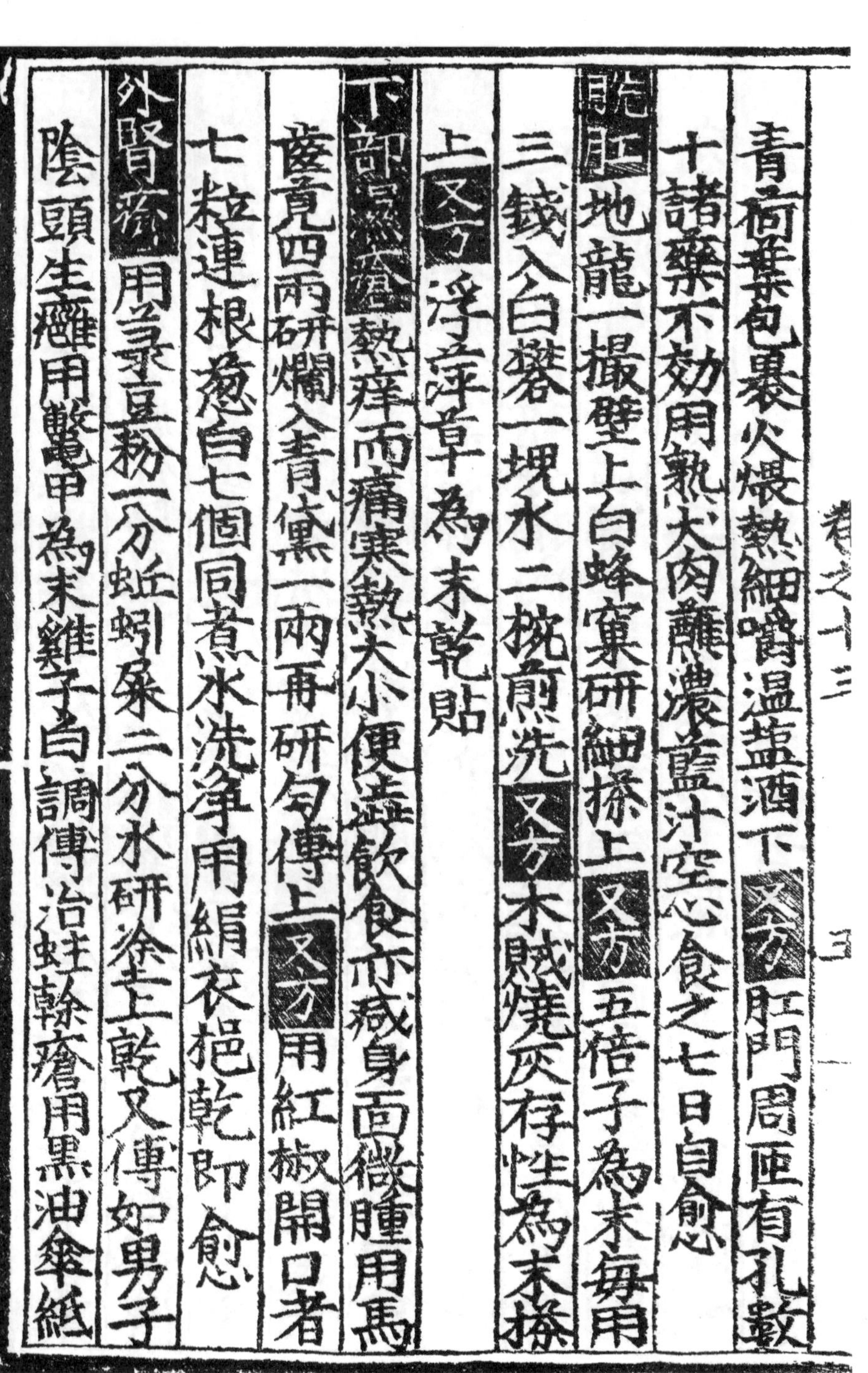

青荷葉包裹火煨熱細嚼溫鹽酒下　又方　肛門周匝有孔數十諸藥不効用熟犬肉蘸濃藍汁空心食之七日自愈

脫肛　地龍一撮壁上白蜂窠研細搽上　又方　五倍子為末每用三錢入白礬一塊水二椀煎洗　又方　木賊燒灰存性為末搽上　又方　浮萍草為末乾貼

下部濕瘡　熱痒而痛寒熱大小便澀飲食亦減身面微腫用馬藺莧四兩研爛入青黛一兩再研勻傅上　又方　用紅椒開口者七粒連根葱白七個同煮水洗淨用絹衣挹乾即愈

外腎瘡　用綠豆粉一分蚯蚓屎二分水研塗上乾又傅如男子陰頭生癰用鼈甲為末雞子白調傅治蛀榦瘡用黑油傘紙

燒灰合地上一宿出火氣傳瘡上便結靨治下疳瘡用白
礬一兩黃丹八錢熬飛紫色研為末以溝渠中惡水洗過挹
乾傳上

凍瘡 用乾茄根煎湯洗即愈凍脚者熱醋湯洗研藕貼之

漆瘡 用磨鐵漕中泥或蟹黃塗之

杖瘡 以防風荊芥大黃黃連黃蘗用水煮即以油紙包乳香
沒藥線扎系定置所煮藥於水中再煮炙之取出洗下油紙
內二藥和藥汁中洗瘡油紙貼瘡一日一次

痱子 用淨水挪青蒿汁調蛤粉傳雪水尤妙 **又方** 用炙蒸
桑陰乾為末傳之

腮腫一名痄腮用赤小豆為末醋調傳立効

手指頭腫用烏梅搥碎去核肉取仁研碎米醋調入漬之自愈○惡指欲成瘡痛極者用生黑豆嚼爛罨上以紗帛縛住痛即止○手背腫痛用杏腩浸研細傳之又以手按地足踏碾即散

諸傷 救急附

破傷風用病人耳中膜并爪甲上刮末唾調傳○牙關口緊四肢強直用鼠一頭連尾燒灰研臘猪脂調傳○浮腫用蟬殼為末葱涎調傳破處即時取去惡水或用魚膠二錢溶化封之又酒服一錢

撲打墜損 惡血攻心悶亂疼痛以乾荷葉五斤燒烟盡空腹
以童便溫一盞調下三錢日三服○從高墜下及落馬傷損取
淨土和醋蒸熱布裹熨之痛即止○跌撲有傷口嚼燈心罨
之血即止或用冬青葉晒乾為末摻傷處或細嚼傅上或用
姜汁和酒等分拌生麪貼之或用霜梅搥碎罨瘡口免破傷
風○傷肢折臂者即將折處轉一抑定用好酒一瓶旋熱將
雄雞一隻刺血在內攪勻乘熱飲之仍將連根葱搗爛炒
熱傅上包縛冷再換亦治刀刃傷痛與血隨止 又接骨方用
無名異甜瓜子各一兩乳香沒藥各二三錢許共為細末每服
五錢熱酒調服小兒三錢服訖以絲[illegible]雞黃米粥於上摻左顧

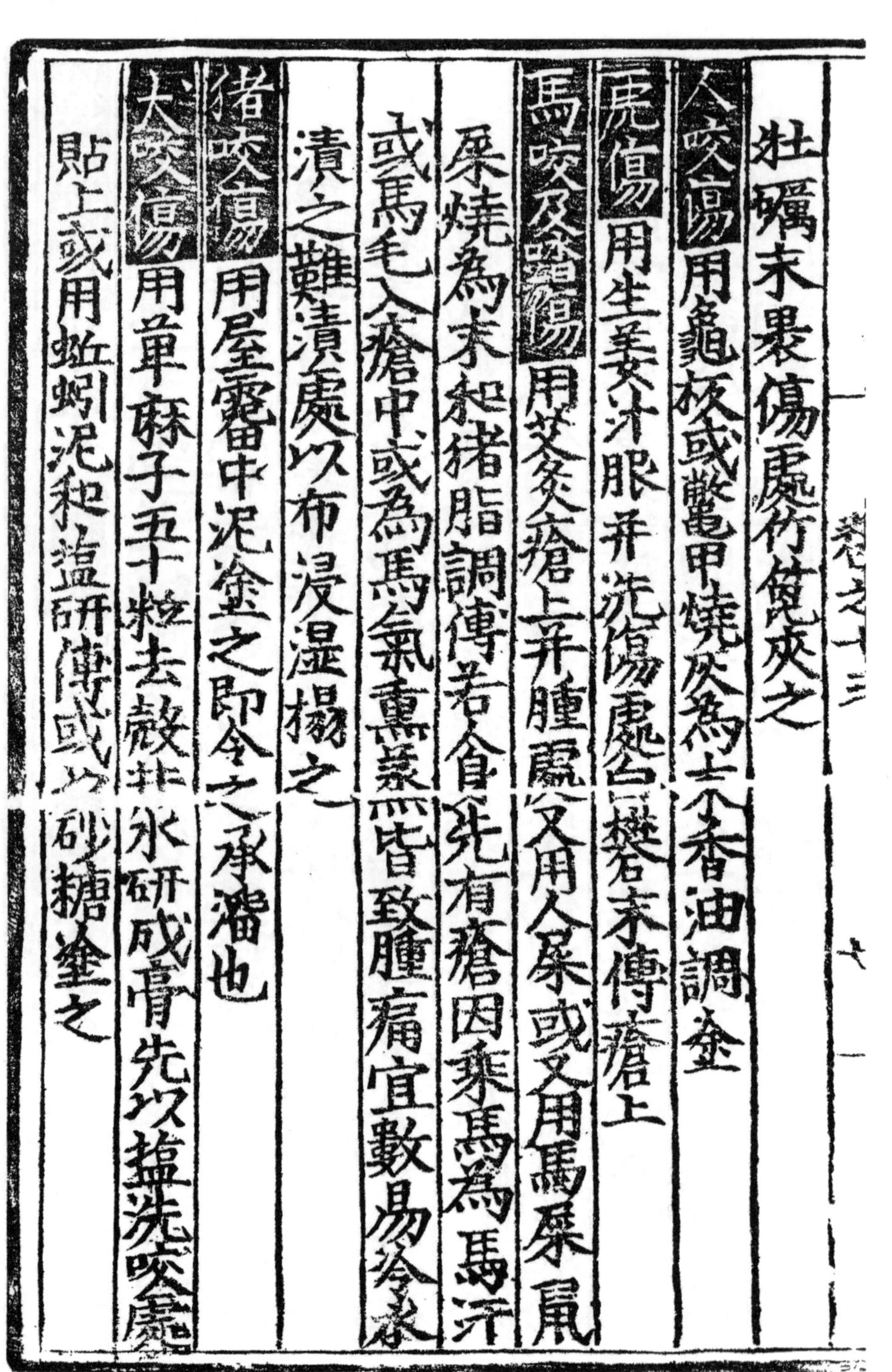

牡蠣末裹傷處竹篦夾之

人咬傷 用龜板或鼈甲燒灰為末香油調塗

虎傷 用生姜汁服并洗傷處白礬末傅瘡上

馬咬及踏傷 用艾灸瘡上并腫處又用人屎或又用馬屎鼠屎燒為末和豬脂調傅若人身先有瘡因乘馬為馬汗或馬毛入瘡中或為馬氣熏蒸皆致腫痛宜數易冷水漬之難漬處以布浸濕搨之

豬咬傷 用屋霤中泥塗之即今之承霤也

犬咬傷 用萆麻子五十粒去殼井水研成膏先以鹽洗咬處貼上或用蚯蚓泥和鹽研傅或以砂糖塗之

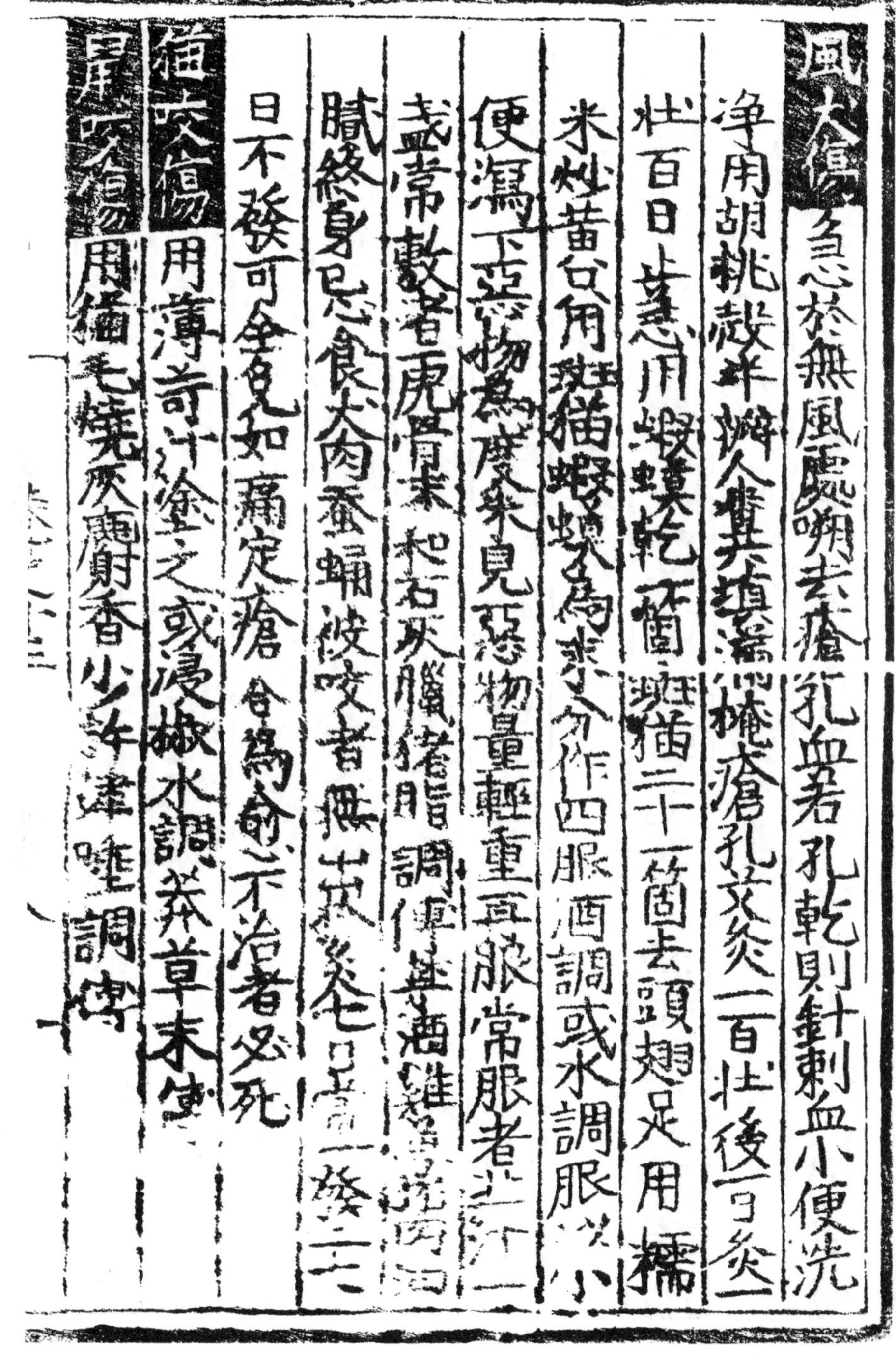

風犬傷　急於無風處嗍去瘡孔血若孔乾則針刺血小便洗
淨用胡桃殼半邊以人糞填滿掩瘡孔艾灸一百壯後日灸一
壯百日甚妙用蝦蟆乾一箇斑猫二十一箇去頭翅足用糯
米炒黃色用斑猫蝦蟆為末分作四服酒調或水調服以小
便瀉下惡物為度來見惡物量輕重再服常服者以汗一
盞常數者虎骨末和右以臘猪脂調傅其酒雖[illegible]
臟終身忌食犬肉蚕蛹被咬者無其炙七日五箇一發二十
日不發可全免如痛定瘡合為愈不治者必死
猫咬傷　用薄荷汁塗之或浸椒水調蒜草末傅
鼠咬傷　用猫毛燒灰麝香少許津唾調傅

毒蛇惡蟲傷 毒氣入腹者用蒼耳草嫩葉一握研汁溫酒和灌之其滓厚罨傷處若大咬著煮汁服之惡蛇傷不計時者香白芷為末麥門冬去心濃煎湯調下頃刻咬處出黃水盡腫消皮合藥粗塗傷處 **又方** 急於無風處以麻皮縛咬處上下重以刀剜去傷肉小便洗淨燒鐵烙之然後填蚯蚓泥次填陳石灰末絹紮住輕者十針刺瘡口并四旁出血小便洗淨以蒜片着咬處灸三五壯

蜈蚣傷 用燈草蘸油點燈以煙熏之凡毒蟲傷皆可治 **又方** 用蚯蚓泥捏之或刺雞冠血塗之或以桑樹汁傅之

諸惡蟲毒 用野芋葉擦之或急以手爬頭上垢膩傅之或用鹽擦

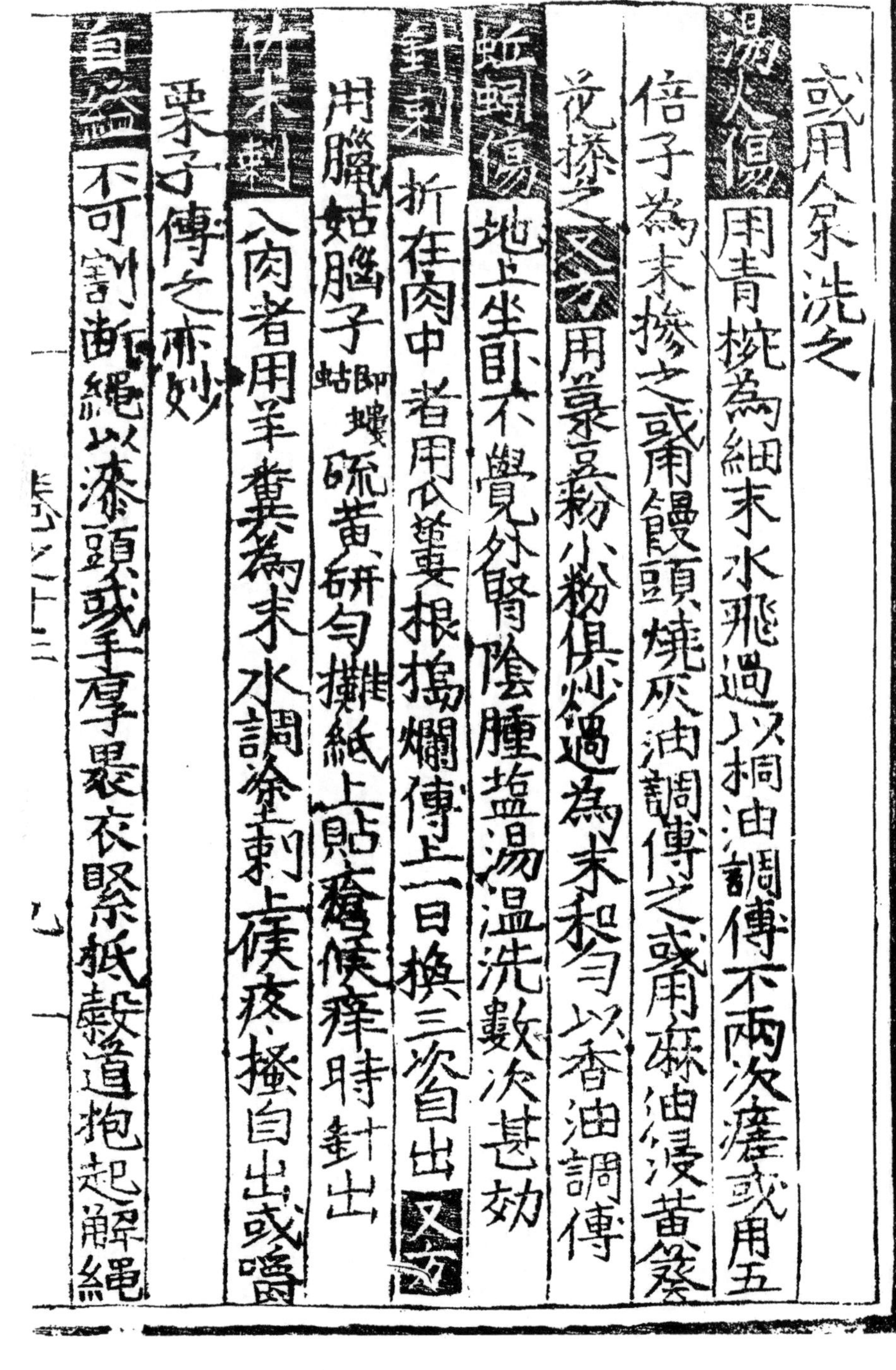

或用茶洗之

湯火傷 用青桃為細末水飛過以桐油調傅不兩次瘥或用五倍子為末摻之或用饅頭燒灰油調傅之或用麻油浸黃葵花搽之 又方 用菉豆粉小粉俱炒過為末和勻以香油調傅

蚯蚓傷 地上坐臥不覺外腎陰腫塩湯溫洗數次甚効

針刺 折在肉中者用瓜蔞根搗爛傅上一日換三次自出 又方 用臘姑腦子（即蛣蜣）硫黃研勻攤紙上貼瘡候痒時針出

竹木刺 入肉者用羊糞為末水調塗刺上候疼搔自出或嚼粟子傅之亦妙

自縊 不可割斷繩以漆頭或手厚裹衣緊搬穀道抱起解繩

放下揉其項痕搐鼻及吹其兩耳待氣回方可放手若泄

氣不可救

溺水 救起放大櫈上卧着櫈脚襯高以鹽擦臍中待水自流出

不可倒提出水但心下温者可救 **又方** 急解去衣帶艾灸臍

中仍令兩人以蘆管吹其耳中即活

行途中暑 不可用冷水灌透急就道間掬熱土於臍上撥開作

竅教尿其中次用生姜大蒜細嚼用熱湯送下

凍死 冬月凍死及落水凍死微有氣者脫去濕衣解活人熱衣

包之用米炒熱熨心上或炒灶灰令熱以囊盛熨心上冷即

換之令煖氣通温以熱酒或姜湯或粥飲少許灌之

魘卒死 心頭熱者用菖蒲根生擣絞汁灌鼻中或口中即活○目閉者搗薤汁灌耳中吹皂莢末入鼻立效○口張者灸兩手足大指甲後各十四壯○四肢不收遺便者馬屎一升水三斗煮取汁二斗洗之又取牛糞一升溫酒和灌口中灸心下一寸臍上三寸臍下四寸各一百壯○脉動而無氣者用菖蒲屑納耳鼻孔中吹之及著舌底

壓死 凡壓死墜跌死心頭溫者先扶坐起將手提其髮用半夏末急吹入鼻中如活以生薑汁香油打勻灌之若取藥不便急擘開其口以熱小便灌之

驚死 不得近前叫喚但咬痛其脚根及足拇指甲際多唾其

亘不省者移動些少臥處徐徐喚之原有燈則存無燈不可點照 又方 用皂莢末吹入鼻中或用蘆管吹兩耳或以鹽湯灌之或擣韭汁半盞灌鼻中皆可

中熱暍 用白扁豆一合為末冷水調下 又方 用旱禾稈燒灰新汲水淋汁絹濾過冷服一梳 又方 用寒水石緑豆粉末以藍根研水調服或菉豆擂水或醬調水服皆可

中蠱毒 用白礬一塊嚼之覺甜不澁次嚼黑豆不腥者便是有蠱用梳篦上垢膩服之吐出 又方 用蚕退紙撚紙條蘸麻油燒存性為末米湯調一錢頻服若面青脉絶昏迷如醉口噤出血服之即蘇 又方 治百蠱不愈者取鵓鴿熱血隨多少服之

又方 取胡荽搗汁半盞不拘時服其蠱立下和酒服更妙

雜治

妙應散 白茯苓(去)遼參細辛(去葉)香附子(炒去毛)川芎白蒺藜(炒去角)縮砂(各五錢)龍骨(研)石膏(煅)百藥煎白芷(各五錢)麝香(少許研)共為細末臨卧早晨溫水刷之牢牙疎風理氣黑髭髮

烏髭髮又方 生胡桃皮生石榴皮生柿子皮(各等分)先將生酸石榴剜去瓤子揀丁香好者裝滿通秤分兩後將胡桃柿子皮與所裝石榴丁香等分晒乾同為末用牛乳和勻盛鉛盒內蜜封埋馬糞中四十九日取出或魚泡或猪膽囊套指蘸撚髭髮即黑

又方 鉛(二兩)石灰(一兩)粉(五錢)黄丹(一錢)入廣鍋同炒千

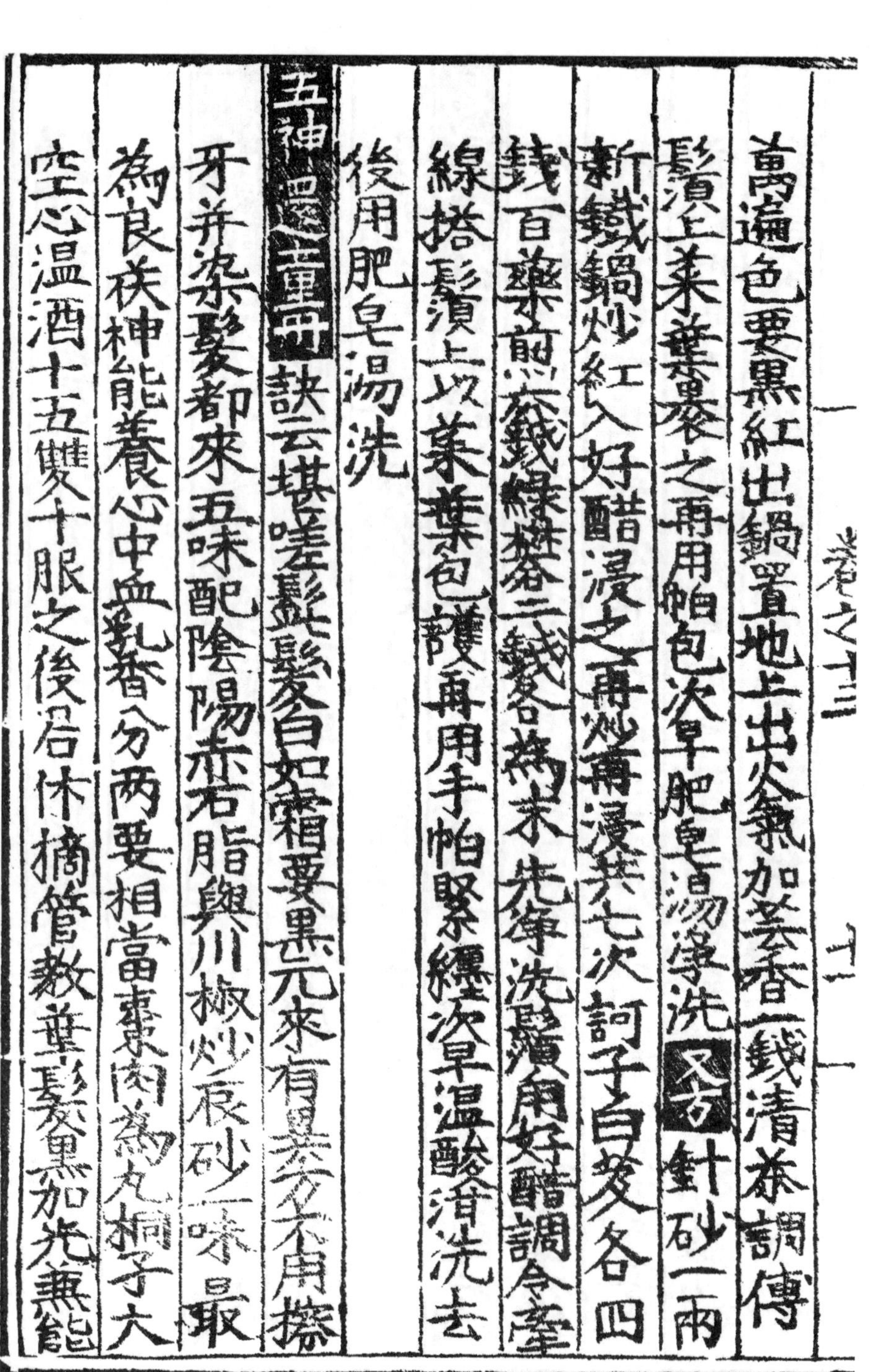

萬遍色要黑紅出鍋置地上出火氣加麝香一錢清茶調傳髭須上菜葉裹之再用帕包次早肥皂湯淨洗 **又方** 針砂一兩新鐵鍋炒紅入好醋浸之再炒再浸共七次訶子白芨各四錢百藥煎六錢綠礬二錢各為末先淨洗髭須用好醋調令稀線搭髭須上以菜葉包護再用手帕緊纏次早溫漿滑洗去後用肥皂湯洗

五神還童丹 訣云堪嗟鬚髮白如霜要黑元來有異方不用擦牙并染髮都來五味配陰陽赤石脂與川椒炒辰砂一味最為良茯神能養心中血乳香分兩要相當棗肉為丸桐子大空心溫酒十五雙十服之後君休摘管教華髮黑加光兼能

明目并延壽老翁變作少年郎内五味各一兩乃仙家傳授

老少皆可服

刷牙藥 訣云猪牙皂角及生薑西國升麻及地黄木律旱蓮槐角子細辛荷蔕用相當青塩等分同燒煆研細將來用最良明目牢牙鬚鬢黑誰知世上有仙方

菊花散 甘菊花二兩 蔓荆子乾柏葉川芎桑白皮淨白芷細辛去苗旱蓮草根梗花葉並用各一兩 毎次用藥二兩將漿水五大椀煎至三椀去滓洗治頭髮脱落

道風散 當[illegible]鶴風荊芥穗各等分 毎用二錢加川椒五十粒水一大椀煎至七分去滓熱嗽吐去藥諸般牙疼立效 **又方** 用青

塩煅過香附同爲末擦之即愈

蒺藜散 用蒺藜根燒灰貼牙齒打動處即牢

白附丹 白附子 白芨 白歛 白茯苓 密陀僧研 白石脂研 定粉各研等分 共爲末先用洗面藥洗淨臨睡用人乳汁或牛乳或雞子清調丸如龍眼大窨乾逐旋用溫漿水磨開傳之治面生黑點

檳榔散 雞心檳榔 舶上硫黃各等分 片腦少許 共爲末用粗絹包裹常於鼻上擦磨鼻聞其臭效又加草麻子肉爲末酥油調臨睡水搽鼻上終夜得聞鼻赤自除

又方 枇杷葉一兩去毛陰乾新者佳 梔子五錢 爲末每服二三錢溫酒調下早晨服先去左邊臨卧

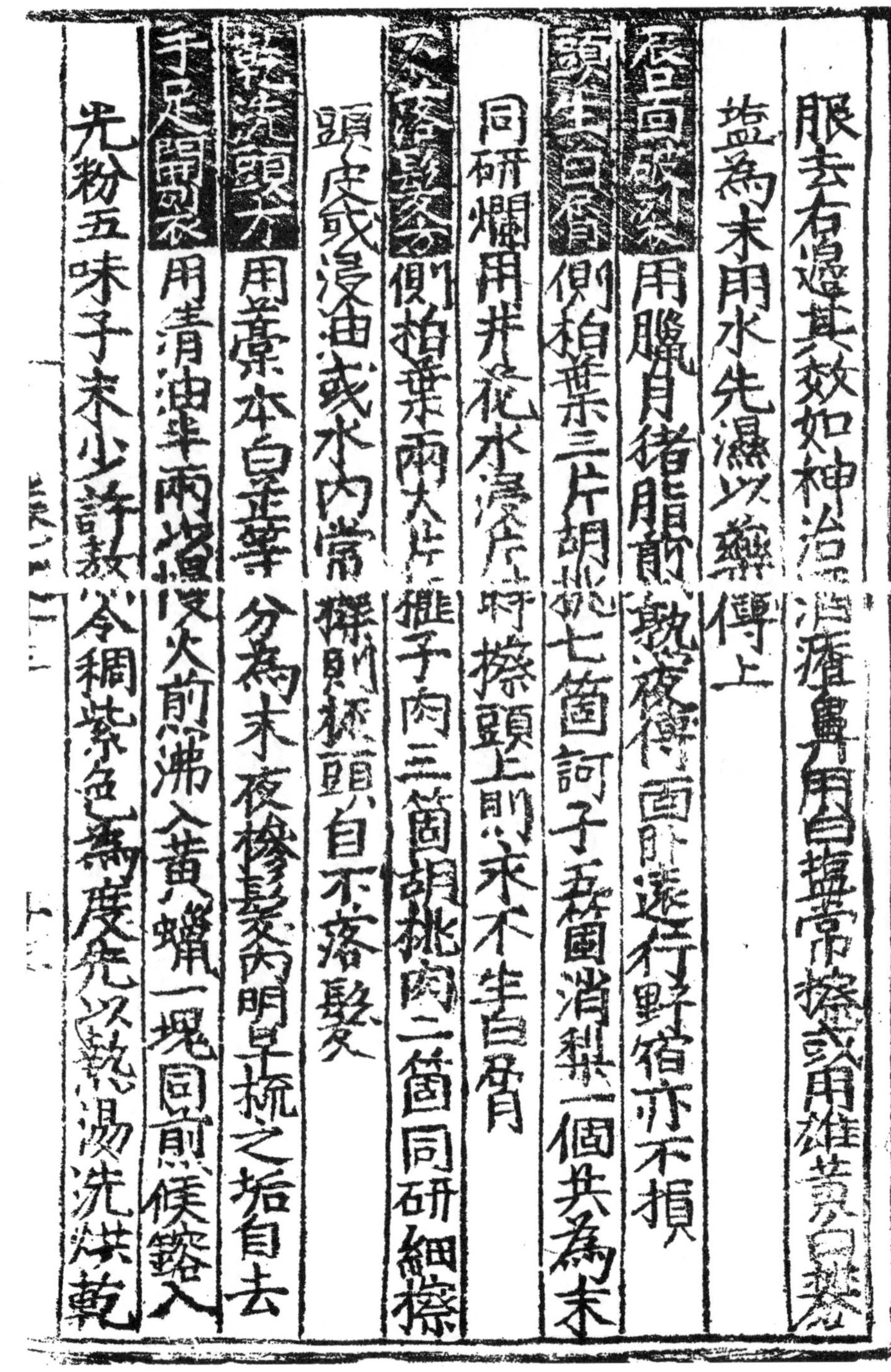

服去右邊其效如神治消渴鼻用白鹽常擦或用雄黃白礬各

鹽為末用水先濕以藥傅上

唇面破裂 用臘月豬脂煎熟夜傅面上遠行野宿亦不損

頭生白屑 側柏葉三片胡桃七箇訶子五箇消梨一個共為末

同研爛用井花水浸片時擦頭上則永不生白屑

令髮不落 側柏葉兩大片榧子肉三箇胡桃肉二箇同研細擦

頭皮或浸油或水內常擦則梳頭自不落髮

乾洗頭方 用藁本白芷等分為末夜摻髮內明早梳之垢自去

手足皴裂 用清油半兩盞內慢火煎沸入黃蠟一塊同煎候鎔入

光粉五味子末少許熬以令稠紫色為度先以熱湯洗洪乾

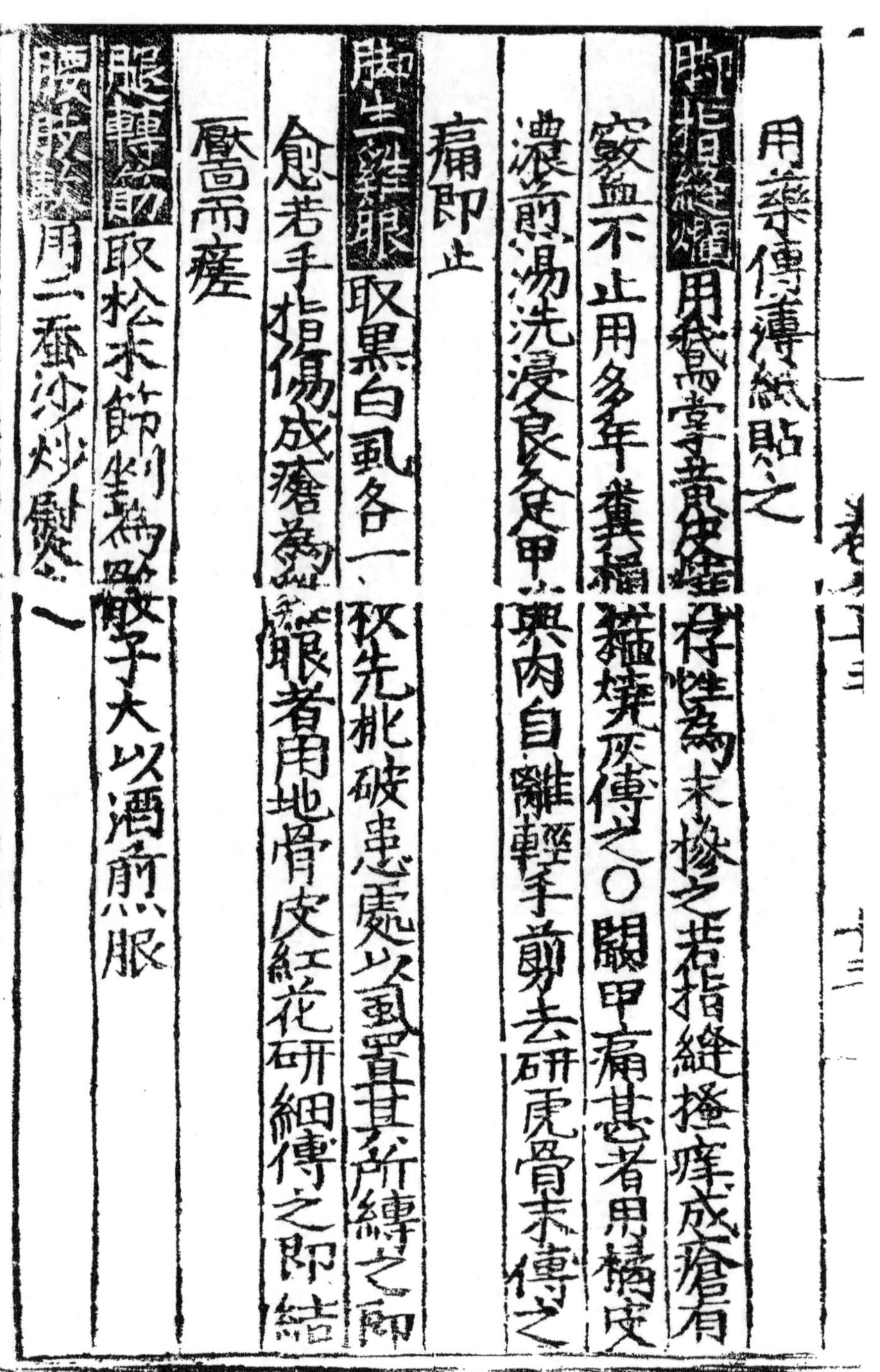

用藥傅薄紙貼之

脚指縫爛 用鵞掌黄皮燒存性爲末摻之若指縫搔痒成瘡有竅血不止用多年糞桶箍燒灰傅之○脚甲扁甚者用橘皮濃煎湯洗浸良久足甲與肉自離輕手剪去研虎骨末傅之痛即止

脚生雞眼 取黑白虱各一、枚先挑破患處以虱置其所縛之即愈若手指傷成瘡爲雞眼者用地骨皮紅花研細傅之即結靨而瘥

腿轉筋 取松木節剉如豌豆子大以酒煎服

腰脚軟 用二蚕沙炒熨之

治蟲入耳 用兩刃臨耳邊相磨敲作聲即出或用雞冠血滴入耳中或用麻油灌之若蜈蚣入耳用炙豬肉掩之即出

骨鯁 用象牙屑以新汲水一盞浮牙屑水上吸之其骨自下或用鳳仙花子為末吹入喉中自化 **又方** 訣云縮砂威靈仙砂糖冷水煎時若進一服諸骨軟如綿一法不用人見將本色骨插髻上倒轉筋仍舊曰飲食骨就下

誤吞諸物 誤吞銅錢用生茨菰汁呷飲自消○誤吞金銀用石灰一塊如杏核大硫黃一塊如皂角子大同研末酒調服○誤吞竹木用舊鋸子燒赤投酒中熱飲或用貫衆煎湯呷之即嗽○誤吞稻麥芒取鵝口中涎水嚥之○誤吞鐵針訣云

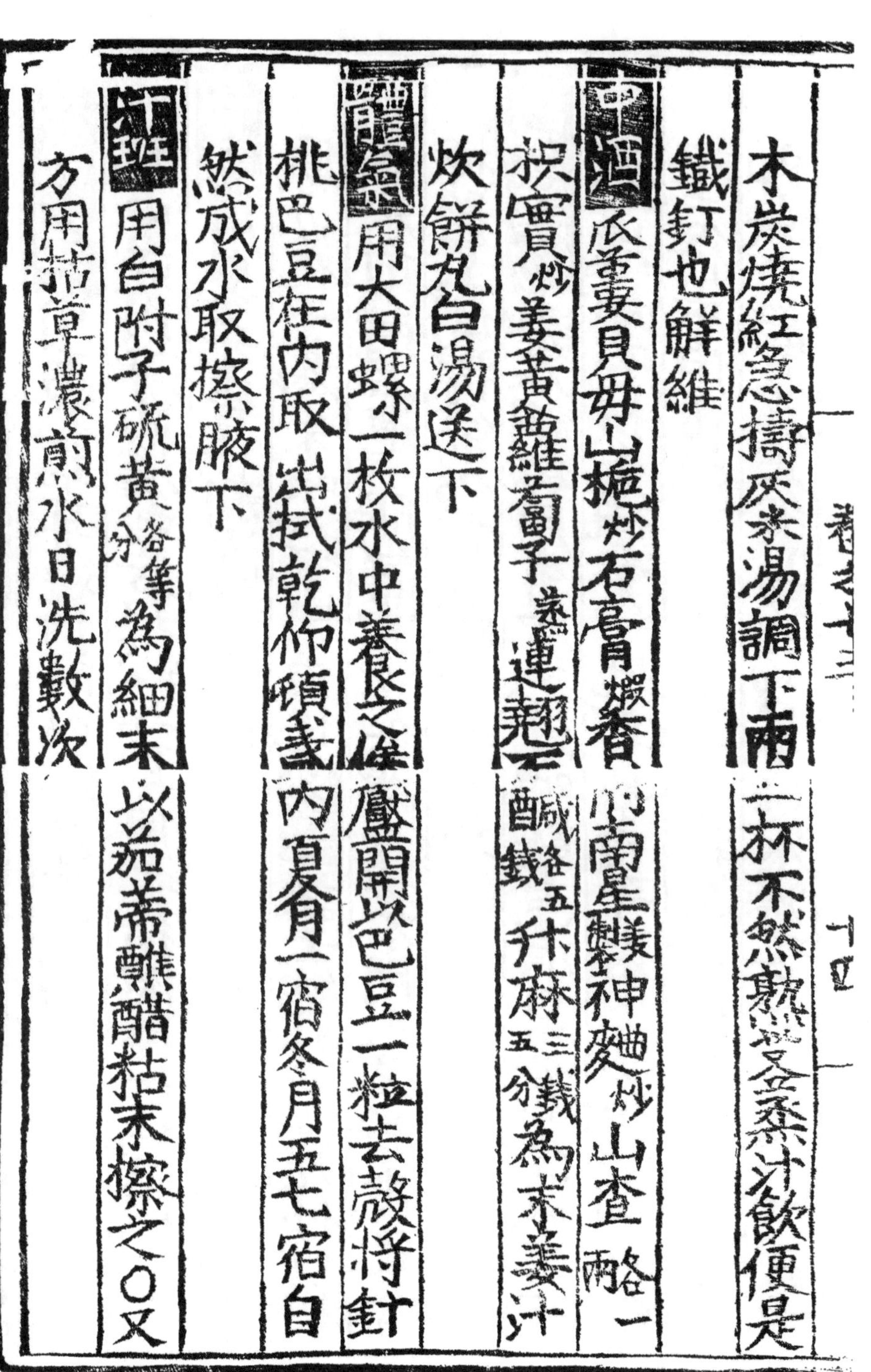

木炭燒紅急擣灰末湯調下兩三杯不然熟艾益蒸汁飲便是鐵釘也解維

中酒 瓜蔞貝母山梔炒石膏煅香附南星薑製神麯炒山查各一兩枳實炒薑黃蘿蔔子蒸連翹醎各五錢升麻三錢五分為末薑汁炊餅丸白湯送下

體氣 用大田螺一枚水中養之俟靨開以巴豆一粒去殼將針挑巴豆在內取出拭乾仰頓盞內夏月一宿冬月五七宿自然成水取擦腋下

汗斑 用白附子硫黃各等分為細末以茄蒂蘸醋粘末擦之○又方用甘草濃煎水日洗數次

婦人

四物湯 當歸 川芎 白芍藥 熟地黃 各等分 水煎服治衝任虛損月水不調臍腹疼痛一切疾病皆可主此隨證加減

金花散 赤茯苓 葵子 各等分 每服五錢水煎温服治妊娠小便不通

大全良方 枳殼 麩炒五兩 防風 去芦二兩 甘草 炙一兩 每服二錢白湯調下空心食前日三服治姙孕婦大便秘澁

地黃當歸湯 熟地黃 二兩 當歸 一兩 為末作一服水三分煎一升温服治有孕胎痛

茴龍散 茱萸末 鹽炒二兩五錢 茴香 炒 川練子 炒各五錢 水煎服治妊娠心

氣痛

調氣散 高良姜炒 白术 草果仁 橘紅 藿香葉炒 白茯苓去皮各一兩 甘草半兩炙 每服四钱水一盞姜五片棗一枚煎服不拘時治妊娠停食感冷發為瘧疾

黄芩湯 白术 黄芩各等分 每服三钱水一盞半入當歸一根同煎温服治孕胎不安

枳殼湯 枳殼去穰麸炒 黄芩各半兩 白术一兩 水煎食前温服治胎漏下血及因事下血

芎歸散 川芎 當歸各等分 每服三錢水煎食前温服治胎動不安如重物所墜冷如冰

全生白术散 白术一两 生姜皮 大腹皮 陳皮 茯苓皮各五錢 為末每服二錢米飲調下不拘時治妊娠面目虛浮如水腫狀

簡易方 粉草半炙一两 商州枳殼五两去白麸皮炒赤 為末每服一錢空心白湯服加香附子尤佳治妊娠七八月者常宜服之滑胎易產

經驗方 黃連末酒調一錢日三服治胎動出血產門痛

良方 黃連濃煎汁呷之治兒在腹中哭

催生如聖散 黃葵花焙乾為末二錢熟湯調下神妙

白芷散 百草霜一两 香白芷五錢 為末每服一錢水一盞煎至七分加童便稍熱服治產難母子保全

秘方 肉桂為末三錢 麝香五分另研 和勻作一服酒一盞童便半盞熱

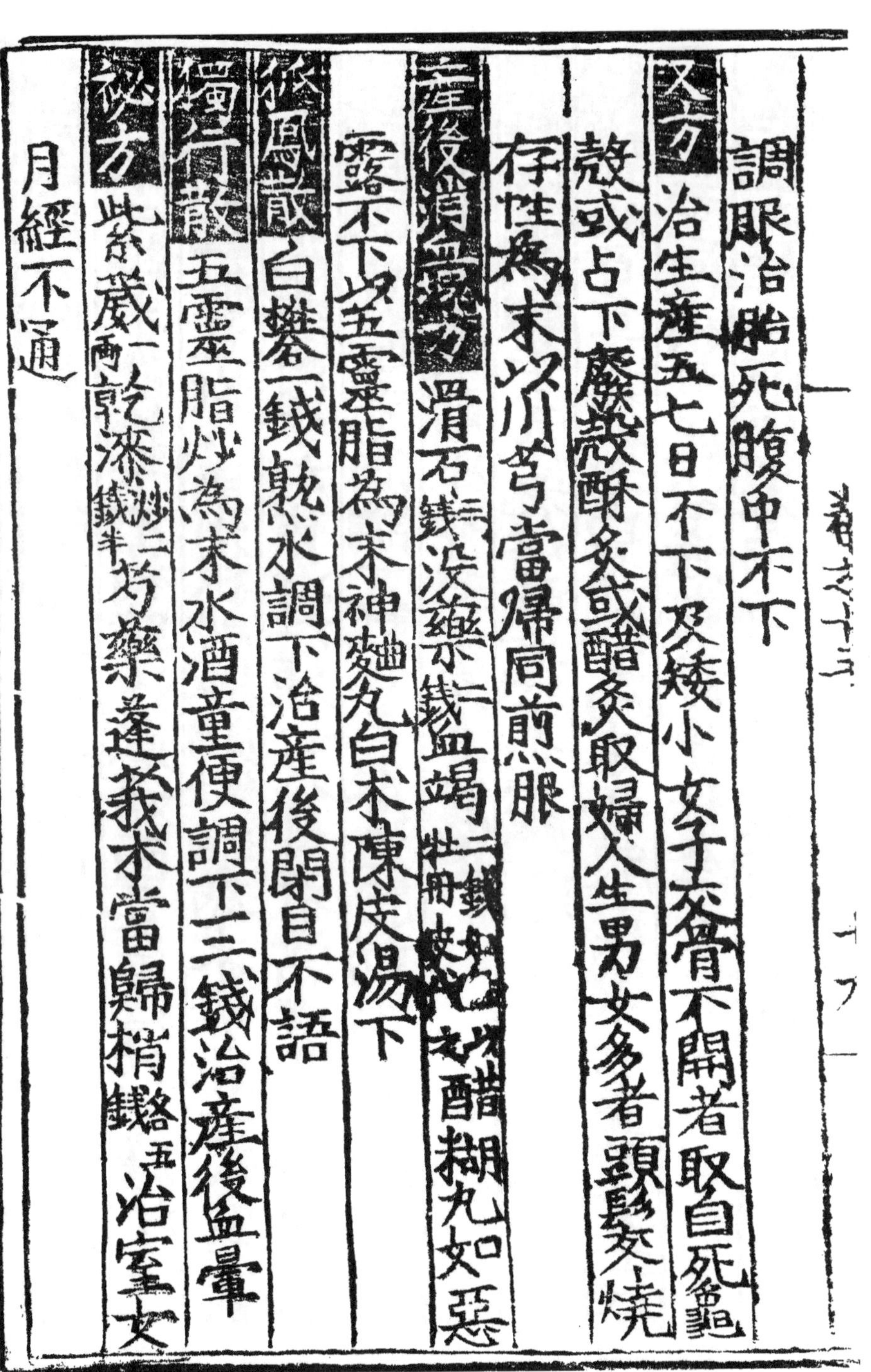

調服治胎死腹中不下

又方 治生産五七日不下及矮小女子交骨不開者取自死龜殼或占下龜殼酥炙或醋炙取婦人生男女多者頭髮灰燒存性為末以川芎當歸同煎服

産後消血塊方 滑石二錢 没藥二錢 血竭二錢 牡丹皮一錢炒 以醋糊丸如惡露不下以五靈脂為末神麯丸白朮陳皮湯下

伏鳳散 白礬一錢熱水調下治産後閉目不語

獨行散 五靈脂炒為末水酒童便調下二三錢治産後血暈

秘方 紫葳一兩 乾漆炒二錢半 芍藥 莪朮 當歸梢 錢各五 治室女月經不通

小兒

生地黄湯 生乾地黄 當歸 赤芍藥 川芎 天花粉各等分 每服五錢

水一盞煎服 治胎熱胎寒 生下遍體皆黄 狀如金色 身上壯

熱 大小便不通 乳食不進 啼哭不止 此胎黄候 皆因母受熱

而傳於胎也 凡有此證 乳母亦宜服之

牛黄膏 安息香一兩半為末無灰酒飛過濾去沙石約取一兩慢火熬成膏入藥內用 琥珀研 朱砂

雄黄各一兩水飛 銀箔五十片研 龍腦 麝香各一錢半 牛黄二錢半研 生烏犀角用

生犀 黄芩各一分 金箔五十片半為衣 青黛 玳瑁 搗羅為細末 研入餘

藥合勻 煉白沙蜜 入湯煮凝成 和搜為劑 如乾入少熟蜜

丸如雞頭大 每服二丸 人參湯化下 亦以意加減 治諸

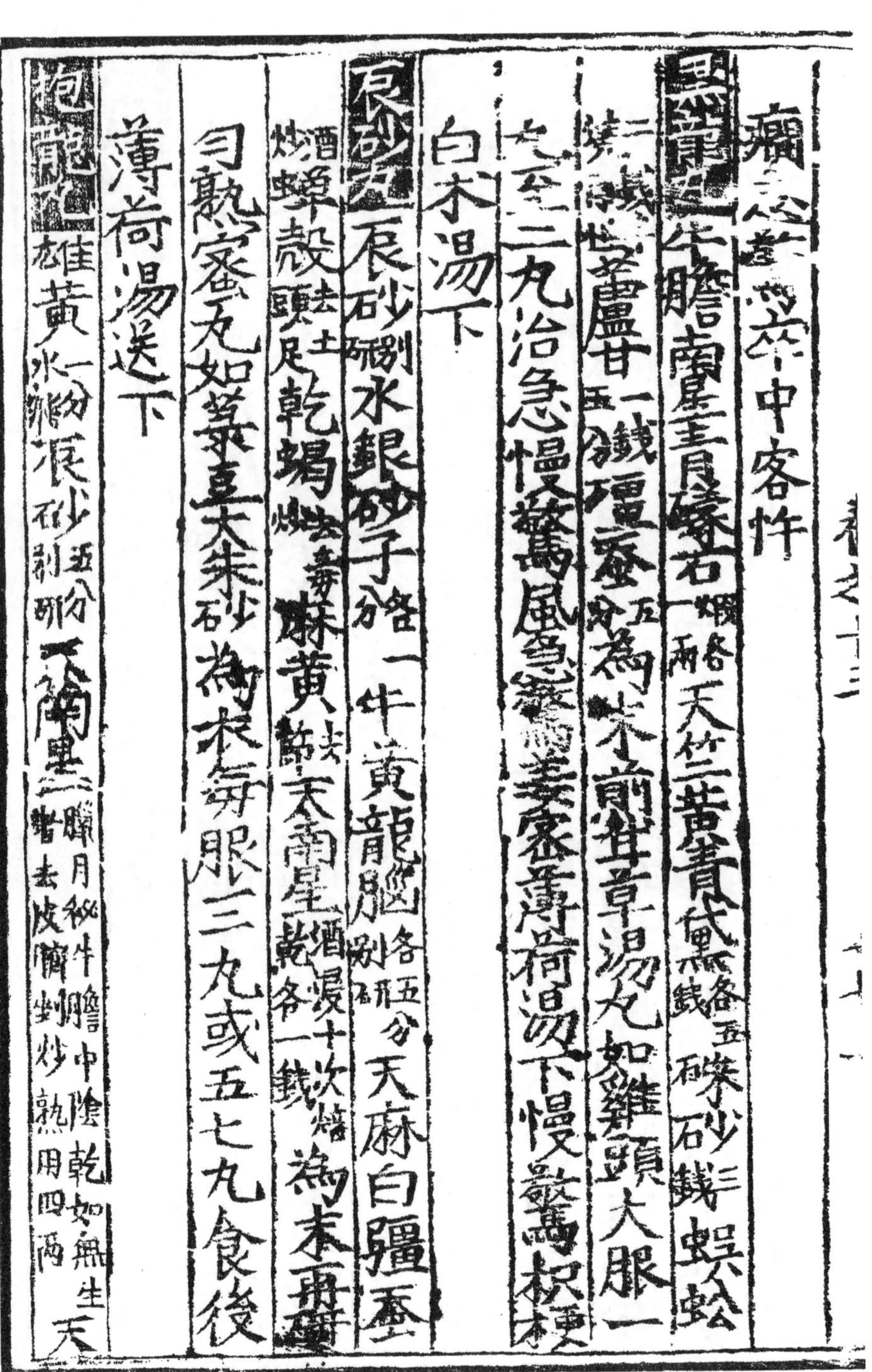

癇[illegible]卒中客忤

黑龍丸　牛膽南星　青礞石（焰硝各一兩）　天竺黄　青黛（各五錢）　朱砂（三錢）　蜈蚣（二條）　蘆薈　甘草（一錢五分）　殭蠶（五分）　為末　煎甘草湯丸如雞頭大　服一丸至二丸　治急慢驚風　急驚　薑蜜薄荷湯下　慢驚　桔梗白术湯下

辰砂丸　辰砂（別研）　水銀砂子（各一分）　牛黄　龍腦（各五分別研）　天麻　白殭蠶（酒炒）　蟬殼（去土）　乾蝎（去毒炒）　麻黄（去節）　天南星（酒浸十次焙乾各一錢）　為末　再研勻　熟蜜丸如菉豆大　朱砂為衣　每服三丸或五七丸　食後薄荷湯送下

抱龍丸　雄黄（水飛一分）　辰砂（別研五分）　天南星（臘月釀牛膽中陰乾　如無　生者去皮臍　剉　炒熟　用四兩）　天

卷之十三

竺黄一兩 麝香五錢別研 為末煮甘草水丸皂角子大溫水化服一百日者每丸分作三四服五歲一二丸大者三五丸亦治室女白帶伏暑用鹽少許嚼啣一二丸新水下臘月雪水煮甘草和藥尤佳一法用甆水浸天南星三日候透軟煮三五沸取出乘軟去皮只取白軟者薄切焙乾黃色取末八兩以甘草二兩半拍破用水二碗浸一宿慢火煮至半碗去滓旋灑入天南星末慢研令甘草水盡入餘藥 治傷風瘟疫身熱昏睡氣粗風熱痰實壅嗽驚風潮搐蠱毒中暑沐浴後可服壯實宜時與服之

異功散 人參一錢五分 木香 官桂去粗皮 當歸 茯苓 陳皮去白 [illegible] 白朮

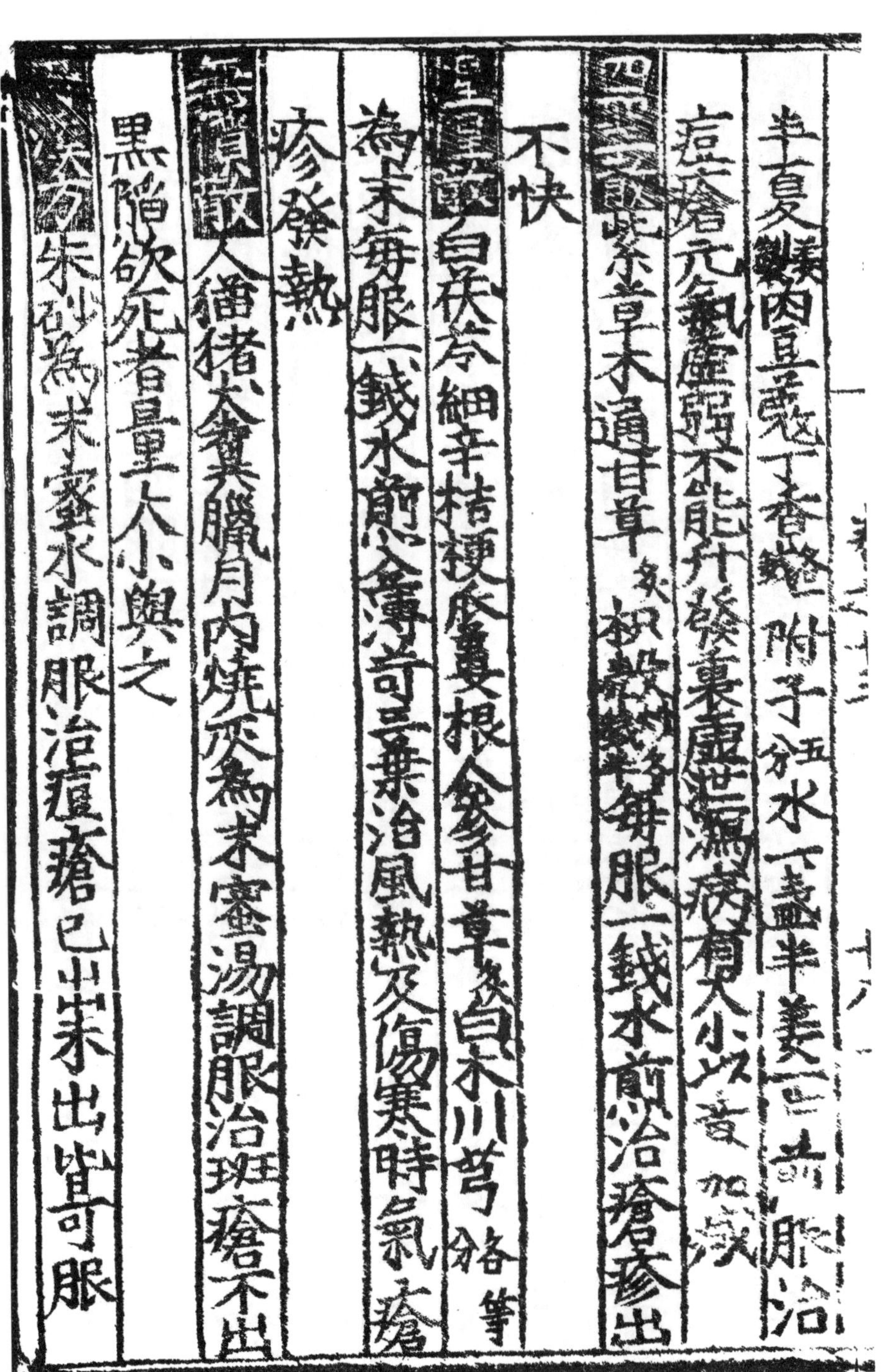

半夏（湯洗）肉豆蔻 丁香 人參 附子（五分）水一盞半 姜一片 煎服 治

痘瘡元氣虛弱不能升發 裏虛泄瀉 痰有 大小（以意加減）

四聖散 紫草 木通 甘草（炙）枳殼（麸炒 各等）每服一錢 水煎 治瘡疹出

不快

惺惺散 白茯苓 細辛 桔梗 瓜蔞根 人參 甘草（炙）白术 川芎（各等）

爲末 每服一錢 水煎 入薄荷三葉 治風熱及傷寒時氣 瘡

疹發熱

無價散 人猫猪犬（臘月内燒灰）爲末 蜜湯調服 治斑瘡不出

黑陷欲死者 量大小與之

[illegible]茯苓 朱砂 爲末 蜜水調服 治痘瘡已出未出皆可服

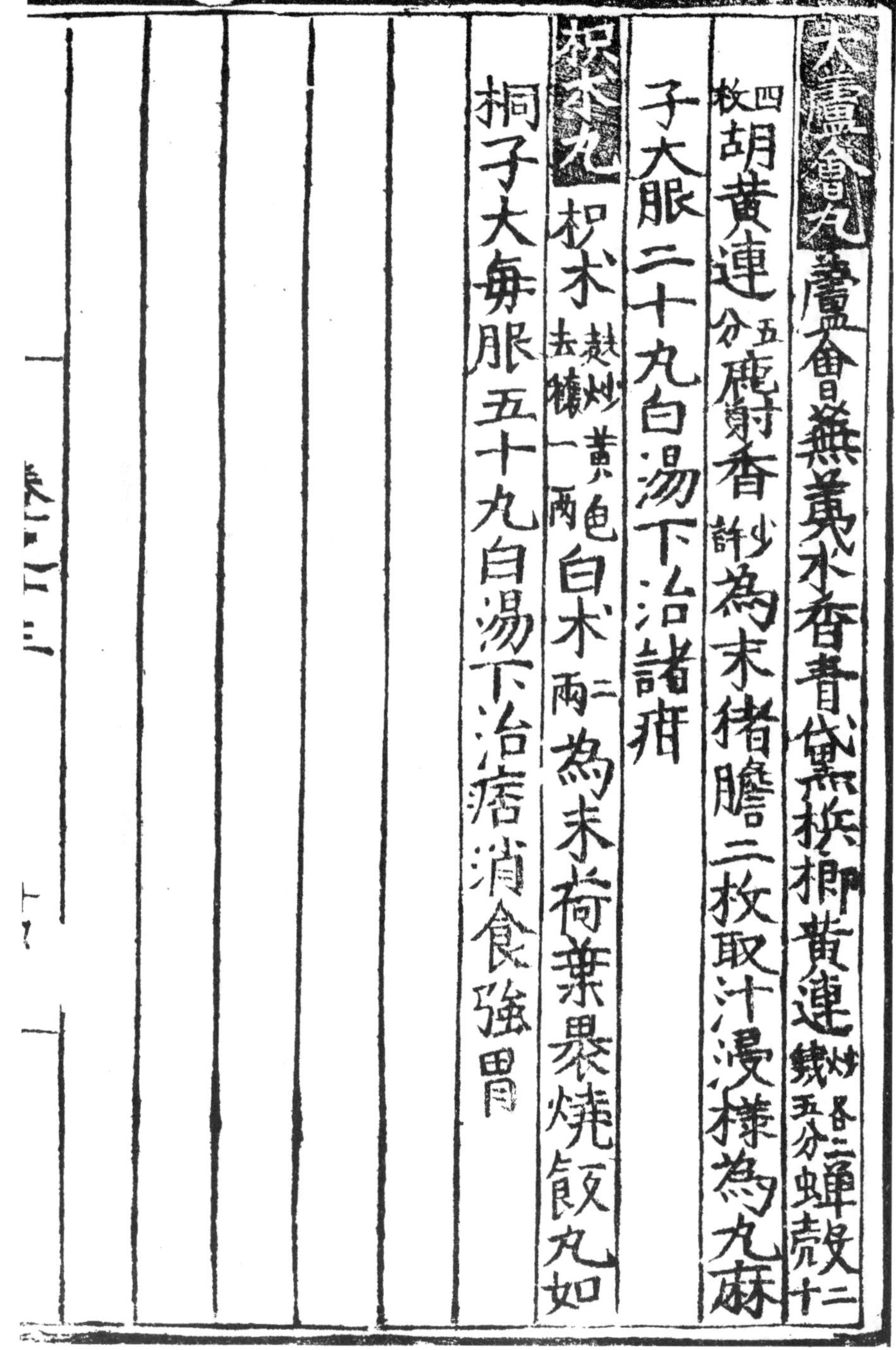

大蘆薈丸　蘆薈　蕪荑　木香　青黛　檳榔　黃連炒各二錢五分　蟬殼二十四枚　胡黃連五分　麝香少許　為末猪膽二枚取汁浸糕為丸麻子大服二十丸白湯下治諸疳

枳朮丸　枳朮麩炒黃色去穰一兩　白朮二兩　為末荷葉裹燒飯丸如桐子大每服五十丸白湯下治痞消食強胃

便民圖纂卷第十三

補

便民圖纂卷第十四

牧養類

相牛法 相耕牛要眼去角近眼欲大眼中有白脉貫瞳子脛骨長大後脚股闊並快使毛欲短密疎長者不耐寒角欲得細身欲得纔尾稍長大者吉尾稍亂毛轉者命短

相母牛法 毛白乳紅者多子乳疎而黑者無子生犢時子卧面相向者吉相背者生子疎一夜下糞三堆者一年生一子一夜下糞一堆者三年生一子

啓牛瘟 用安息香於牛欄燒之○又方用石楠藤和芭蕉舂自然汁五升灌之

治牛噎　用皂角末吹鼻中以鞋底拍其尾停骨下

治牛沠癲　用蕎麥穰燒灰淋洗牛馬同治○又方藜蘆爲末水調塗甚妙

治牛爛肩　以舊綿絮三兩燒存性麻油調傅忌水五日瘥

治牛漏蹄　以紫礦爲末猪脂碎填漏蹄中燒鐵烙之

治牛咳嗽　用鹽一兩豉汁一升相和灌之

治牛尿血　用當歸紅花爲末酒煎一合灌之

治牛身生蝨　當歸搗爛醋浸一宿塗之

治牛傷熱　用胡麻葉搗汁灌之立

治牛尾焦　牛足焦不食水草用大黃黃連白芷各半兩爲末以

雞子清一箇酒調灌之

治牛觸人 牛忽肚脹狂走觸人用大黃黃連各半兩雞子清一箇酒一升和勻灌之

治牛腹脹 牛喫雜蟲非時腹脹用燕子屎一合水調灌之

治牛卒疫 牛卒疫頭打肷用巴豆去皮搗爛生麻油和灌之仍用皂角末一撮吹入鼻中更用鞋底於尾停骨拍之

治牛患眼 牛生白膜遮眼用炒鹽并竹節燒存性細研一錢貼膜上

治水牛患熱 白朮二錢半 蒼朮四兩二錢 紫菀 藁本各三兩三錢 牛膝三兩二錢 麻黃三兩去節 厚朴三兩一分 當歸三兩半 共為末每服二兩以酒二升

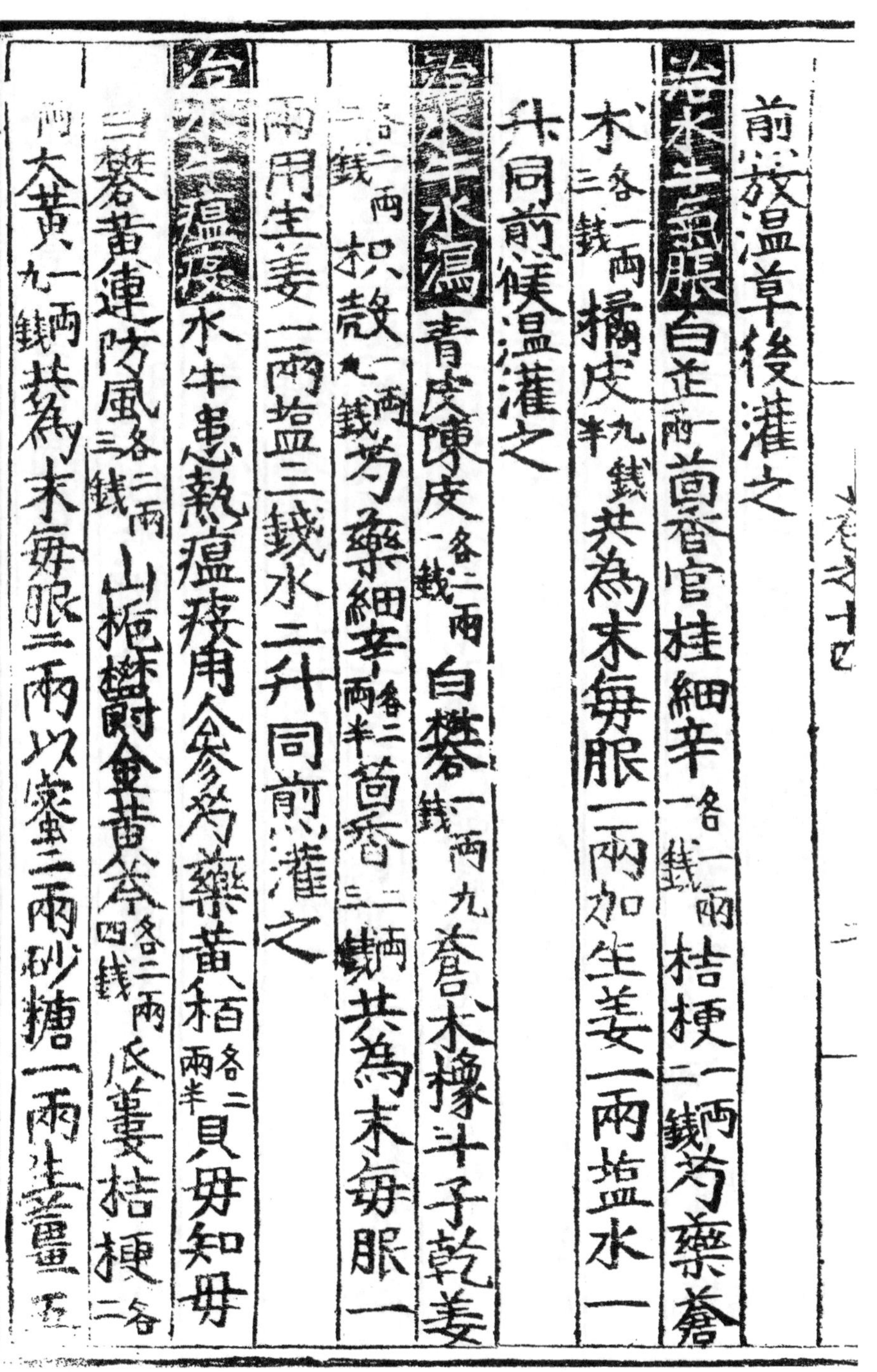

前淡溫草後灌之

治水牛氣脹 白芷一兩 茴香 官桂 細辛各一兩一錢 桔梗一兩二錢 芍藥 蒼朮各一兩三錢 橘皮九錢半 共為末每服一兩加生姜一兩 塩水一升同煎候溫灌之

治水牛水瀉 青皮 陳皮各二兩一錢 白礬一兩九錢 蒼朮 橡斗子 乾姜各二兩一錢 枳殼一兩九錢 芍藥 細辛各二兩半 茴香二兩一錢 共為末每服一兩用生姜一兩 塩三錢 水二升同煎灌之

治水牛瘟疫 水牛患熱瘟疫用人參 芍藥 黃蘗 黃栢各二兩半 貝母 知母 白礬 黃連 防風各二兩三錢 山梔 鬱金 黃芩各二兩四錢 瓜蔞 桔梗各二兩 大黃一兩九錢 共為末每服二兩以蜜二兩砂糖一兩生薑五

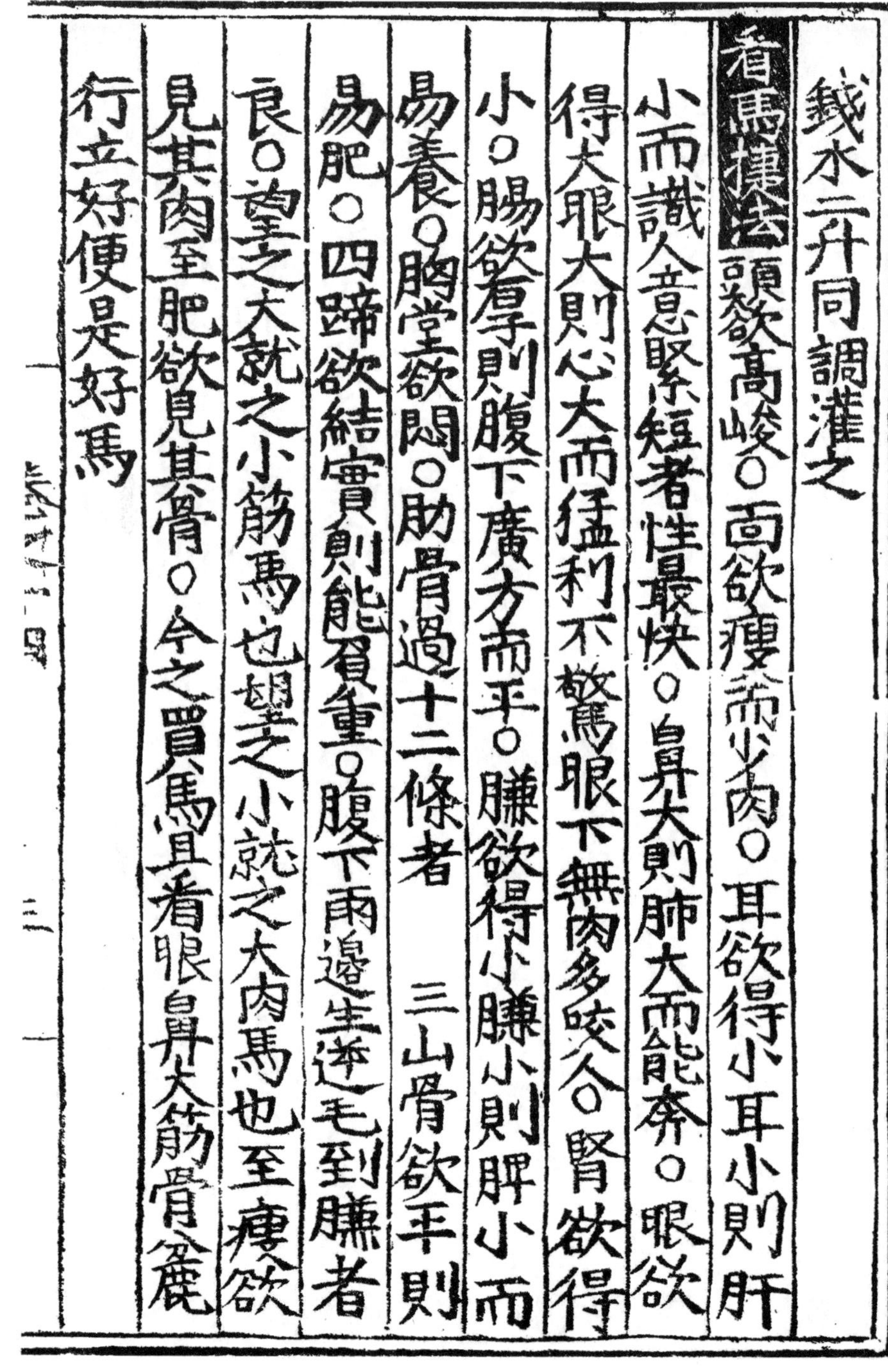

錢水二升同調灌之

看馬捷法 頭欲高峻○面欲瘦而少肉○耳欲得小耳小則肝小而識人意緊短者性最快○鼻大則肺大而能奔○眼欲得大眼大則心大而猛利不驚眼下無肉多咬人○腎欲得小○腸欲厚則腹下廣方而平○膁欲得小膁小則脾小而易養○胸堂欲闊○肋骨過十二條者　三山骨欲平則易肥○四蹄欲結實則能負重○腹下兩邊生逆毛到膁者良○望之大就之小筋馬也望之小就之大肉馬也至瘦欲見其肉至肥欲見其骨○今之買馬且看眼鼻大筋骨麁行立好便是好馬

相馬毛旋歌括云：項上須生旋，有之不用誇。還緣不利長，所以號騰蛇。後有喪門旋，前兼有挾刀。勸君不用畜，無事也須疑。牛額幷銜禍，非常害長多。古人如是說，此事不虛歌。帶劍渾閑事，喪門不奇當。的盧知入口，有福也須防。黑色耳全白，從來號孝頭。假饒千里足，奉勸不須留。背上毛生旋，驢騾亦有之。只惟鞍貼下，此者是馳尸。銜禍口邊銜，時間禍必逢。古人稱是病，馬取不言凶。眼下毛生旋，遂看是淚痕。假饒福也病，無禍亦防侵。毛病深知害，妨人不在占。大都知此類，無禍也宜嫌。擔耳騮鬃項，雖然毛病殊。若然兼豹尾，有實不如無。

養馬法 馬者，火畜也。其性惡溼，利居高燥之地，忌作房於午位

上日夜餵飼仲春群羔順其性也季春必啗恐其退也盛夏
午間必牽於水浸之恐其傷於暑也季冬豬遮蔽之恐其
傷於寒也啗以豬膽大膽和料餵之欲其肥也○餵料時須擇
新草篩簸豆料若熟料用新汲水浸淘放冷方可餵飼一夜
須二三次起餵草料若天熱時不宜加熟料止可用踠豆大
麥之類生餵夏月自早至晚宜飲水三次秋冬只飲一次可
也飲宜新水宿水能令馬病冬月飲畢亦宜緩騎數里卸
鞍不宜當簷風下吹則成病

治馬諸病用白鳳仙花連根葉熬成膏抹於馬眼角上汗出即
愈

治馬豬瘡　用夜合花葉黃丹乾姜檳榔五倍子為末先以鹽漿水
水洗瘡後用麻油加輕粉調傅

治馬傷料　用生蘿蔔三五箇切作片子啖之

治馬傷水　用葱鹽油相和搓作團納鼻中以手掩其鼻令氣
不通良久淚出即止

治馬錯水　縁馳驟喘息未定即與水飲須臾兩耳并鼻息皆
冷或流冷涕即此證也先燒人亂髮燻兩鼻後用川烏草
烏白芷猪牙皂角胡椒各等分麝香少許為細末用竹筒
盛藥一字吹入鼻中立效○又法葱一握鹽一兩同杵為泥
罨兩鼻內須臾打噴清水流出是其效也

治馬患眼　青塩黄連馬牙硝蕤仁各等分同研為末用蜜煎少
磁瓶內盛貯點時旋取多少以井水浸化
治馬頰骨脹　用羊蹄根草四十九箇燒灰尉骨上冷即換之如
無羊蹄根以楊柳枝如指頭大者炙熱尉之
治馬喉腫蝦蟇　青川芎知母川鬱金牛旁子炒薄苛貝母同為末每
服二兩蜜二兩用水煎沸候温調灌○又法取乾馬糞置瓶
中以頭髮覆盖燒烟熏其兩鼻
治馬舌硬　款冬花瞿麥山梔子地仙草青黛硃鵬砂朴硝油煙墨
等分為細末每用一兩調塗舌上立痊
治馬腰漏　羌活白藥甜瓜子當歸没藥為末春夏將漿水加

蜜麥冬小便調療膈痛低頭難不食草

治馬傷脾 川厚朴去粗皮為末同姜棗煎灌一應脾胃有傷不食水草寒唇似笑鼻中氣短宜速與此藥

治馬心熱 甘草芒硝黃柏大黃山梔子瓜蔞為末水調灌一應心肺壅熱口鼻流血跳躑煩燥宜急與此藥

治馬肺毒 天門冬知母貝母紫蘇芒硝黃芩甘草薄荷葉同為末飯湯入少許醋調灌療肺毒熱極鼻中噴水

治馬肝壅 朴硝黃連為末男子頭髮燒灰存性漿水調灌一應邪氣衝肝眼目似睡忽然眩倒此方治之

治馬舌熱肚脹 用藍汁二升井花水一升和灌之

治馬腎搐 烏藥 芍藥 當歸 玄參 山茵蔯 白芷 山藥 杏仁 秦艽 每服一兩 酒一大升 同煎 溫灌 隔日再灌

治馬流沫 當歸 菖蒲 白朮 澤瀉 赤石脂 枳殼 厚朴 甘草 為末 每服一兩半 酒一升 葱白三握 同水煎 溫灌

治馬氣喘 玄參 葶藶 升麻 牛蒡 兜苓 黃耆 知母 貝母 同為末 每服二兩 漿水調草後灌之

治馬喉喘毛焦 用大麻子揀淨一升 餧之大效

治馬尿血 黃耆 烏藥 芍藥 山茵蔯 地黃 兜苓 枇杷葉 為末 將漿水煎沸 候冷調灌

治馬結尿 滑石 朴硝 木通 車前子 為末 每服一兩 溫水調灌

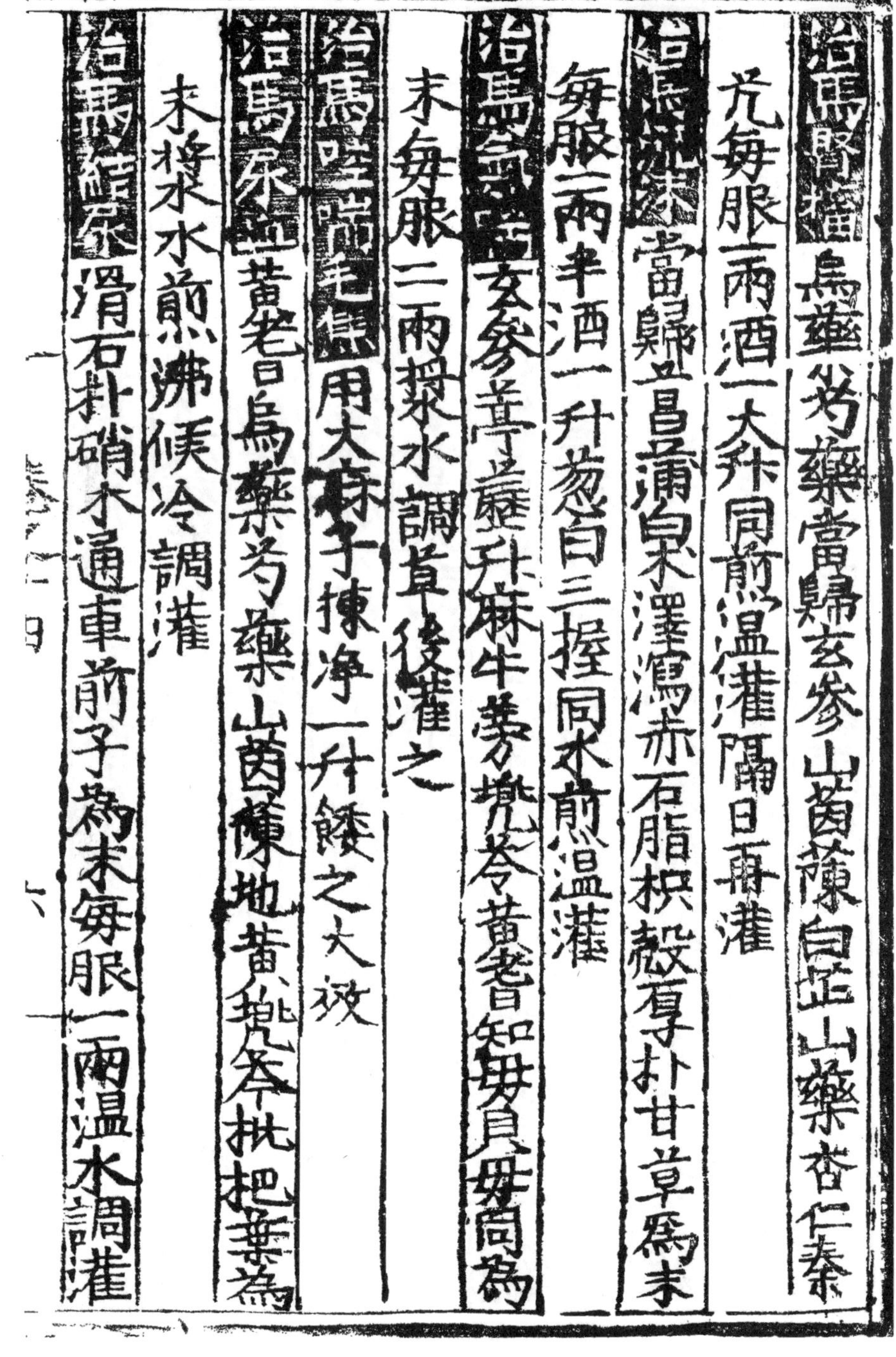

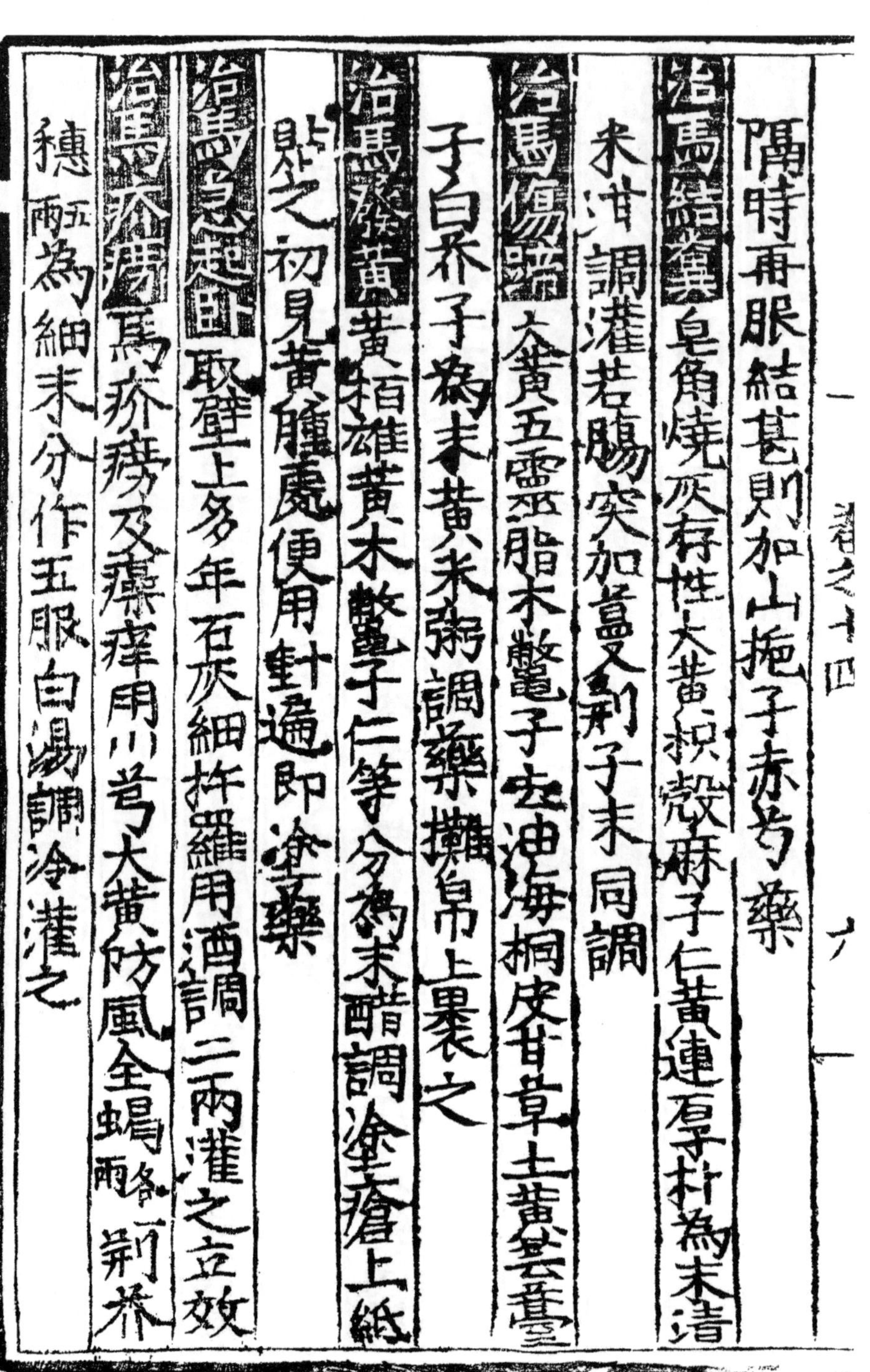
隔時再服結甚則加山梔子赤芍藥

治馬結糞皂角燒灰存性大黃枳殼麻子仁黃連厚朴為末清米泔調灌若腸突加蔓荊子末同調

治馬傷蹄大黃五靈脂木鱉子去油海桐皮甘草土黃芸薹子白芥子為末黃米粥調藥攤帛上裹之

治馬發黃黃柏雄黃木鱉子仁等分為末醋調塗瘡上紙貼之初見黃腫處便用針遍即塗藥

治馬急起臥取壁上多年石灰細杵羅用酒調二兩灌之立效

治馬疥癆馬疥癆及癩癢用川芎大黃防風全蝎各一兩荊芥穗五兩為細末分作五服白湯調冷灌之

治馬梁脊破 成瘡不能騎坐如未破將馬脚下濕稀泥塗上乾即再易煤者三五次自消或只用溝中青臭泥亦可已破成瘡者用黃丹枯白礬蒼生薑(燒存性)人天靈蓋(燒存性)各等分為末入麝射香少許瘡乾用麻油調若瘡濕有膿用米泔水同葱白煎湯洗淨傅之立效

治馬中結 川山甲(炒黃)大黃 郁李仁(各一兩) 風化石灰(一合如無以灶內灰代之四兩)共為細末作一服用麻油四兩釅醋一升調勻灌之立效如灌藥不通用猪牙皂角為細末同麻油各四兩和勻填糞門中再灌前藥一服即透

[illegible]馬藥 鬱金 大黃 甘草 貝母 山梔子 白藥 黃藥 款冬花 黃栢

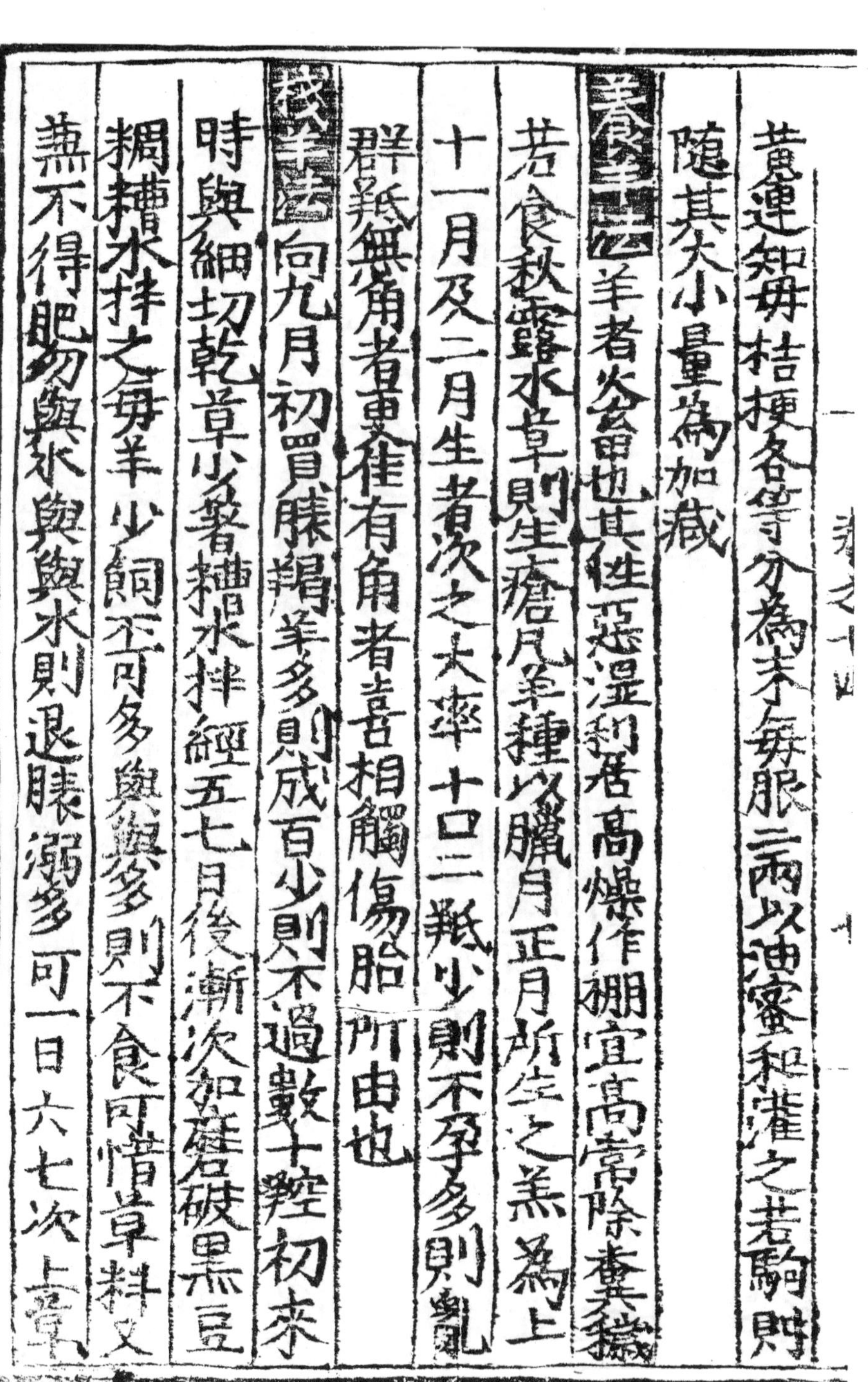

黄連知母桔梗各等分為末每服二兩以油蜜和灌之若駒肘隨其大小量為加減

養羊法 羊者火畜也其性惡濕利居高燥作棚宜高常除糞穢若食秋露水草則生瘡凡羊種以臘月正月所生之羔為上十一月及二月生者次之大率十口二羝少則不孕多則亂群羝無角者更佳有角者喜相觸傷胎所由也

棧羊法 向九月初買脿羯羊多則成百少則不過數十羫初來時與細切乾草少着糟水拌經五七日後漸次加磨破黑豆稠糟水拌之每羊少飼不可多與與多則不食可惜草料又羔不得肥勿與水與水則退脿溺多可一日六七次上草

不可太飽太飽則有傷少則不飽不飽則瘦羸欄圈常要潔
净一年之中勿餵青草餵之則瘦脹破腹不肯食枯草矣

治羊夾蹄 以羖羊脂煎熟去滓取鐵篦子燒令熱將脂勻塗
篦上烙之勿令入水次日即愈

治羊疥癩 藜蘆根不拘多少搥碎以米泔浸之瓶盛塞口置竈
邊令煖數日味酸可用先以瓦片刮疥處令赤用溫湯洗去
瘡甲拭乾以藥塗上兩次即愈若疥多宜漸塗之徧塗恐不
勝痛○又方用鍋底墨及鹽與桐油各二兩調勻塗之

治羊中水 先以水洗眼及鼻中膿汙令淨次用鹽一大撮就將
沸湯研化候冷澄清汁注雞子清少許灌鼻內五日後漸愈

治羊敗群 羊膿鼻及口頰生瘡如乾癬者相染多遂致絶群治法取長竿竪於棧所竿頭置一小板黝縶獼猴於竿令可上下又辟狐狸並益羊瘥病

養猪法 母猪取短喙無柔毛者良喙長則牙多一廂三牙已上者不可養爲其難得肥也凡者子母不同圈子母若同圈喜相聚而不食牡者同圈則無害

肥猪法 麻子二升擣千餘杵塩一升同煮和糠三升飼之立肥

治猪病 割去尾尖出血即愈若瘟疫用蘿蔔或藜及梓樹葉與食之不食難救

養犬法 凡人家勿養高脚狗彼多喜上卓機竈上養矮脚者

便益紙白者能為怪勿畜之○凡黑犬四足白者凶後二足白頭黃者吉足黃招財尾白者大吉一足白者益家白犬黃頭吉地白者害人帶虎斑者吉黃犬前二足白者吉胸白者吉口黑者招官事四足俱白者凶青犬黃耳者吉○犬生三子俱黃四子俱白八子俱黃五子六子俱青吉

治狗病 用水調平胃散灌之加清油些白花妙

治狗卒死 用葵根塞鼻內可活

治狗癩 狗遍身癩瀨用百部濃煎汁搽之○狗蠅多者以香油遍擦立去

相猫法 猫兒身短最為良眼用金銀尾用長面似虎威聲要

喊老鼠聞之自避藏○露爪能翻瓦腰長會走家面長雖絕種

尾大懶如蛇○又法口中三坎者捉一季五坎者捉二季七坎者捉三季九坎者捉四季花朝口咬頭牲耳薄不畏寒毛色純白純黑純黃者不須揀若看是狸猫身上有花又要四足及尾花纏得過方好

治猫病 凡猫病用烏藥磨水灌之○若猥火瘦悴用硫黃少許入豬腸中炮熟餵之或入魚腸中餵之亦可　小猫悞被人踏死用蘇木濃煎湯濾去相灌之

相鵝鴨法 鵝鴨母其頭欲小口上齒有小珠滿五者生卵多滿三者為次

選鵝鴨種 凡鵝鴨並選再伏者爲種大率鵝三雌一雄鴨五雌一雄抱時皆一月量雛欲出之時四五日間不可震響大鵝抱十子大鴨十五子小者量減之數起者不任爲種其貪伏不起者爲種須五六日一與食起

棧鵝易肥法 稻子或小麥大麥不計煮熟先用磚蓋成小屋放鵝在內勿令轉側門以木棒簽定只令出頭喫食日餵三四次夜多與食勿令住口如此五日必肥

養雛鴨法 每年五月五日不得放棲只乾餵不得與水則日日生卵不然或生或不生土硫黃飼之易肥

養雞法 雞種取桑落時者良春夏生者不佳雞春夏雛二十日

内無令出窠飼以燥飯若濕飯則臍生膿不宜燒柳木柴大者盲小者死餵小麥易大〇作棲不宜用桃李木安棲宜四極中星之處子午卯酉方爲四極申丙庚壬爲中星

栈雞易肥法 以油和麪捻成指尖大塊日與十數枚食之又以做成硬飯同土硫黄研細每次與半錢許同飯拌匀餵數日即肥

養雞不抱法 母雞下卵時日逐食内夾以麻子餵之則常生卵不抱

養生雞法 雞初來時即以凈温水洗其脚自然不走

治雞病 凡雞雛病以真麻油灌之皆立愈若中蜈蚣毒則研茱

筆解之

治鷄雛病　以雄黃末搜飯飼之可去其胃蟲此藥性熱不可使

其分健

養魚法　陶朱公治生之法有五水畜第一魚池是也池中作九洲求鯉魚二月上庚日納池中令水無聲魚必生至四月納一神守六月二納守八月三神守神守者鼈也所以納鼈者鱗蟲三百六十蛟龍為之長而將魚飛去有鼈則魚不去在池中周遶九洲無窮自謂江湖也養鯉者鯉不相食易長又貴也

治魚病　凡魚遭毒翻白急疏去毒水別引新水入池多取芭蕉

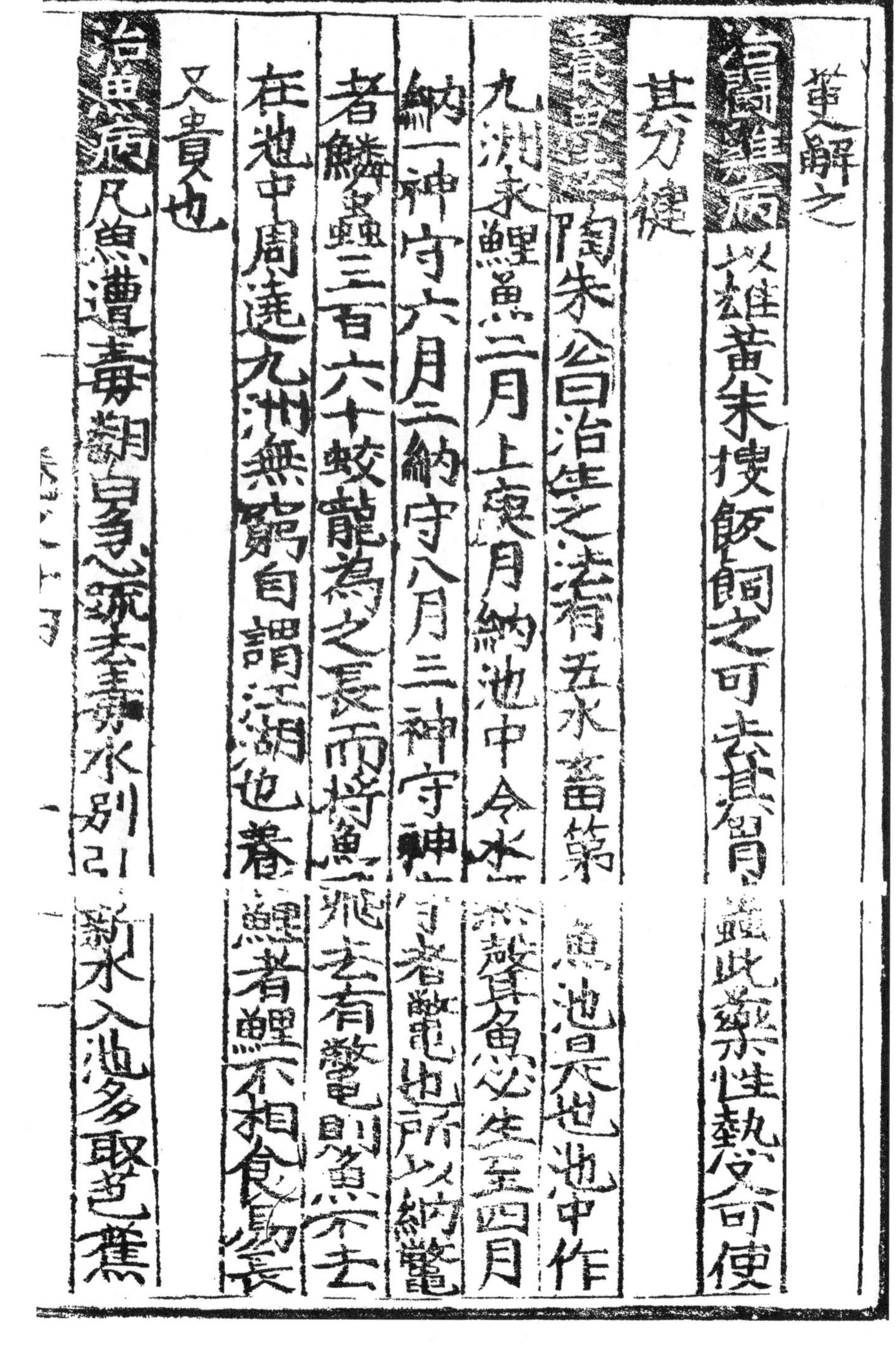

蒜搗碎置新水來處使吸之則解或以湯澆泊面亦佳

治鹿病　宜用鹽拌豆料餵之常餵以豌豆亦佳

治猴病　小猴宜餵以人參黃耆若大猴則以蘿蔔餵之

治鶴病　用蛇鼠及大麥善煮熟餵之

治鷄病　以拌攪飯甘飼之愈預收作乾以備緩急之用

治鴿病　用古墻上螺螄殼并續隨子銀杏搗為丸每餵十丸

若為鷹鳥所傷宜取地黃研汁浸米飼之

治百鳥病　百鳥喉西心水鼻凹生爛瘡甜瓜蒂為末傅之愈

便民圖纂卷第十四

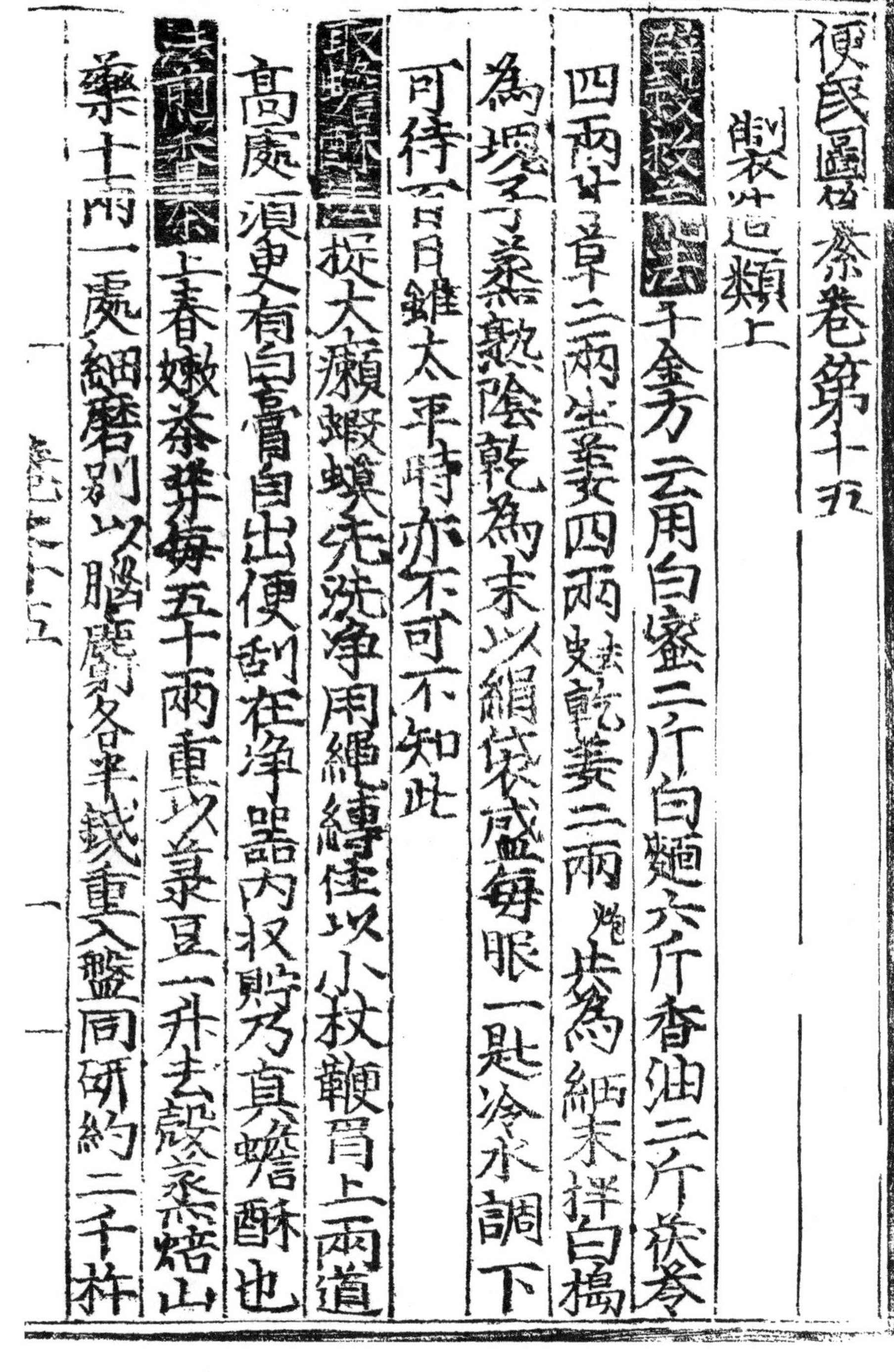

便民圖纂卷第十五

製造類上

辟穀救荒法 千金方云用白蜜二斤白麵六斤香油二斤茯苓四兩甘草二兩生薑四兩去皮乾薑二兩炮共為細末拌白搗為塊子蒸熟陰乾為末以絹袋盛每服一匙冷水調下可待百日雖太平時亦不可不知此

取蝦蟆酥法 捉大癩蝦蟆先洗淨用繩縛住以小杖鞭背上兩道高處須臾有白膏自出便刮在淨器內收貯乃真蟾酥也

製蘭香茶法 上春嫩茶芽每五十兩重以菉豆一升去殼蒸焙山藥十二兩一處細磨別以腦麝各半錢重入盤同研約二千杵

納罐內密封窨三日後可以烹點愈久香味愈佳

腦麝香茶 腦子隨多少用薄紙裹置茶合上密蓋定點供自然帶腦香其腦又可別用取麝香殼安罐底自然香透尤妙

百花香茶 木犀茉莉橘花素馨等花依前法熏之

煎茶法 用有焰炭火滚起便以冷水點住伺再滚起再點如此三次色味兼美

天香湯 白木犀盛開時清晨帶露用杖打下花以布被盛之揀去蒂萼頓在淨瓷器內候積聚然後用新砂盆擂爛一名山桂湯一名木犀湯用木犀一斤炒鹽四兩炙粉草一二兩拌勻置瓷瓶中密封曝七日每用沸湯點服

縮砂湯 縮砂仁四兩 烏藥二兩 香附子炒一兩 粉草炙二兩 共為末每用二錢加鹽沸湯點服中酒煮服之妙常服快氣進食

須問湯 東坡歌括云半兩生姜乾用 一升棗乾用去核 三兩白鹽炒黃 二兩草炙去皮 丁香木香各半錢約量陳皮去白一處擣煎也好點也好紅白容顏直到老

熟梅湯 樹頭黃大梅蒸熟去皮核每斤用甘草末五錢炒鹽四兩姜絲二兩青椒五錢侍秋間入木犀不拘多少

鳳髓湯 松子仁胡桃肉湯浸去皮各一兩 蜜半兩 共研爛入蜜和勻每用沸湯點服能潤肺療咳嗽

香橙湯 大橙子三斤去核切作片子連皮用 檀香末半兩 生姜五兩切作片焙乾 甘草一

末兩内二件用淨砂盆研爛次入檀香甘草末和作餅子焙乾碾爲細末每用一錢塩少許沸湯點服能寬中快氣消酒

造酒麯 白麪一百斤菉豆五斗辣蓼末五兩杏仁十兩去皮研爲泥先用蓼汁浸菉豆一宿次日煮極爛攤冷和麪次入杏泥蓼末拌匀踏成餅稻草包裹約四十餘日去草晒乾收起須三伏中造

菊花酒 酒醅將熟時每缸取黄菊花去蔕甘者只取花英二斤擇淨入醅内攪匀次早榨則味香美但一切有香無毒之花倣此用之皆可

收雜酒法 如人家賀客攜酒味之美惡必不能齊可共聚一缸

澄清去滓將陳皮三兩許撒入缸內浸三日漉去再如前撒入如此三次自成美醞

救酸酒法 若冬月造酒打扒遲而作酸即炒黑豆一二升石灰二升或三升量酒多少加減却將石灰另炒黃二件乘熱傾入缸內急將扒打轉過一二日榨則全美矣○又法每酒一大瓶用赤小豆一升炒焦袋盛放酒中即解

治酒不沸 釀酒失冷三四日不發者即撥開飯中傾入熟酒醅三四碗須臾便發如無酒醅將好酒傾入一二升便有動意不爾則作䊤

造千里醋 烏梅去核一斤以釅醋五升浸一伏時曝乾再入醋

浸再曝乾以醋盡爲度擣爲末以醋浸蒸餅爲丸如雞頭大投一二丸於湯中即成好醋

造七醋 黄陳倉米五斗浸七宿每日換水一次至七日做熟飯乘熱入甕按平封閉第二日番轉至第七日再番轉傾入井水三擔又封一七日攪一遍再封二七日再攪至三七日即成好醋此法簡易尤妙

收醋法 將頭醋裝入瓶內燒紅炭一小塊投之摻入炒小麥一撮箬封泥固則永不壞

造醬 三伏中不拘黄黑豆揀淨水浸一宿漉出煮爛用白麪拌勻攤蘆席上用楮葉或蒼耳葉蓋一日發熱二日作黄衣三

日後翻轉曬乾黃子一斤用鹽四兩爲率井水下水高黃子一拳曬須不犯生水

治醬生蛆 用草烏五七箇切作四半撒入其蛆自死

治飯不餿 用生莧菜鋪蓋飯上則飯不作餿氣

造酥油 取牛乳不鍋滾二三沸傾在盆内候冷定結成酪皮取酪皮又煎油出去粗傾在盆内即是酥油

造乳餅 取牛乳一斗絹濾入鍋煎三五沸先將好醋以水解淡俟乳沸點入則漸結成漉出用絹布之類包盛以石壓之

收藏乳餅 取乳餅安盆盛風處則不壞用時取出蒸軟則如新

煮諸肉 牛肉猛火煮至滚便當退作慢火不可蓋蓋則有毒

若老牛肉入碎杏仁及蘆葉一束同煮易軟爛○馬肉冷水下入葱酒煮不可蓋○羊肉滚湯下蓋定慢火養熟若老羊同尾片煮則易爛羝羊同核桃煮則不臊○猪羊肉以舊籬上篾一把入鍋同煮立軟○獐肉冷水下煮不宜過過則乾燥無味加葱椒山藥其味珍美○鹿肉宜與肥猪羊肉同煮以鹿肉乾燥借其油味浸入令肉性滋潤煮不宜過滚水下○兎肉塩醃一宿冷水下加葱椒宜罐當製亦可與肥肉同煮若煮太熟則肉乾無味○老雞鵝鴨取猪胰一具切爛同煮以盆蓋定不得揭開約熟為度則肉軟而汁佳或用櫻桃葉數片煮老鵝亦餳糖兩塊煮老雞鵝皆能易軟○煮猪腰肉得

燒肉 猪羊鵝鴨等先用盐醬料物淹一二時將鍋洗淨燒熱用
香油遍澆以柴棒架起肉盆合紙封慢火熓熟

四時臘肉 收臘月內淹肉滷汁淨器收貯泥封頭如要用時取
滷一碗加臘水一碗盐三兩將猪肉去骨三指厚五寸闊段
子同盐拌和淹半日却入滷汁內浸一宿次日其肉色味與
臘肉無異若無滷汁每肉一斤用盐半斤淹二宿亦如前煮時
先以米泔清者入盐二兩煮三沸換水煮

收臘肉法 新猪肉打成段用煮小麥滚湯淋過控乾每斤用盐
一兩擦拌置甕中三二日一度翻至半月後用好糟淹一二
宿出甕凡用元淹汁水洗淨懸於無烟淨室二十日以後半乾

半濕以故紙封裹用淋過淨灰於大甕中一重灰一重肉埋訖盆合置之凉處經歲如新煮時米泔浸一炊時洗刷淨下清水中鍋上盆合土擁慢火煮候滾即徹薪停息一炊時再發火再滾住火良久取食此法之妙全在早淹須臘月前十日淹藏令得臘氣為佳稍遲則不佳矣牛羊馬等肉並同此法如欲色紅須纔宰時乘熱以血塗肉即顏色鮮紅可愛

夏月收肉 凡諸般肉大片薄批每斤用鹽二兩細料物少許拌匀勤番動淹半日許揩去血水香油抹過蒸熟竹簽穿懸烈日中晒乾收貯

夏月煮肉停久 每肉五斤用胡荽子一合醋二升鹽三兩慢火

煮熟透風處放着加酒葱椒同煎尤佳

醃鵝鴨等物 挦淨於胷上剖開去腸肚每斤用塩一兩加川椒茴香時蘿陳皮等　擦淹半月後晒乾為度

醃鴨卵 不拘多少洗淨控乾用竈灰篩細二分塩一分拌匀却將鴨卵於濃米飲湯中蘸溫入灰塩滾過收貯

造脯 歌括不論猪羊與大牢一斤切作十六條大盞醇醪小盞醋馬芹時蘿入分毫揀淨白塩秤四兩寄語庖人漫火熬酒盡醋乾方是法味甘不論孔間韶

牛脯鹿脩 好肉不拘多少去筋膜切作條或作段每二斤用塩大錢半川椒三十粒葱三大莖細切酒一大壺同淹三五日

日翻五七次晒乾猪羊倣此

製猪肉法 淨燖猪訖更以熱湯遍洗之毛孔中即有垢出以草痛揩如此三遍梳洗令淨四破於大釜煮之以杓接取浮脂則着甕中稍稍添水數數接脂脂盡漉出破為四方寸臠易水更煮下酒二升以殺腥臊青白皆得若無酒以酢漿代之添水接脂一如上法脂盡無復腥氣漉出擺拔於銅鐺中熬之一行肉一行擘葱渾豉白鹽薑椒如是次第布訖下水熬之肉作琥珀色乃止恣意飽食亦不能餡（烏驛切）乃勝燠肉欲得着冬瓜甘瓠者於銅器中布肉時下之其盆中脂練白如珂雪以供餘用者焉

[illegible]大者一隻撏淨去腸肚以榆仁醬肉汁調先炒葱油傾汁下鍋川椒數粒後下鴨子慢火煮熟折開另盛湯供鵝鴈鷄同此製造

鵝鮓 肥者二隻去骨用淨肉每五斤細切入鹽三兩酒一大盞醃過宿去滷用葱絲四兩薑絲二兩橘絲一兩椒半兩蒔蘿茴香馬芹各少許紅麴末一合酒半升拌勻入罐實捺箬封泥固猪羊精者皆可做此治造

魚鮓 每大魚一斤切作片臠不得犯水以布拭乾夏月用鹽一兩半冬月一兩待片時醃去滷水出再灘乾次用薑橘絲蒔蘿紅麴饙飯并葱油拌勻入磁罐捺實箬蓋竹簽插覆罐去滷

尽即熟或用礬水浸則肉緊而脆

醃藏魚 臘月將大鯉魚去鱗雜頭尾劈開洗去腥血布拭乾炒鹽醃七日就用鹽水刷洗淨曬風處懸之七日魚極乾取下劃作大方塊用臘酒脚和糟稍稀相兼多少下炒茴香蒔蘿葱鹽油拌勻塗魚逐塊入淨罈一層魚一層糟罈滿即止以泥固口過七七日開罈時忌南風恐致蟲壞

糟魚 大魚片每斤用鹽一兩先醃一宿拭乾別入糟一斤半用鹽一兩半和糟將魚大片用紙裹以糟覆之

酒麴魚 大魚洗淨一斤切作手掌大用鹽二兩神麯末四兩椒百粒葱一握酒二升拌勻密封冬七日夏一宿可食

[illegible]薄荷葉白芷江茶為末拌勻醃一宿至次日早灑去
腥水再以新汲水洗淨任意用之〇一法煮魚用此少木香
在內則不腥

糟蟹 歌括云三十團臍不用尖（水洗控乾布拭）糟鹽十二五斤鮮（糟五斤鹽十二）好醋半斤并半酒（拌勻糟內）可飡七日到明年（七日熟可）

酒蟹 九月間揀肥壯者十斤用炒鹽一斤四兩好白礬末一兩半先將蟹洗淨用稀篾籃封貯懸於當風處以蟹乾為度好醅酒五斤拌和鹽礬令蟹入酒內良久取出每蟹一隻以花椒一顆納臍內入磁瓶實捺收貯更用花椒摻其上包瓶紙花上用韶粉一粒箬紮泥固取時不許見燈或用好酒破

開臘糟拌盐糝亦得糟用五斤

醬蟹 團臍百枚洗淨控乾臍內滿填盐用線縛定仰疊入磁器中去醬二斤研渾椒一兩好酒一斗拌醬椒勻澆浸令過蟹一指酒少再添密封泥固冬二十日可食

酒鰕 大鰕每斤用盐半兩醃半日瀝乾入缾中一層鰕入椒十餘粒層層下訖以好酒化盐一兩半澆之密封五七日熟冬十餘日每鰕一斤用盐三兩

煮蛤蜊 用枇杷核煮則釘易脱

煮斂筍 如猫頭筍之類斂而不可食者先以薄荷葉數片入鍋同盐煮熟則無斂氣

造芥辣汁 芥菜子淘净入細辛少許白蜜醋一處同研爛再入淡醋濾去粗極辣

造脆姜 嫩生姜去皮甘草白芷零陵香少許同煮熟切作片子則脆美異常

糟姜 社前嫩姜去蘆揩净用煮酒和糟鹽拌勻入磁罈上用沙糖一塊箬扎泥封

醋姜 炒鹽醃一宿用元滷入釅醋同煎數沸候冷入姜箬扎瓶口泥封固

醬茄 將好嫩茄去蒂酌量用鹽醃五日去水別用市醬醃五七日其水去盡揩乾晒一日方可入好醬內

糟茄 八九月間揀嫩茄去蒂用活水煎湯冷定和糟鹽拌勻入罈箬紮泥封訣云五茄六糟鹽十七更加河水甜如蜜

蒜茄 深秋摘小茄去蒂揩淨用常醋一碗水一碗合和煎微沸將茄煠過控乾搗蒜并鹽和冷定醋水拌勻納磁罈中

香茄 取新嫩者切三角塊沸湯煠過稀布包榨乾鹽醃一宿曬乾用姜絲橘絲紫蘇拌勻煎滾糖醋潑曬乾收貯

香蘿蔔 切作骰子塊鹽醃一宿曬乾姜絲橘絲蒔蘿茴香拌勻煎滾常醋潑用磁器盛曝乾收貯

收藏瓜茄 用淋過灰曬乾埋王瓜茄子於內冬月取食如新

收藏梨子 揀不損大梨取有枝柯者插不空心大蘿蔔內紙裹暖

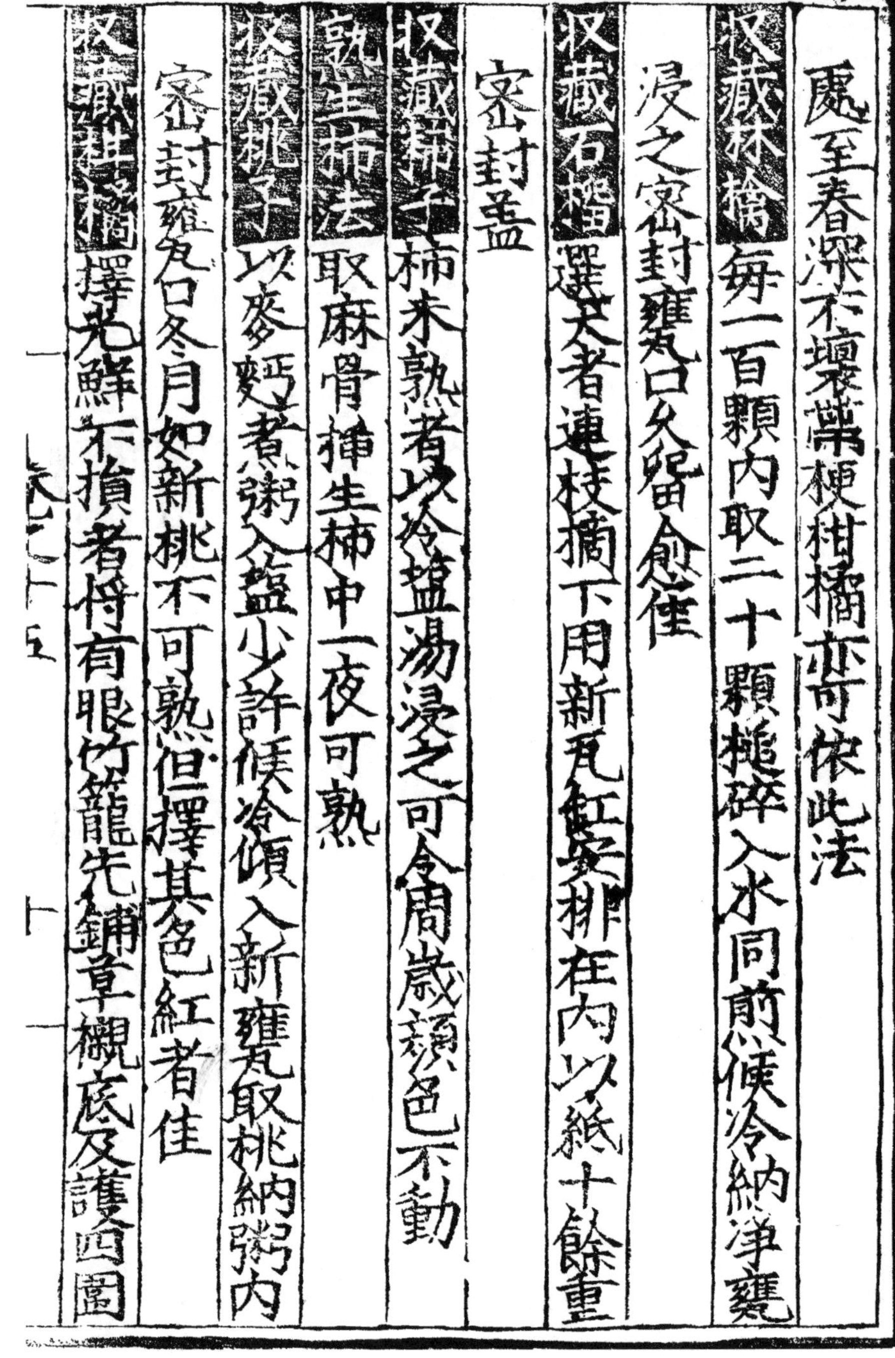

處至春深不壞常梗柑橘亦可依此法

收藏林檎 每一百顆內取二十顆搥碎入水同煎候冷納淨甕浸之密封甕口久留愈佳

收藏石榴 選大者連枝摘下用新瓦缸安排在內以紙十餘重密封蓋

收藏梯子 柿未熟者以冷鹽湯浸之可令周歲顏色不動

熟生柿法 取麻骨揷生柿中一夜可熟

收藏桃子 以麥麩煮粥入鹽少許候冷傾入新甕取桃納粥內密封甕口冬月如新桃不可熟但擇其色紅者佳

收藏柑橘 擇光鮮不損者併有眼竹籠先鋪草襯底及護四圍

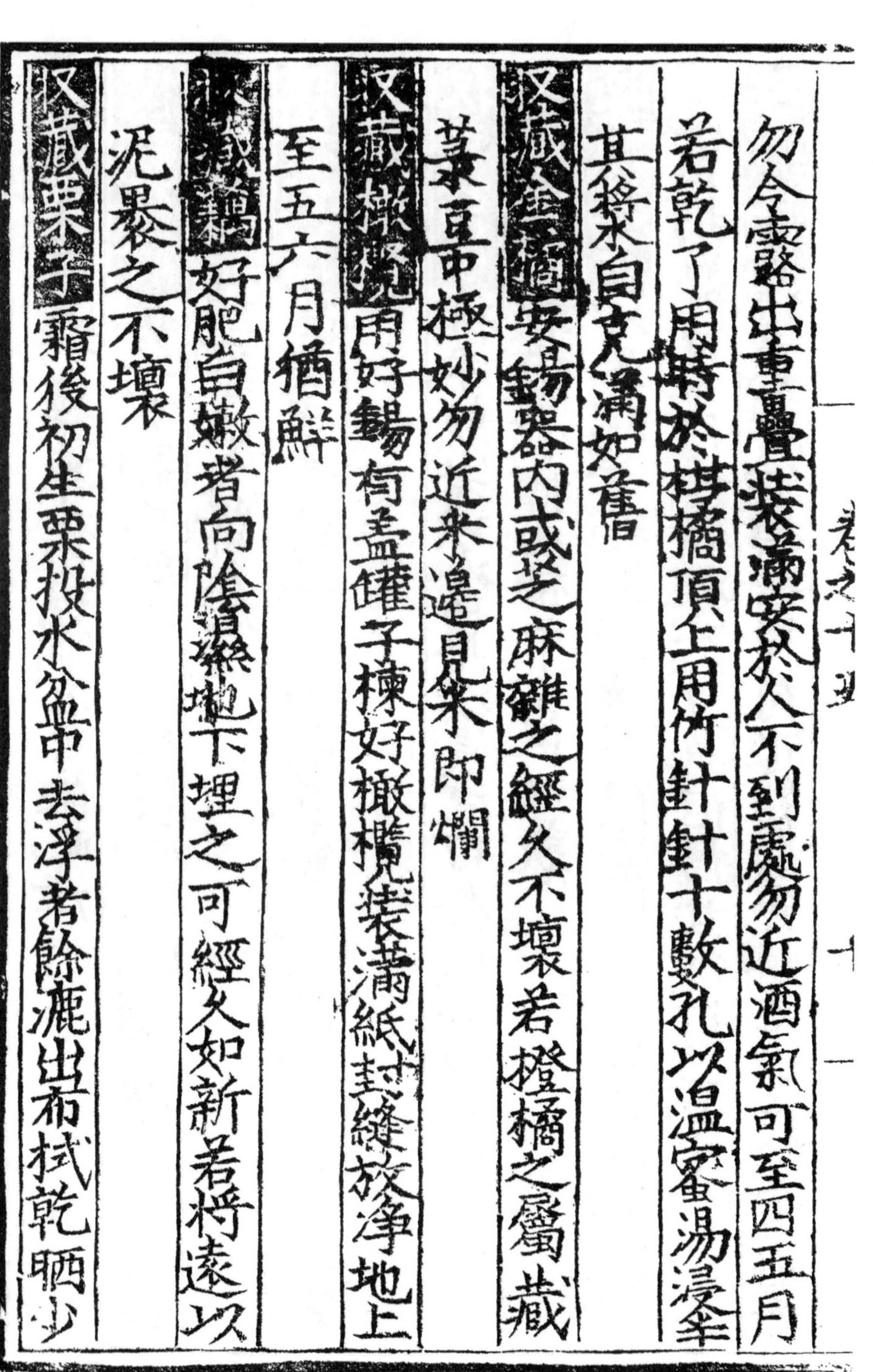

勿令露出重疊裝滿安於人不到處勿近酒氣可至四五月

若乾了用時於柑橘頂上用竹針針十數孔以溫蜜湯浸半

其將來自乾又滿如舊

收藏金橘 安錫器內或芝麻雜之經久不壞若橙橘之屬藏

菉豆中極妙勿近米邊見米即爛

收藏橄欖 用好錫有蓋罐子揀好橄欖裝滿紙封縫於淨地上

至五六月猶鮮

收藏鵝梨 好肥白嫩者向陰濕地下埋之可經久如新若將遠以

泥裹之不壞

收藏栗子 霜後初生栗投水盆中去浮者餘漉出布拭乾晒少

時令無水湿為度用新小瓶先將沙炒乾放冷以栗裝入一層栗一層沙約八九分滿每瓶盛二三百箇用箬一重蓋覆以竹簽按定掃一淨地將瓶倒覆其上畧以黄土封之不宜近酒氣可至來春不壞

收藏[illegible] 以麄布袋盛掛當風處則不膩收松子亦可用此法

收乾荔枝 以新瓷瓶盛每鋪一層用鹽白梅二三箇以箬葉包如粽子狀置內密封甕口則不蛀壞

收藏[illegible]子 以舊盛茶甕收之經久不壞

收藏諸青果 十二月間瀝洗潔淨瓶或小缸盛臘水遇時果出用銅青末與青果同入臘水收附顏色不變如鮮凡青梅枇

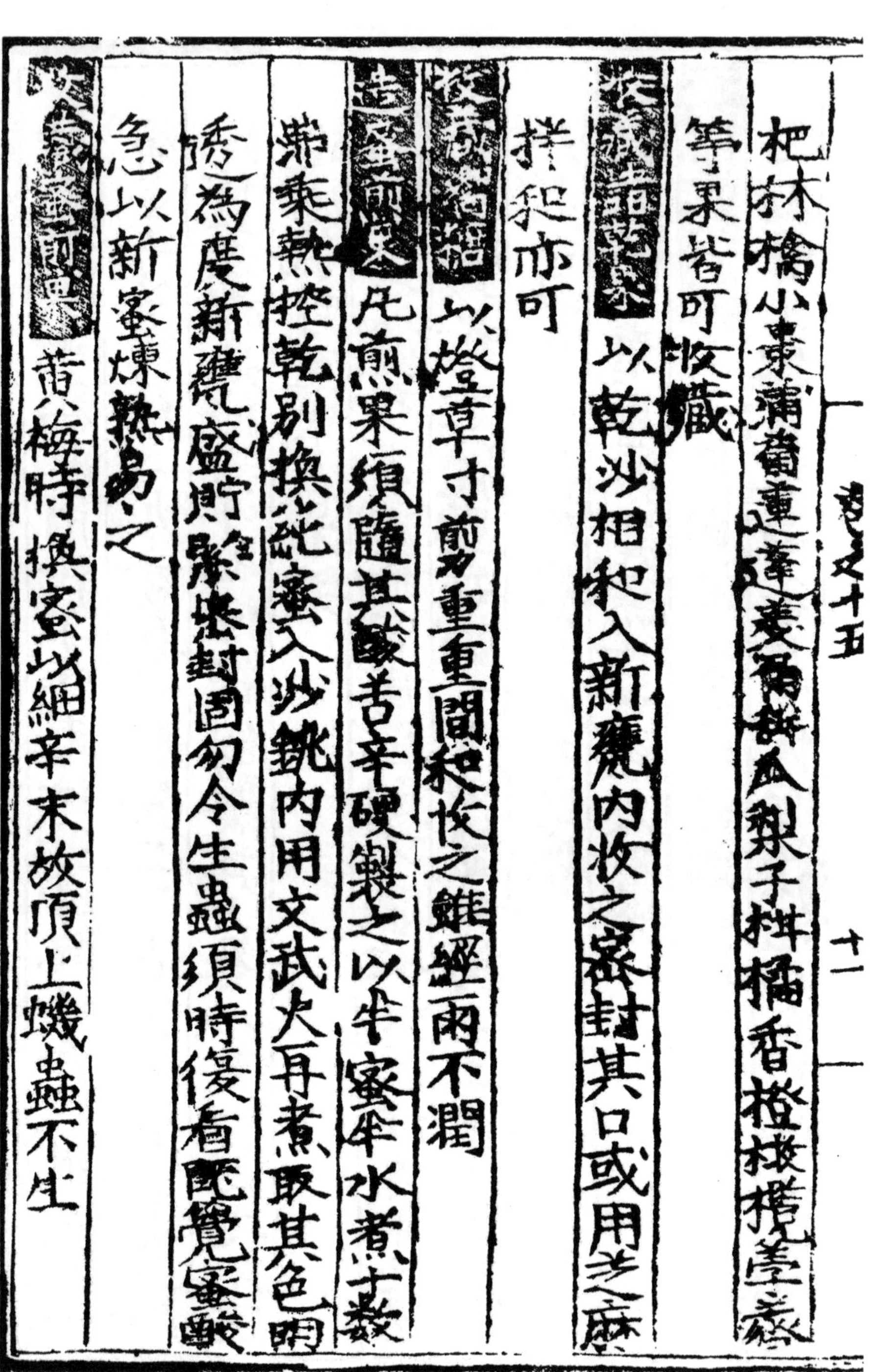

杷林檎小棗葡萄蓮蓬菱角鷄頭梨子柑橘香橙橄欖荸薺等果皆可收藏

收藏乾果 以乾沙相和入新甕內收之密封其口或用芝麻拌和亦可

收藏橘橙 以燈草寸剪重重間和收之雖經兩不潤

造蜜煎果 凡煎果須隨其酸苦辛硬製之以半蜜半水煮十數沸乘熱控乾別換純蜜入沙銚內用文武火再煮取其色明透為度新甕盛貯紙箬紮封固勿令生蟲須時復看覺蜜酸急以新蜜煉熟易之

收蜜煎果 黃梅時換蜜以細辛末放頂上蠅蟲不生

大料物法 官桂良薑蓽撥草荳蔻陳皮縮砂仁八角茴香各一兩川椒二兩杏仁五兩甘草一兩半白檀香半兩共爲細末用如帶出路以水浸蒸餅丸如彈子大用時旋以湯化開

素食中物料法 蒔蘿茴香川椒胡椒乾薑炮甘草馬芹杏仁各等分加榧子肉一倍共爲末水浸蒸餅爲丸如彈子大用時湯化開

省力物料法 馬芹胡椒茴香乾薑炮官桂花椒各等分爲末滴水為丸如彈子大每用調和擲破即入鍋内出外尤便

一了百當 甜醬一斤半臘糟一斤麻油七兩鹽十兩川椒馬芹茴香胡椒杏仁良薑官桂等分爲末先以油就鍋内熬香將

料末同糟醬炒熟入器收貯遇修饌隨意就用料足味全甚

便行廚

便民圖纂卷第十五

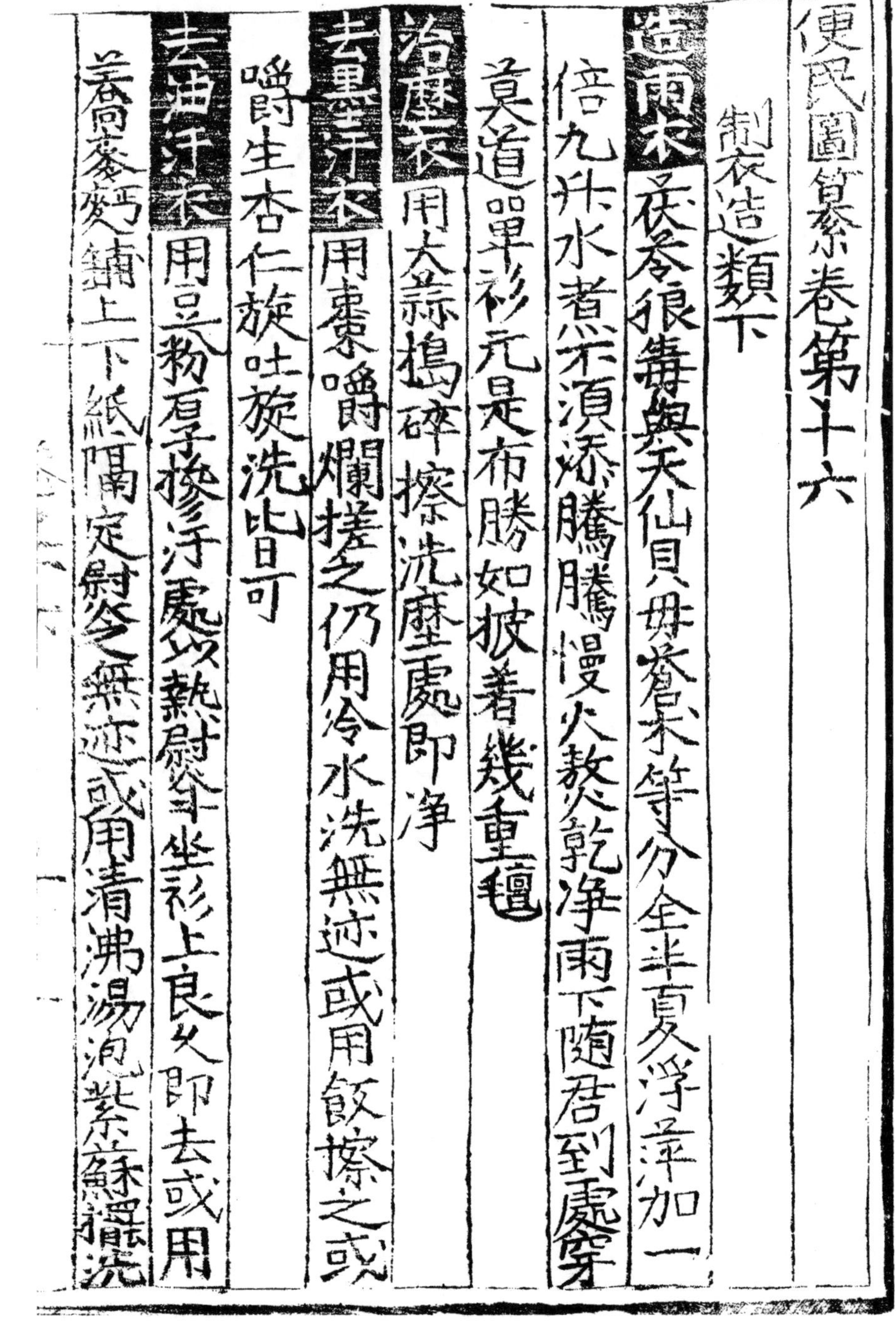
便民圖纂卷第十六

制衣造類下

造雨衣 茯苓很毒與天仙貝母蒼朮等分全半夏浮萍加一倍九升水煮不須添騰騰慢火熬乾淨雨下隨君到處穿莫道單衫元是布勝如披着幾重氈

洗塵衣 用大蒜搗碎擦洗塵處即淨

去墨汙衣 用棗嚼爛搓之仍用冷水洗無迹或用飯擦之或嚼生杏仁旋吐旋洗皆可

去油汙衣 用豆粉厚摻汙處以熱熨斗坐衫上良久即去或用蕎麥麪鋪上下紙隔定熨之無迹或用清沸湯泡紫蘇擺洗

着牛油汙者嚼生栗米洗之羊油汙者用石灰湯洗之皆淨

洗黄泥汙衣 以生薑挼過用水擺去

洗蟹黄汙衣 用蟹中腮揩之即淨

洗青黛汙衣 嚼杏仁洗之

洗血汙衣 用冷水洗即淨着瘡中膿汙衣用牛皮膠洗之

洗皂衣 用梔子濃煎洗之如新

洗白衣 取豆稭灰或茶子去殼洗之或煮蘿蔔湯或煮芋汁洗之皆妙

洗綠衣 用牛膠水浸半日以温湯洗之○又法用豆豉湯熱擺去色不動

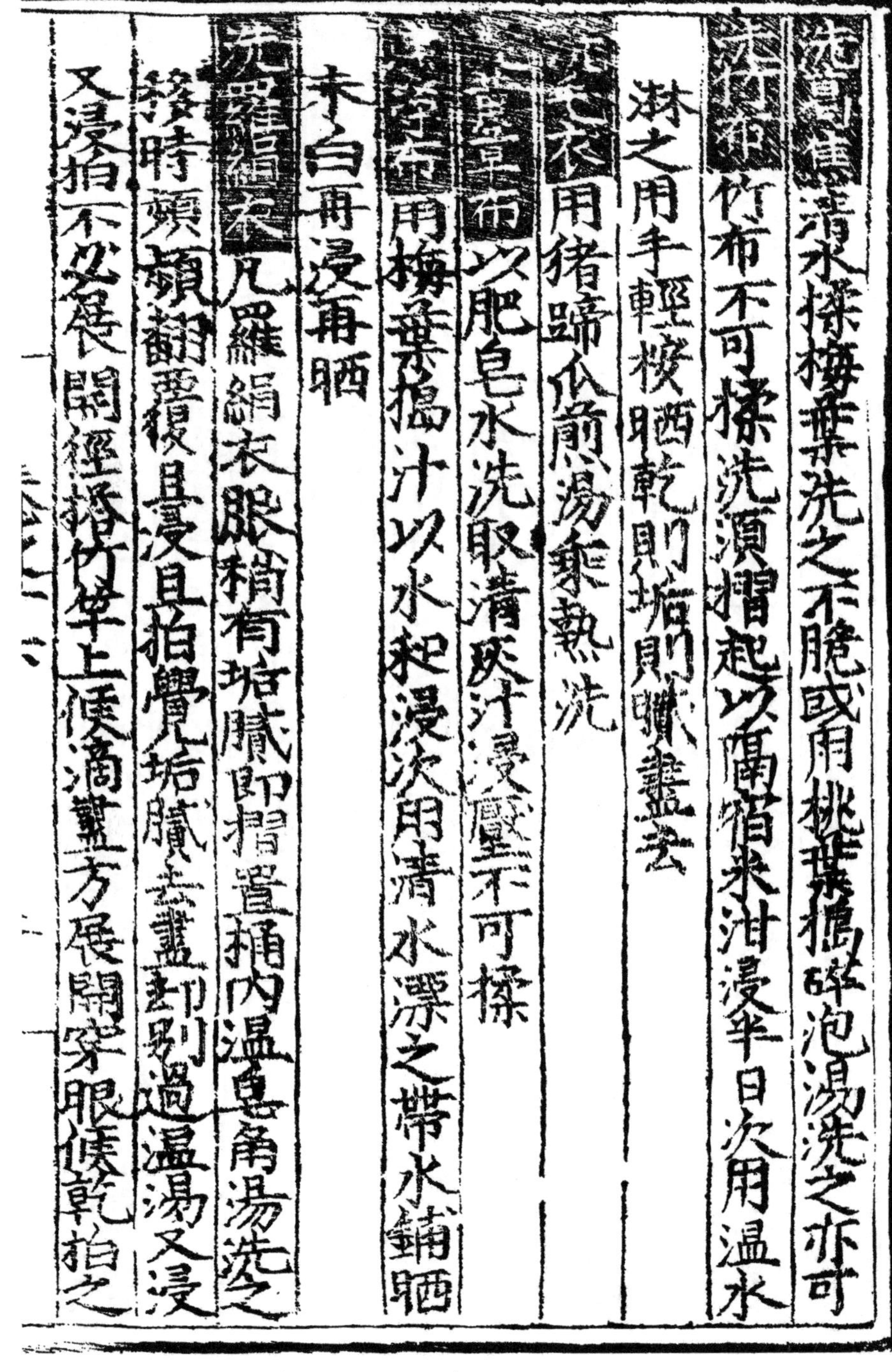
洗白衣　清水揉梅葉洗之不脆或用桃葉搗碎泡湯洗之亦可

洗竹布　竹布不可揉洗須摺起以隔宿米泔浸半日次用温水淋之用手輕按晒乾則垢膩盡去

洗毛衣　用猪蹄爪煎湯乘熱洗

洗葛苧布　以肥皂水洗取清灰汁浸壓不可揉

洗黃草布　用梅葉搗汁以水和浸次用清水漂之帶水鋪晒未白再浸再晒

洗羅絹衣　凡羅絹衣服稍有垢膩即摺置桶内温皂角湯洗之移時頻頻翻覆且浸且拍覺垢膩去盡却別過温湯又浸又浸拍不必展開經搭竹竿上候滴盡方展開穿服候乾拍之

洗漆污衣 用油洗或以温湯略擺過細研杏仁接洗又擺之無迹或先以麻油洗去用皂角洗之亦妙

洗糞污衣 埋土中一伏時取出洗之則無穢氣

練絹綃帛 先用釅桑灰或豆秸等灰煮熟絹帛次用猪胰練帛之法同灰水大滾下帛須頻提轉不可過熟亦不可灰少若扭住不散則帛方熟○用胰法以猪胰一具同灰搗成餅陰乾用時量帛多寡剪用稻草一莖摺作四指長橕湯浸帛如無胰瓜蔞去皮將穰剁碎入湯化開浸帛亦可

漿衣 用新菉豆去殼細研以水煮熟入漿内或加木香同煮尤佳凡漿衣以熟麩湯調生豆粉為之極好若用白墡土灰漿

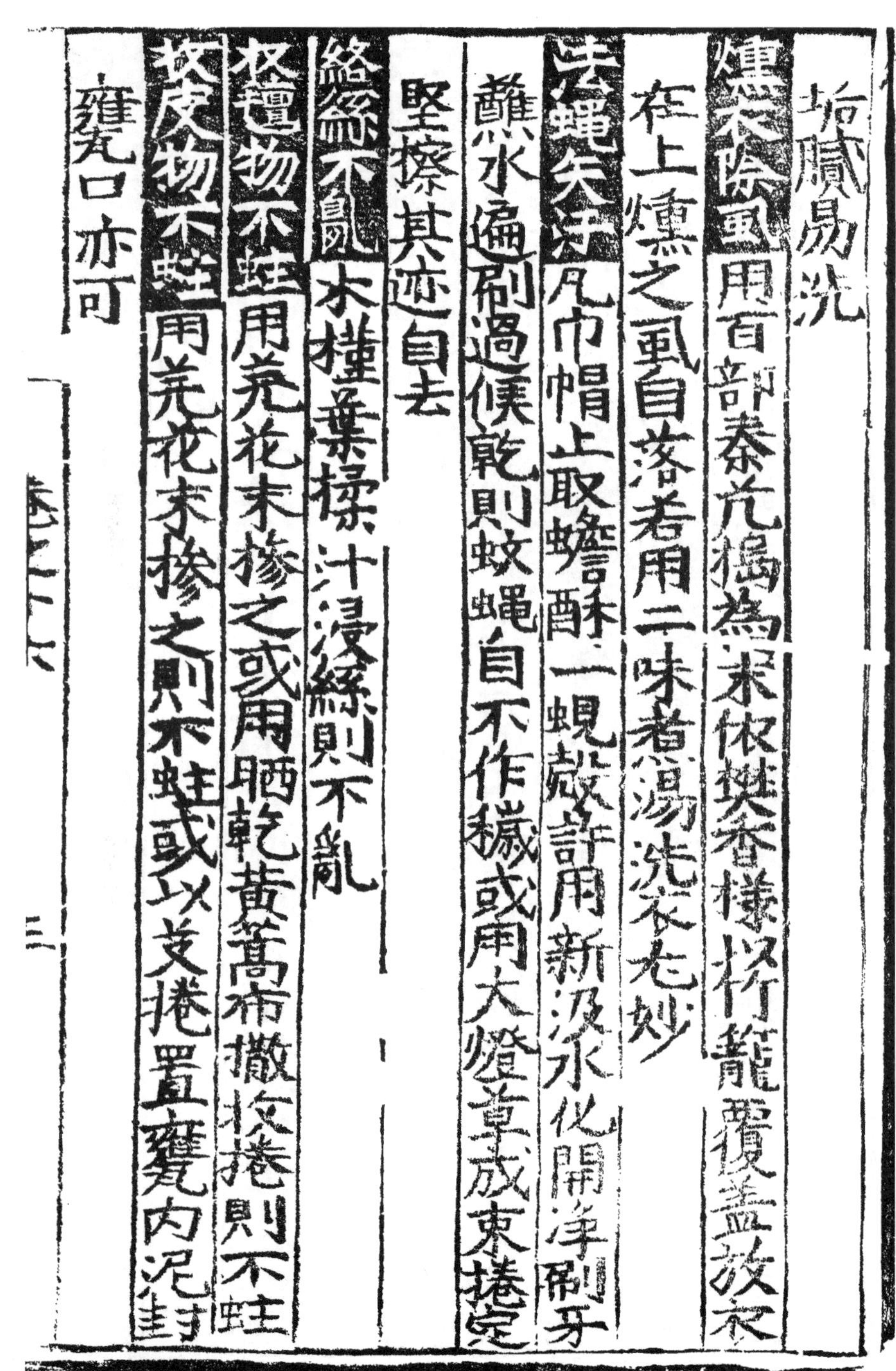

垢膩易洗

燻衣除虱 用百部秦艽搗為末依焚香樣將竹籠覆盖放衣在上燻之虱自落若用二味煮湯洗衣尤妙

去蠅矢汙 凡巾帽上取蠮螉一蜆殼許用新汲水化開淨刷牙醮水遍刷過候乾則蚊蠅自不作穢或用大燈草成束捲定堅擦其迹自去

絡絲不亂 木槿葉搽汁浸絲則不亂

毯氊物不蛀 用芫花末摻之或用晒乾黃蒿布撒捲則不蛀

收皮物不蛀 用芫花末摻之則不蛀或以艾捲置甕內泥封甕口亦可

收翠花　用漢椒雜茱萸入盒中收貯收時防蟻晒時防猫若晒其羽則色昏

洗紙冒魚魫　以肥皂挼冷水洗清水滌過再用盐水出色思

熱水

洗眞珠　用乳浸一宿次日以益母草燒灰淋汁入麩少許以絹袋盛珠輕手揉洗其色鮮明忌近麝香能昏珠色○被油浸者用鵞鴨糞晒乾燒灰熱湯澄汁絹袋盛洗○色焦赤者以梂子皮熱湯浸水洗研蘿蔔淹一宿即白淨○赤色者以芭蕉水洗無浸一宿潔白○犯尸氣者以一敏草煎汁麩炭灰揉洗潔淨

洗象牙等物 用阿膠水刷之以水再滌○又法水煮木賊令軟撥洗以井草水滌之○又法煎鹽貯水浸之烈日中曬候瑩白爲度

煮骨作牙 取驢骨用胡葱爛搗著水和骨煮勿令大沸兩伏時候骨軟以細生布裹用物壓重實令堅自如牙紋

染木作花梨色 用蘇木濃煎汁刷三次後一次摻石灰在上良久拭去其紋如花梨若梅木只用水濕以石灰摻之

染紫檀 蘇木二兩剉碎用水二十盞煎至一盞以下去柤入鐵漿水三兩同熬以待以緣器或石器收用時點之

嘎錫 凡錫器用硇砂白砂砒盆同煮其硬如銀

點鐵爲鋼 羊角亂髮俱煅灰細研水調塗刀口燒紅磨之

磨鏡藥 鹿骨角燒灰枯白礬銀母砂共爲細末等分和匀先磨淨後用此藥磨光則久不昏

補瓷碗 先將瓷碗烘熱用雞子清調石灰補之甚牢〇又法白芨一錢石灰一錢水調補

補缸 缸有裂縫者先用竹箍箍定烈日中曬縫令乾用瀝青火鎔塗之入縫內令滿更用火略烘塗開水不滲漏勝於油灰

綴假山 生羊肝研爛和麫綴石甚牢

穿井 凡開井必用數大盆貯水置各處俟夜氣明朗觀所照星何處最大而明則地必有甘泉試之屢驗

補磚縫 官桂末補磚縫中則草木生

浸炭不爆 米泔浸炭一宿架起令乾燒之不爆

留火 用好胡桃一個燒半紅埋熱灰中三日尚不燼

造衣香 甘松 藿香 茴香 零陵香各一兩 檀香剉碎酒浸蒸過焙乾 丁香各半兩 共為麁末紙包近肉或枕中放七日入腦麝少許則香透衣內

炷香餅 用堅硬木炭三斤 梓細黄丹 定粉 針砂 牙硝各半兩入炭末爛煮棗一升去皮核共拌勻作餅子若棗肉少以煮棗汁和之一餅可燒一日

暖爐炭 用松毛 杉木燒灰以稠米湯搜和成劑晒乾煆紅取出

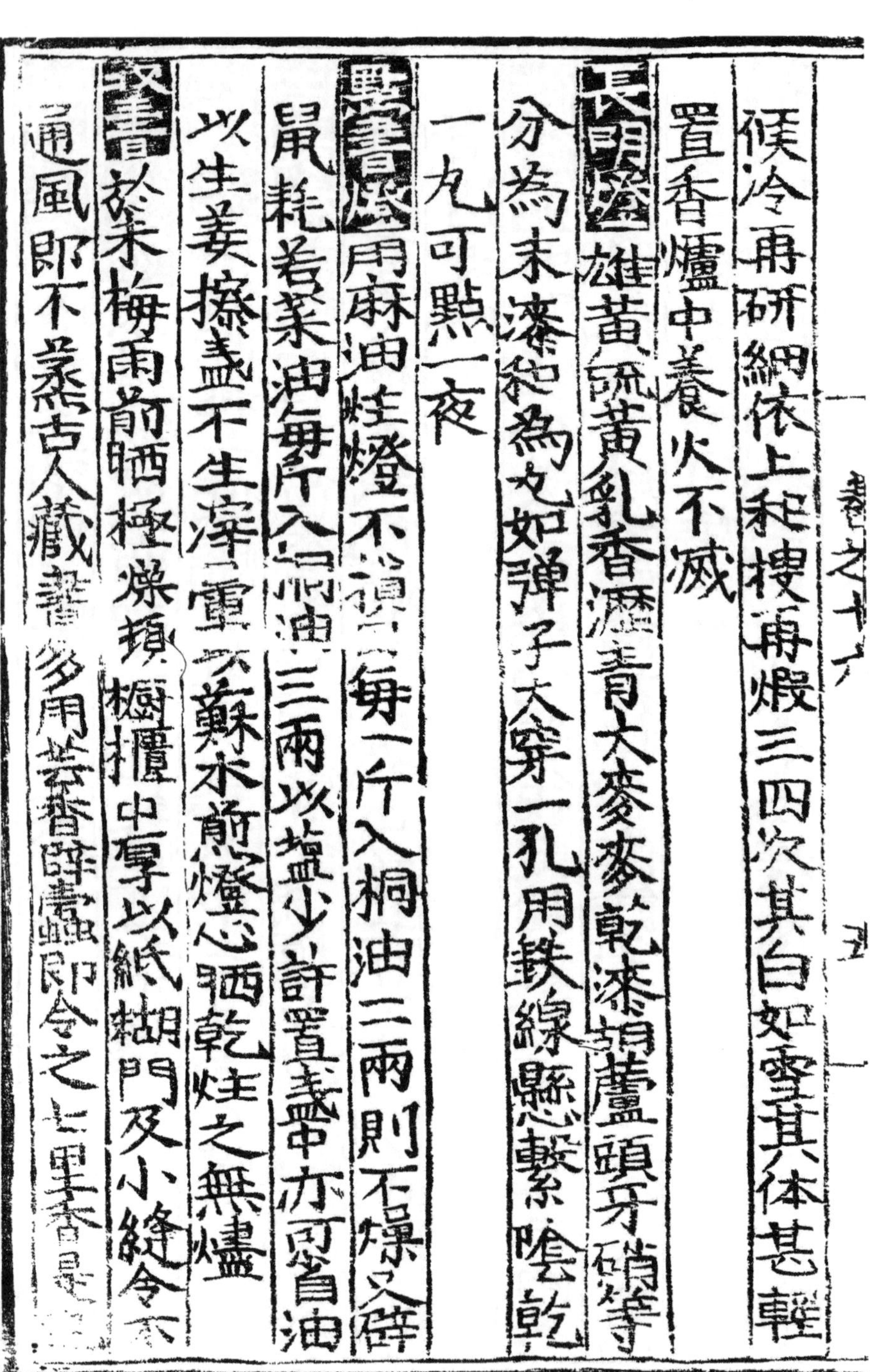

候冷再研細依上秤搜再煆三四次其白如雪其体甚輕置香爐中養火不滅

長明燈 雄黃硫黃乳香瀝青大麥麥乾漆胡蘆頭芽硝等分為末漆和為丸如彈子大穿一孔用鐵線懸繫陰乾一丸可點一夜

點書燈 用麻油炷燈不損目每一斤入桐油三兩則不燥又辟鼠耗若菜油每斤入桐油三兩以鹽少許置盞中亦可省油以生姜擦盞不生滓暈又蘇木煎燈心晒乾炷之無燼

收書 於未梅雨前晒極燥頓櫥櫃中厚以紙糊門及小縫令不通風即不蒸古人藏書多用芸香辟蠹即今之七里香是也

麝香亦可辟蠹樟腦又佳

收畫 未梅雨前晒眼令燥緊捲入匣以紙糊縫過梅月方開則不蒸匣須用楸梓杉杪之類內不用漆

背畫不瓦 用黃䗶蜀少許入糊不瓦若入白礬椒末黃蘗則鼠不侵

造墨 清麻油十斤先取三斤以蘇木一兩半宣黃連二兩半杏仁二兩搥碎同煎候油變色放溫濾去滓傾入餘油攪勻隨盞大小掘地作坑深淺令與盞平滿添油注燈置坑內以瓦盆子約面闊八九寸底深三寸許者覆之仍用方寸瓦片搘起三面不可太高又不可太低每一炊久即掃一度可作

十盞盞多則掃不徹每取煙須即剪燈花勿泄出[illegible]須
揭見風恐致煙落○合膠凡煙四兩用黃牛皮乾者[illegible]四二
分打作小片以水浸軟漉出入藥汁內同蒸切[illegible]則
不堅多又著筆不宜添減○搜煙每煙四兩半用[illegible]辛
兩蘇木四兩各搥碎水二盞同煎五七沸候色變[illegible]濾
去淨別同沉香一錢半煎熘水四兩許再濾次用腦半錢麝
一錢輕粉一錢半以藥汁半合研化先將藥汁入膠同熬不
住手攪令鎔後入腦麝汁攪勻乘熱傾入煙內就無風處逮
搜和次就案上團揉候光照人方印作鋌子無以滑石為末
塗墨上灰池頓無風處陰五七日候乾取出刷淨收貯

修壞墨 墨蒸過者用爐灰燒過却燒炭火於上待炭熱去火安墨以灰蓋之少時取出如新

收筆 搗蘸汁或苦費汁蘸筆晒乾又蘸如此三五次晒極乾收過則不蛀○東坡以黄連煎湯調輕粉蘸筆頭候乾收之山谷以蜀椒黄栢煎湯磨松煤染筆藏之不蛀尤佳

洗筆 以器盛熱湯浸一飯久輕輕擺洗次用冷水滌之若有油膩以皂角湯洗甚佳

修破硯 瀝青鎔開調石屑補之則無痕或用黄蠟亦可

洗硯 凡硯須日滌之過二三日即墨色差滅縱未能滌亦須易水春夏蒸溫之時墨冬留其間則膠力滯而不可用尤宜頻

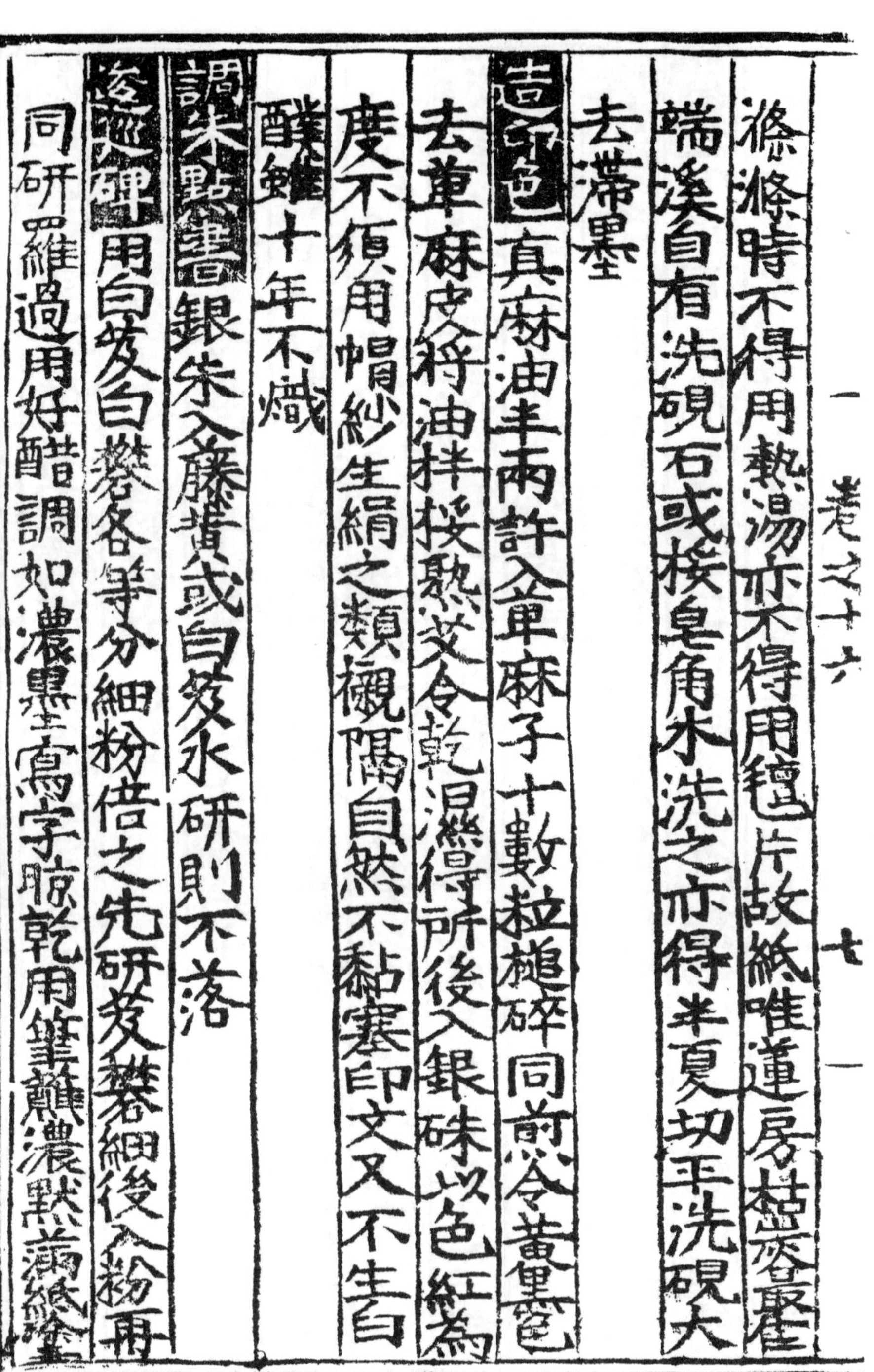

滌滌時不得用熱湯亦不得用氈片故紙唯蓮房枯殼最佳
端溪自有洗硯石或桉皂角水洗之亦得半夏切平洗硯大
去滯墨

造印色 真麻油半兩許入革麻子十數粒搥碎同煎令黃黑色
去革麻皮將油拌桜熟艾令乾濕得所後入銀硃以色紅為
度不須用帽紗生絹之類襯隔自然不黏塞印文又不生白
醭鑑十年不熾

調朱點書 銀朱入藤黄或白芨水研則不落

滲碑 用白芨白礬各等分細粉倍之先研芨礬細後入粉再
同研羅過用好醋調如濃墨寫字晾乾用筆蘸濃墨满紙塗

之再晾乾然後去粉用蠟打之如碑上書者

去差寫字 用草烏剉子二錢 龍骨一錢 柏子霜半錢 定粉少許 同為末先點水字上次用藥末摻之候乾拂之

造油紙 訣云桐三油四不須煎百粒草麻細細研定粉一錢相合和太陽一點便鮮妍 用桐油三兩香油四兩草麻仁百粒研極細入定粉一錢相和以柳枝頻攪後用鷰毛刷紙上搥透晒乾自然光明

煉礬粉 明礬三斤白鹽一斤同篩過和勻大碗盛之以雞翎蘸米醋約小半盞灑鹽礬上令微潤安小口缽頭中用碗蓋定先將竈鍋內以草灰鋪底置缽在內再用草灰填滿四圍

及頂以烏盆蓋鍋紙條封口竈內燒火覺烏盆底熱住火仍
用炭火數塊塚竈內令常熱次日開之看藥黃色為度如未
甚黃再溫一伏時此謂盦麯○每用麯二兩安瓷碗內火上
略煩溫入汞一兩鐵匙拌勻不見星為度先用磚壘地爐一
箇四向留風門爐內先以炭五斤燒紅將淨煎盤放爐上急
以鐵匙挑藥於中烏盆蓋之四邊用紙錢灰如稀糊頻塗口
縫勿令拆裂炭過一半即將煎盤安地上候冷開之粉皆升
於盤底烏盆須磨極淨筆蘸白墡搽盆過尤妙初升一爐未
甚白向後白白每一盤止可升汞一兩炭須候一半過即起
起早升未盡遲則粉体重矣

【[illegible]】地丁花皂角花百合花共陰乾等分為末黃蠟丸如
彈子大收之每十斤蜜砂鍋內煉沸滾極碎一丸在蜜候滾至
乾滴在水內如凝不散成蠟得三十兩

【禦寒法】用馬牙硝為細末唾調塗手及面則寒月迎風不冷

【護足法】用防風細辛草烏為末摻鞋底若著靴則水調塗足心
若草鞋則以水濕草鞋之底沾上藥末雖遠行不疼不研

【軟腳方】凡遠行腳軟足先用瓶水煎杏仁桑白皮乾旋下朴
硝乳香架足瓶口熏之待水温便洗

【挹汗香】用丁香一兩為末川椒六十粒碎和香內絹袋盛佩衣
絕汗氣

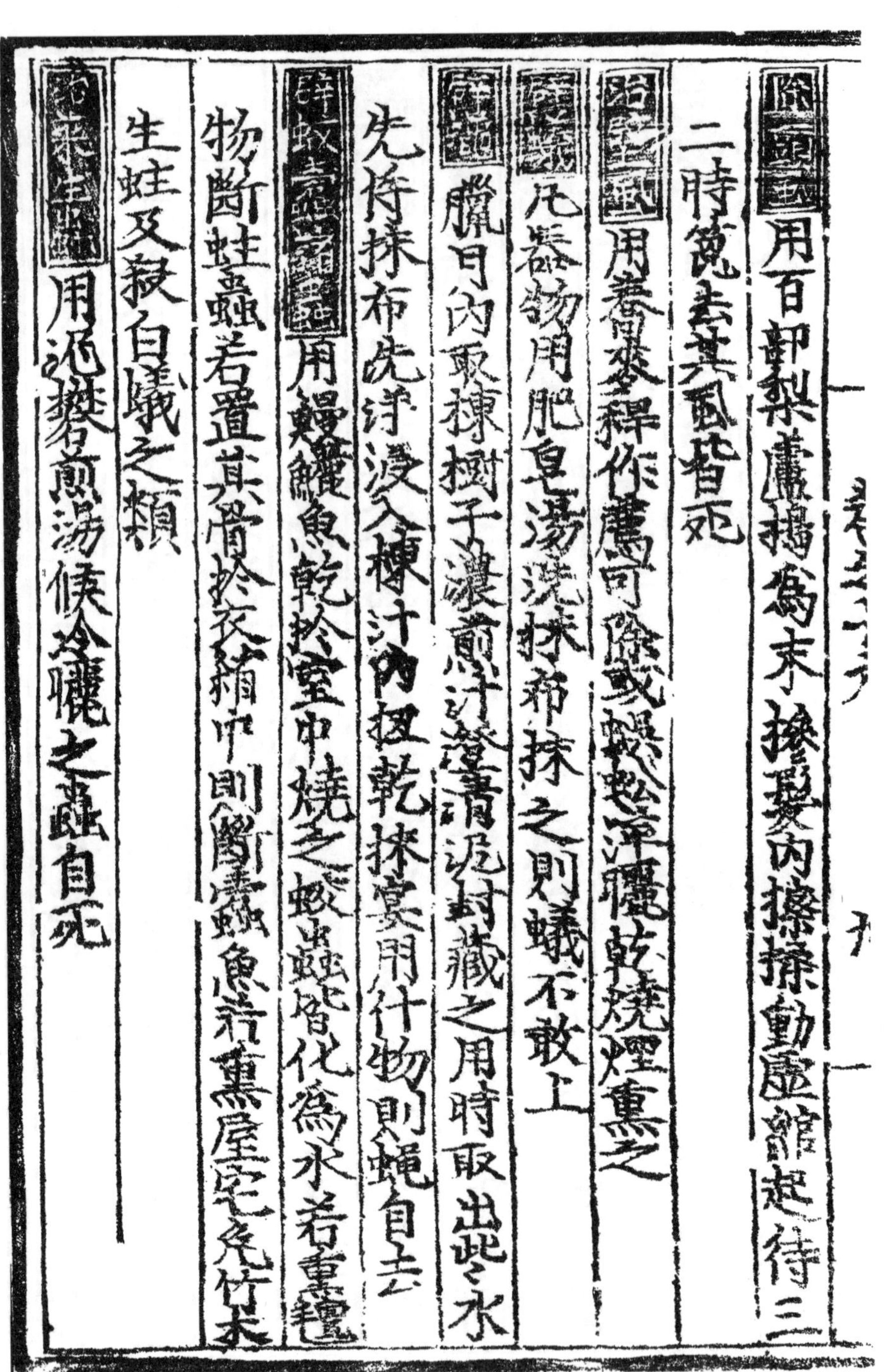

除頭蝨 用百部秋蘆搗爲末撒髮內撩撩動蝨館起待三二時篦去其蝨皆死

辟[illegible]蚊 用蒼麥稈作薦可除蚊蚋蚤蝨乾燒煙熏之

辟蟻 凡器物用肥皂湯洗抹布抹之則蟻不敢上

辟蠅 臘月內取楝樹子濃煎汁澄清泥封藏之用時取出些些水先將抹布洗浸入楝汁內扭乾抹桌用什物則蠅自去

辟蚊蟲[illegible] 用鰻鱺魚乾於室中燒之蚊蟲皆化爲水若熏氈物斷蛀蟲若置其骨於衣箱中則斷蠹蟲魚若熏屋宅免竹木生蛀及殺白蟻之類

殺[illegible] 用泥礬煎湯候冷灑之蟲自死

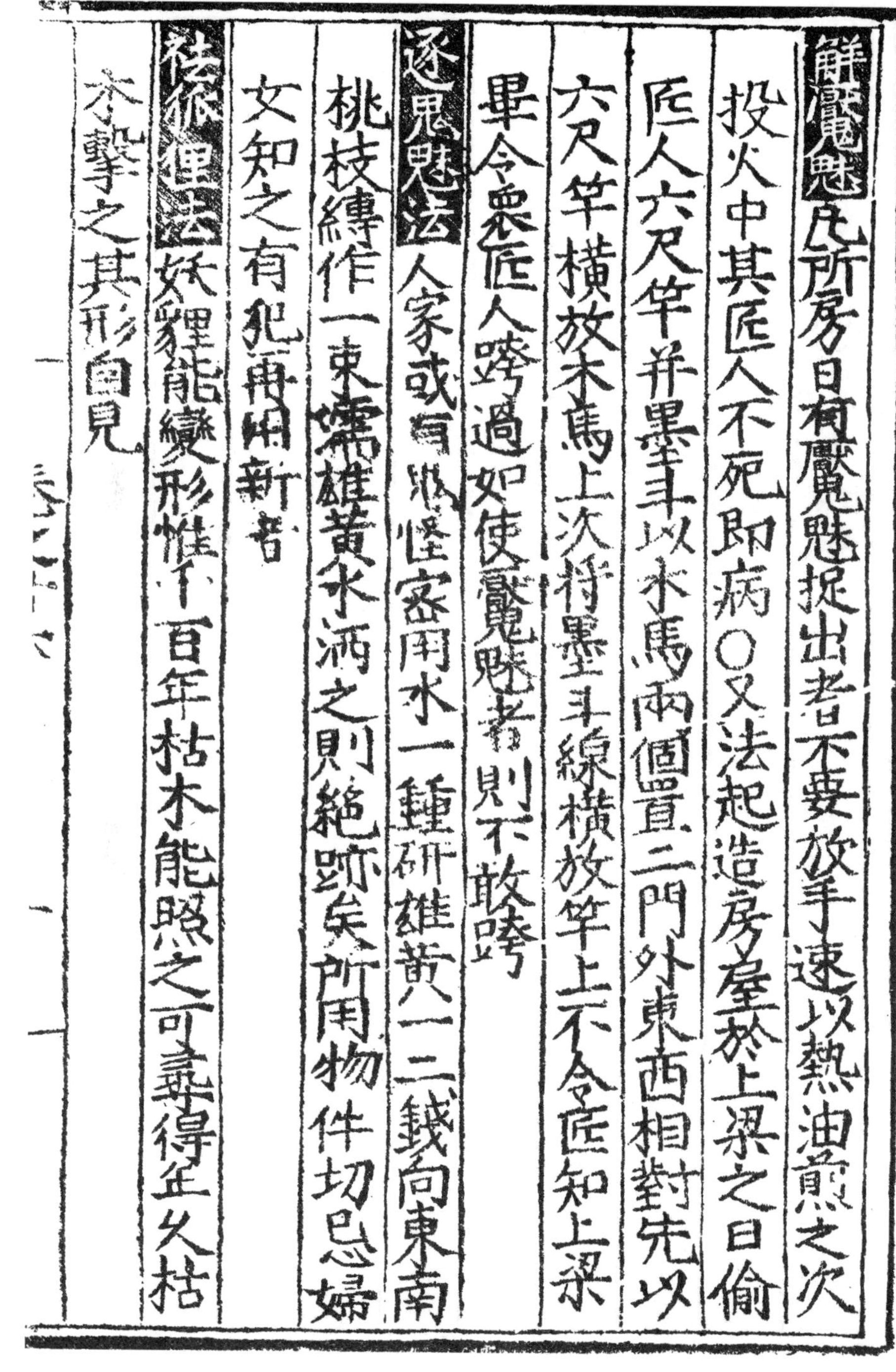

解魘魅 凡所房日有魘魅捉出者不要放手速以熱油煎之次投火中其匠人不死即病○又法起造房屋於上梁之日偷匠人六尺竿并墨斗以木馬兩個置二門外東西相對先以六尺竿橫放木馬上次將墨斗線橫放竿上不令匠知上梁畢令眾匠人跨過如使魘魅者則不敢跨

逐鬼魅法 人家或有妖怪客用水一鍾研雄黃八一二錢向東南桃枝縛作一束蘸雄黃水洒之則絕跡矣所用物件切忌婦女知之有犯再用新者

袪狐狸法 妖貍能變形惟千百年枯木能照之可尋得年久枯木擊之其形自見

便民圖纂卷第十六終

右便民圖纂一書集歷天之時地之理而吾人者之事最
號極備而又纂以歸其要圖以示其事者蓋深諭民
於道者之意也得而讀之者當必因事以求其理制
外以養其中順天因地以升大猷則吾民之命脉可
以壽天地於無窮矣此為可傳之書雖家置一通
可也顧窮簷蔀屋恐亦有未見者矧此遐僻之鄉
邪予九經呂方伯先生蓋鋭意於便民者嘉靖丁
亥八月先生赴任期值憲使歐陽三厓於曲靖行署偶
以是書出之觀若意與之會者先生愛之深遂欲
傳之廣而亟付之梓焉亦可謂用心於盛者矣意書

固有可範而人弗以傳者固以私爾罰者也君子者公天下為心於凡書之可範者必傳而傳之必欲博焉雖涉多事亦何遑恤此刻行已人亦當知三厓非私罰而九川豈亦公天下者與因書㲉以識歲月

雲南右布政使湖南梅品黄昭道跋

便民圖纂後跋

右便民圖纂二十卷少岳陳公按潯命刻之潯

也以貽所屬俾不迷於所適云嗟乎美哉公之

意也切而廣矣夫傳言者貴裨於用通治者不

遺於遐秦人殘諸子百家語而獨存醫卜之書

謂其利民也使不并殘六經秦何罪哉圖纂之

編揭圖繫詞分門指事皆日用之不可缺者其

爲民利又不但醫卜耳然而少刻焉者顧所刻

又多諸子百家語士之聰慧者得之亦足以洽

知見民性顓蒙辭且不解即解焉亦無用之識

耳刻奚不可已哉可已而不已而不可已之刻
乃僅見於公謂公非切生民之慮者乎公之屬
刻於貞吉也語之曰正朔所不加則人不知時
六經所不及則人不知學昔者湏也嘗刻是矣
吾有取焉爾謂其開遠人之迷也粤猶之湏荒
裔僻壤墳典且少而謂有是書乎刻而布之家
傳而人誦之則豈惟耕織之不忒凡百利害皆
知趨避民其有攸賴矣
聖天子詔予惠遠之意庶亦不負矣貞吉曰廣覆之
謂天廣載之謂地廣於宣力之謂臣公豈非其

人乎於是紙承而刻之刻完而摹之工價楮費
皆奉命以官公蓋不以利民之爲而先損民也
嘉靖甲辰冬十月朔廣西潯州府知府屬吏泰
和王貞吉頓首撰